“十四五”职业教育国家规划教材

工业和信息化
精品系列教材

Bootstrap

基础教程

第3版 微课版

赵丙秀 汪晓青 李文蕙◎主编

余璐 段丽娜◎副主编　罗保山◎主审

人民邮电出版社

北　京

图书在版编目（CIP）数据

Bootstrap 基础教程 ：微课版 / 赵丙秀，汪晓青，李文蕙主编. -- 3 版. -- 北京 ：人民邮电出版社，2025. --（工业和信息化精品系列教材）. -- ISBN 978 -7-115-67052-6

Ⅰ．TP393.092

中国国家版本馆 CIP 数据核字第 2025JK5463 号

内 容 提 要

Bootstrap 是一个基于 HTML5 和 CSS3 的前端开发框架，它现成可用的 HTML 元素、CSS 样式、JavaScript 插件，极大地提高了 Web 前端开发效率。目前，它已成为了前端设计领域流行的辅助技术。

本书共分 8 章，围绕 Bootstrap5 的使用，主要介绍了 Bootstrap 概述、栅格系统、CSS 布局、工具类、表单、CSS 组件、JavaScript 插件等内容。前 7 章都有丰富的实例、案例和实训项目，第 8 章是一个综合案例。此外，各章知识点实例和案例均配有微课视频。

本书适合作为高校前端框架课程的教材，也适合零基础的读者学习，还适合对 HTML、CSS、JavaScript 有一定了解的读者阅读，同时可作为"1+X"Web 前端开发职业技能（中级）认证的参考书。

◆ 主　　编　赵丙秀　汪晓青　李文蕙
　　副 主 编　余　璐　段丽娜
　　责任编辑　刘　尉
　　责任印制　王　郁　焦志炜

◆ 人民邮电出版社出版发行　　北京市丰台区成寿寺路 11 号
　　邮编　100164　电子邮件　315@ptpress.com.cn
　　网址　https://www.ptpress.com.cn
　　大厂回族自治县聚鑫印刷有限责任公司印刷

◆ 开本：787×1092　1/16
　　印张：20.5　　　　　　　　　2025 年 6 月第 3 版
　　字数：561 千字　　　　　　　2025 年 8 月河北第 2 次印刷

定价：69.80 元

读者服务热线：(010)81055256　印装质量热线：(010)81055316
反盗版热线：(010)81055315

Bootstrap 是一个基于 HTML、CSS、JavaScript 的前端开发框架，它简洁、灵活、高效，深受用户欢迎。Bootstrap 提供了优雅的 HTML 和 CSS 规范，一经推出，颇受欢迎，一直是 GitHub 上的热门开源项目。国内移动开发者较为熟悉的一些框架，如 WeX5 前端开源框架等，也是基于 Bootstrap 源码进行性能优化而来的。

本书全面贯彻党的二十大精神，注重青年学生社会主义核心价值观的培养，把握时代脉搏，根据青年学生成长规律和实际特点，开拓创造、守正创新。

本书坚持立德树人，培养学生社会责任感、使命感。在实训项目中融入素质元素，旨在让学生在实践中掌握 Web 前端开发技能的同时，增强安全意识、版权意识、法律意识，了解我国人民英雄事迹，增强学生的爱国热情和社会责任感。

本书的第 1 版和第 2 版自出版以来，得到了众多读者的支持，为了更好地用新的教育理念推动数字工匠人才的培育，本次改版做了以下改进。

（1）将 Bootstrap 由 4.6.0 版升级为 5.3.3 版。

（2）强化实训项目。每章都有实训项目和实训拓展。其中实训项目的具体操作步骤将作为本书的电子资源提供。

（3）配套微课视频，支持线上线下混合式教学和学习。

（4）强化育人理念。书中大量案例自然融入素质元素，让学生提升专业技能的同时，形成正确的世界观、人生观和价值观。

本书简明易懂、循序渐进，实例丰富实用，相关知识点都结合具体实例来讲解。每章最后都配有实训项目。全书共 8 章，内容如下。

第 1 章介绍 Bootstrap 的下载、文件/目录结构以及使用的简单模板等内容。

第 2 章介绍 Bootstrap 中的响应式布局系统——栅格系统。

第 3 章介绍 Bootstrap 中的 CSS 布局样式。

第 4 章介绍 Bootstrap 的工具类，如透明度、边框、浮动、定位、flex 布局等相关的类。

第 5 章介绍 Bootstrap 中比较重要的表单控件。

第 6 章讲解 Bootstrap 中的下拉菜单、导航条、列表组等 CSS 组件。

第 7 章详尽讲解 Bootstrap 中各个 JavaScript 插件的使用,包括基本用法、选项、JavaScript 触发、方法和事件等。

第 8 章以一个综合案例详细讲解如何从零开始搭建一个具体的 Bootstrap 网站。

除此之外,附录 A 介绍了 Sass 的基本使用和 Bootstrap 的定制,附录 B 介绍了 CSS 选择器的含义。

本书由武汉软件工程职业学院的赵丙秀、汪晓青、李文蕙担任主编,武汉软件工程职业学院余璐、湖北城市建设职业技术学院段丽娜担任副主编,武汉软件工程职业学院罗保山担任主审。武汉软件工程职业学院黄颖、中国电力工程顾问集团中南电力设计院有限公司张尧、武汉梦软科技有限公司熊泉浪参与编写。全书由余璐、赵丙秀统稿。

本书在编写过程中,参考并引用了许多专家、学者的著作和论文,在文中未一一注明。在此谨向相关参考文献的作者表示衷心的感谢。由于编者水平和经验有限,书中难免存在不足之处,恳请读者批评指正。编者邮箱: sonyxiu@163.com。

编 者

2025 年 2 月

本书微课清单

微课名称	二维码	微课名称	二维码
1-Bootstrap 下载和安装		14-浮动、尺寸、显示	
2-栅格系统的工作原理和基本用法		15-定位	
3-等宽列、混合列、自适应列宽		16-其他类	
4-列排序、列偏移、列嵌套		17-弹性盒子 1	
5-基础样式简介、标题		18-弹性盒子 2	
6-基础标签		19-三种表单	
7-文本和背景颜色		20-表单控件	
8-文本类		21-表单浮动标签、输入框组	
9-列表、按钮		22-表单禁用、表单验证	
10-表格		23-下拉菜单	
11-图像、图文框		24-导航	
12-边框		25-导航条	
13-边距		26-徽章、分页	

微课名称	二维码	微课名称	二维码
27-列表组、进度条		34-折叠和手风琴	
28-卡片		35-Offcanvas	
29-图标		36-轮播	
30-按钮组		37-滚动监听	
31-模态框		38-选项卡	
32-工具提示框和弹出框		39-定制 Bootstrap	
33-警告框和轻量弹框			

目 录

第4章

4　工具类　86

第5章

5　表单　129

第7章

7 JavaScript 插件 212

第 1 章

Bootstrap概述

🔍 本章导读

　　Bootstrap是一个较受欢迎的基于HTML、CSS和JavaScript的前端开发框架，用于开发响应式布局、移动设备优先的Web项目。Bootstrap提供出色的视觉效果。使用Bootstrap可以确保整个Web应用程序的风格完全一致、用户体验一致、操作习惯一致。此外，还可以对不同级别的提醒使用不同的颜色标注。通过测试可知，市面上的主流浏览器都支持Bootstrap这一完整的框架解决方案，这个框架专为Web应用程序而设计，所有元素都可以非常完美地结合，适合快速开发。

1.1 Bootstrap 简述

Bootstrap 是一个用于快速开发 Web 应用程序和网站的前端框架，是目前较受欢迎的前端框架。Bootstrap 基于 HTML、CSS、JavaScript（简称 JS），它简洁灵活，使得 Web 开发更加快捷。

Bootstrap 由美国 Twitter 公司的两个员工合作开发。它是 2011 年 8 月在 GitHub 上发布的开源产品。目前使用较广的版本是 Bootstrap3 和 Bootstrap4。其中，Bootstrap3 的最新版本的是 Bootstrap3.4.1，Bootstrap4 的最新版本是 Bootstrap4.6.2。2020 年 6 月中旬，Bootstrap 团队发布了 Bootstrap5 alpha 版本；2020 年 12 月发布了 Bootstrap5 beta 版本；2021 年 5 月 6 日发布了 Bootstrap5.0.0 正式版。本书以 Bootstrap5.3.3 版本为基础进行讲解。

在学习 Bootstrap 前，读者必须具备 HTML、CSS 和 JavaScript 的基础知识。简单来说，Bootstrap 是一个快速搭建网站前台页面的开源框架。读者只需要了解相关的 class、标签名称等所代表的含义，在构建页面的时候，导入 Bootstrap 的 JavaScript、CSS 等，页面就会表现出相应的效果。

比如"HTML 说明:缩略语;"，当鼠标指针指向缩略语上时就会显示完整内容，Bootstrap 实现了对 HTML 标签的增强样式。缩略语元素带有 title 属性，外观表现为带有较浅的虚线框，鼠标指针移至上面时会变成带有"？"的指针。当段落文字中的某个单词或者词语需要有上面的那种效果时，就可以用缩略语格式来书写，附加的 class="initialism"语句可以让字号显示得更小一点，当然也可以不附加该语句。反过来说，如果不使用 Bootstrap 或者其他类似的框架，那就得自己动手编写程序来获得上述效果，从而导致开发时间变长。

此外，Bootstrap 中还有大量其他有用的前端组件，比如 dropdowns（下拉菜单）、navigation（导航）、modals（模态框）、pagination（分页）、carousal（轮播）、breadcrumb（面包屑导航）、Tab（书签页）等。有了这些，我们可以搭建一个 Web 项目，并让它运行得更快速、更轻松。

Bootstrap5 相对 Bootstrap4 最大的差别在于，Bootstrap5 放弃了对 jQuery 的依赖和对 IE 浏览器的支持。同时，Bootstrap5 新增了 RTL（Right-to-Left）支持（对一些从右到左书写的文字支持，比如阿拉伯语）。

Bootstrap5 相对于 Bootstrap4 有下列调整。

（1）放弃了对 jQuery 的依赖，对于需要操作 DOM（Document Object Model，文档对象模型）的场景，Bootstrap5 推荐使用如 querySelector()和 querySelectorAll()等原生 JavaScript 方法，而非依赖 jQuery 库。

（2）放弃了对 IE 浏览器的支持，用上了一些比较新的 CSS 特性。

（3）更新了表单控件。

（4）栅格的调整，添加了 gutter 的支持。

（5）增加了 Offcanvas，方便把菜单栏展示在页面左侧。

（6）提供了 RTL 支持，这是对一些从右到左书写的文字支持，比如阿拉伯语。

（7）修改了 data 属性命名空间，从 data-*改为 data-bs-*，中间多了 bs，避免属性冲突。

（8）Popper v1.x 升级到 Popper v2.x。

（9）增加了 xxl container，container-xxl 对应的宽度，即 1320px。

（10）添加了新的手风琴组件。

（11）ml 改为了 ms，mr 改为了 me，pl 改为了 ps，pr 改为了 pe，也就是之前的 left 改为了 start，right 改为 end，所以缩写也改了。

（12）从 Bootstrap5.3.0 开始支持两种颜色模式：浅色和深色主题。默认情况下用浅色模式 data-bs-theme=light，可以在任何 Bootstrap 组件上添加 data-bs-theme=dark，将颜色模式改为深色模式。

说明：本书的演示效果如无特殊说明均采用 data-bs-theme=light。

1.2 为何使用 Bootstrap

3

Bootstrap 包括几十个组件，每个组件都自然地结合了设计与开发，具有完整的实例文档。它定义了真正的组件和模板。无论处在何种技术水平、哪个工作流程中，开发者都可以使用 Bootstrap 快速、方便地构建自己喜欢的应用程序。

Bootstrap 引入了 12 栏栅格结构的布局理念，使设计质量高、风格统一的网页变得十分容易。它包含了 HTML、CSS 和 JavaScript 三大主要部分，各部分的简单说明如下。

（1）Bootstrap 的 HTML 是基于 HTML5 的前沿技术，灵活高效，简洁流畅。它摒弃了那些复杂而毫无意义的标签，引入了全新的<canvas>、<audio>、<video>、<source>、<header>等标签，使网页的语义性大大增加，从此网页不再是供机器阅读的枯燥文字，而是可供人类欣赏的优美作品。

（2）Bootstrap 的 CSS 是使用 Sass 创建的 CSS，是新一代的动态 CSS。对设计师来说，需写的代码更少；对浏览器来说，解析更容易；对用户来说，阅读更轻松。它直接用自然书写的四则算术和英文单词来表示宽度、高度、颜色，使得编写 CSS 不再是高手才会的神秘技能。

（3）Bootstrap 的 JavaScript 插件使用的是原生 JavaScript 实现，不依赖 jQuery。它不需要用户为了相似的功能，在每个网站上都下载一份相同的代码，而是用一个代码库，将常用的函数存储进去，按需取用，用户的浏览器只需下载一份代码，便可在各个网站上使用。

Bootstrap 的特性如下。

- 移动设备优先。自 Bootstrap3 起，Bootstrap 就包含了贯穿于整个库的移动设备优先的样式。
- 浏览器支持。Microsoft Edge、Firefox、Google 等所有的主流浏览器都支持 Bootstrap。
- 容易上手。用户只需要具备 HTML 和 CSS 的基础知识即可。
- 响应式设计。Bootstrap 的响应式 CSS 能够自适应于台式计算机、平板电脑和手机。
- 它为开发人员创建接口提供了一个简洁统一的解决方案。
- 它包含了功能强大的内置组件，易于定制。
- 它还提供了基于 Web 的定制。
- 它是开源的。

1.3 如何使用 Bootstrap

Bootstrap 提供了几种使用方法，每种方法针对具有不同能力的开发者和不同的使用场景。

- 使用用户生产环境的 Bootstrap：下载包为编译并且压缩后的 CSS、JavaScript，不包含文档和源码。
- 使用 Bootstrap 源码：包含 Sass、JavaScript 的源码，并且带有文档。需要用到 Sass 编译器并进行一些设置工作。

在 Bootstrap 开发环境中，如果用户不需要对 Bootstrap 进行修改，则用户既可以直接下载用于生产环境的文件包，也可以修改下载的源码包，以满足自己的开发需求。

1.4 下载 Bootstrap

Bootstrap 的安装比较简单，用户可以从 Bootstrap 官网下载 Bootstrap 的最新版本。本书使用的是 Bootstrap5.3.3 版本，下载界面如图 1-1 所示。

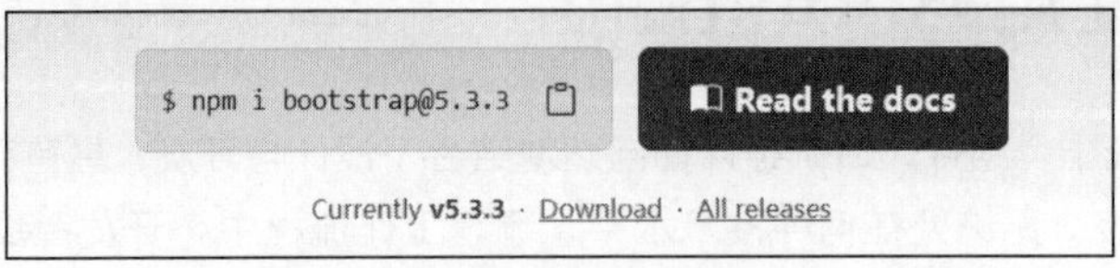

图 1-1　官网下载 Bootstrap

单击"Download"按钮进入下载页面，有 3 个按钮可以选择，分别是"Download""Download source""Download Examples"，如图 1-2 所示。它们依次表示：下载 Bootstrap 生产文件（预编译版本）、下载 Bootstrap 源码（源码版本）、下载 Bootstrap 示例。

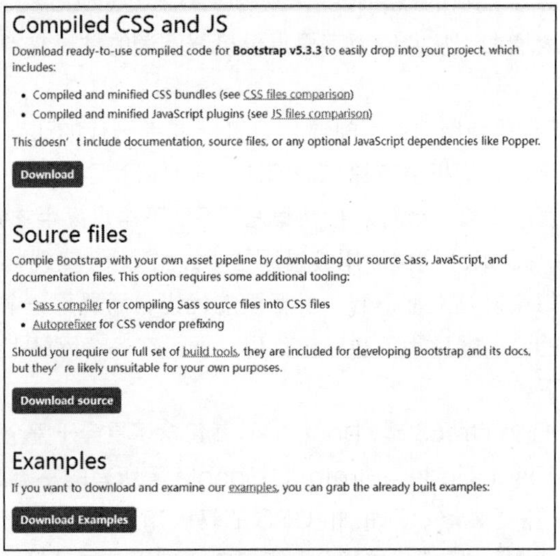

图 1-2　下载用于生产环境的 Bootstrap

下载成功后可以得到一个 ZIP 格式的文件，解压后我们可以得到一个包含 CSS 和 JS 文件的文件夹。

Bootstrap 提供了以下两种形式的压缩包（在本书中，我们将使用 Bootstrap 的预编译版本）。

1. 预编译版本

如果下载了 Bootstrap 的预编译版本（单击"Download"按钮），解压缩 ZIP 文件，我们将看到下面的文件/目录结构。

```
bootstrap/
├── css/
│   ├── bootstrap-grid.css
│   ├── bootstrap-grid.css.map
│   ├── bootstrap-grid.min.css
│   ├── bootstrap-grid.min.css.map
│   ├── bootstrap-grid.rtl.css
│   ├── bootstrap-grid.rtl.css.map
│   ├── bootstrap-grid.rtl.min.css
│   ├── bootstrap-grid.rtl.min.css.map
```

```
|     ├── bootstrap-reboot.css
|     ├── bootstrap-reboot.css.map
|     ├── bootstrap-reboot.min.css
|     ├── bootstrap-reboot.min.css.map
|     ├── bootstrap-reboot.rtl.css
|     ├── bootstrap-reboot.rtl.css.map
|     ├── bootstrap-reboot.rtl.min.css
|     ├── bootstrap-reboot.rtl.min.css.map
|     ├── bootstrap-utilities.css
|     ├── bootstrap-utilities.css.map
|     ├── bootstrap-utilities.min.css
|     ├── bootstrap-utilities.min.css.map
|     ├── bootstrap-utilities.rtl.css
|     ├── bootstrap-utilities.rtl.css.map
|     ├── bootstrap-utilities.rtl.min.css
|     ├── bootstrap-utilities.rtl.min.css.map
|     ├── bootstrap.css
|     ├── bootstrap.css.map
|     ├── bootstrap.min.css
|     ├── bootstrap.min.css.map
|     ├── bootstrap.rtl.css
|     ├── bootstrap.rtl.css.map
|     ├── bootstrap.rtl.min.css
|     └── bootstrap.rtl.min.css.map
└── js/
      ├── bootstrap.bundle.js
      ├── bootstrap.bundle.js.map
      ├── bootstrap.bundle.min.js
      ├── bootstrap.bundle.min.js.map
      ├── bootstrap.esm.js
      ├── bootstrap.esm.js.map
      ├── bootstrap.esm.min.js
      ├── bootstrap.esm.min.js.map
      ├── bootstrap.js
      ├── bootstrap.js.map
      ├── bootstrap.min.js
      └── bootstrap.min.js.map
```

以上展示的就是 Bootstrap 的基本文件结构：预编译文件可以直接应用到任何 Web 项目中。除了编译好的 CSS 和 JS 文件，Bootstrap 还提供了经过压缩的 CSS 和 JS 文件（文件名中含有 min），以及 CSS 源码映射表（bootstrap.*.map），可以在某些浏览器的开发工具中使用它们。文件中含有 rtl 的文件，是对 RTL（从右到左）的支持。含有 esm 的文件，是对 ESModal 模块化应用的支持。本书不对 RTL 和 EsModal 模块化应用进行介绍，故下列表中不列举相关文件。

表 1-1 列举了 CSS 文件涵盖的内容。

表 1-1　CSS 文件涵盖的内容

CSS 文件	Layout（布局）	Content（内容）	Components（组件）	Utilities（工具）
bootstrap.css bootstrap.min.css	Included（包含）	Included（包含）	Included（包含）	Included（包含）
bootstrap-grid.css bootstrap-grid.min.css	Only grid system（仅包含栅格系统）	Not included（不包含）	Not included（不包含）	Only flex utilities（仅包含 flex 工具）

续表

CSS 文件	Layout（布局）	Content（内容）	Components（组件）	Utilities（工具）
bootstrap-reboot.css bootstrap-reboot.min.css	Not included（不包含）	Only Reboot（仅包含重置样式）	Not included（不包含）	Not included（不包含）
Bootstrap-utilities.css Bootstrap-utilities.min.css	Not included（不包含）	Not included（不包含）	Not included（不包含）	Included（包含）

表 1-2 列举了 JS 文件包含的内容。

表 1-2　JS 文件包含的内容

JS 文件	Popper
bootstrap.bundle.js bootstrap.bundle.min.js	Included（包含）
bootstrap.js bootstrap.min.js	Not included（不包含）

注：表中的 Popper 为用于创建弹出式组件和工具提示的 JavaScript 库。

2. Bootstrap 源码

如果下载了 Bootstrap 源码（单击"Download Source"按钮），将看到下面的文件/目录结构。

```
bootstrap/
├── dist/
│   ├── css/
│   └── js/
├── site/
│   └── content/
│       └── docs/
│           └── 5.3/
│               └── examples/
├── js/
└── scss/
```

scss/、js/分别包含了 CSS 和 JavaScript 的源码。dist/中包含了上面所说的预编译 Bootstrap 下载包内的所有文件，site/docs/中包含的是源码文档，examples/中包含的是 Bootstrap 的用法实例。除了这些，其他文件还包含预编译 Bootstrap 下载包的定义文件、许可证文件和编译脚本等。

通过一些常用的软件包管理器可以将 Bootstrap 的源文件添加到任何项目中。无论使用的是哪个软件包管理器，Bootstrap 都依赖 Sass 编译器和 Autoprefixer 以保证编译出的文件与官方的一致。这里以 npm 包管理器为例。npm 全称为 Node Package Manager，是一个基于 Node.js 的包管理器，也是整个 Node.js 社区最流行、支持第三方模块最多的包管理器。所以使用 npm 之前需先安装 Node.js。到 Node.js 官网下载安装文件，进行安装。安装后在命令行窗口输入"node -v"查看 Node.js 的安装是否成功。如图 1-3 所示。

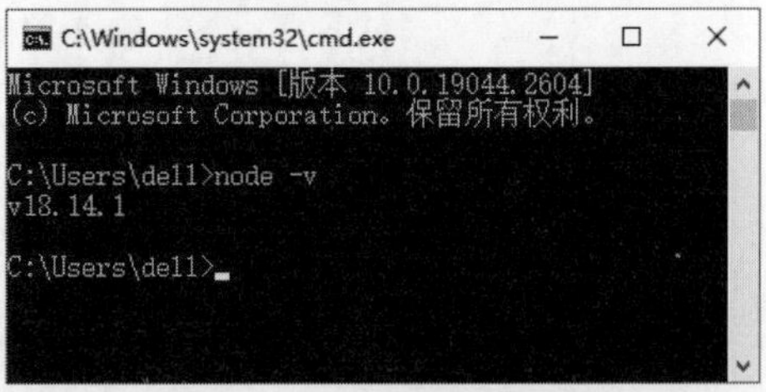

图 1-3　Node.js 安装成功

安装成功后，就可以使用 npm 将 Bootstrap 安装到 Web 项目中。对于普通项目先使用 "npm init -y" 命令初始化项目，生成 package.json 文件。然后再使用下列命令安装 Bootstrap。

```
npm install bootstrap@5.3.3
```

如没有自动安装 Popper，则根据提示使用以下命令安装 Popper。

```
npm install @popperjs/core@2.11.8
```

安装成功后，在项目文件夹下会多一个 node_modules 文件夹，该文件夹下面有 bootstrap 和@popperjs 文件夹，如图 1-4 所示。

本书在附录 A 中使用的是源码版，具体使用将在附录 A 中进行讲解。

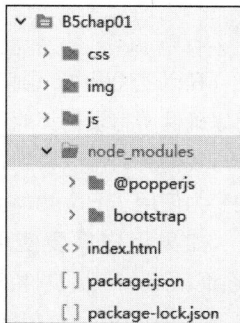

图 1-4 Bootstrap 安装成功

1.5 简单模板

在使用 Bootstrap 时，需要在页面中引用 bootstrap.css 样式文件及 bootstrap.bundle.js 文件。使用了 Bootstrap 的基本 HTML 模板如下所示。

```html
<!doctype html>
<html lang="zh-CN">
  <head>
    <!--必需的 meta 标签-->
    <meta charset="utf-8">
    <meta name="viewport" content="width=device-width, initial-scale=1">

    <!--Bootstrap 的 CSS 文件-->
    <link href="https://cdn.jsdelivr.net/npm/bootstrap@5.3.3/dist/css/
bootstrap.min.css" rel="stylesheet" integrity="sha384-QWTKZyjpPEjISv5WaRU9
OFeRpok6YctnYmDr5pNlyT2bRjXh0JMhjY6hW+ALEwIH" crossorigin="anonymous">


    <title>Hello,world!</title>
  </head>
  <body>
    <h1>Hello,world!</h1>

    <!--JS 文件是可选的。从以下两种建议中选择一种即可! -->

    <!--选项 1:Bootstrap 集成包 bootstrap.bundle.min.js ( 集成了 Popper )-->
    <script src="https://cdn.jsdelivr.net/npm/bootstrap@5.3.3/dist/js/
bootstrap.bundle.min.js" integrity="sha384-YvpcrYf0tY3lHB60NNkmXc5s9fDVZL
ESaAA55NDzOxhy9GkcIdslK1eN7N6jIeHz" crossorigin="anonymous"></script>

    <!--选项 2:Popper 和 Bootstrap 的 JavaScript 插件各自独立 popper.min.js 和
bootstrap.min.js-->
    <!--
    <script src="https://cdn.jsdelivr.net/npm/@popperjs/core@2.11.8/dist/
umd/popper.min.js" integrity="sha384-I7E8VVD/ismYTF4hNIPjVp/Zjvgyol6VFvRkX/vR+
Vc4jQkC+hVqc2pM8ODewa9r" crossorigin="anonymous"></script><script src="https:
//cdn.jsdelivr.net/npm/bootstrap@5.3.3/dist/js/bootstrap.min.js" integrity=
"sha384-0pUGZvbkm6XF6gxjEnlmuGrJXVbNuzT9qBBavbLwCsOGabYfZo0T0to5eqruptLy"
crossorigin="anonymous"></script>

    -->
```

```
    </body>
  </html>
```

在以上代码中，语句<meta name="viewport" content="width=device-width, initial-scale=1">，可以确保所有设备都能正确呈现和触摸缩放。

我们同时可以看到，以上代码中包含了 bootstrap.min.css 文件，用于让一个常规的 HTML 页面变为使用了 Bootstrap 的页面。

如果用户需要使用 Bootstrap 中的 JavaScript 插件，则需要包含 bootstrap.js 或者 bootstrap.min.js 文件。在表 1-2 中，我们看到，bootstrap.bundle.js 文件比 bootstrap.js 文件多包含了 Popper。这是因为，在使用弹出框、下拉菜单等组件时，需要包含 Popper。在上面的基础 HTML 模板中，对于 JS 文件有两个选项，分别为包含 bootstrap.bundle.min.js 文件，或者包含 popper.min.js 和 bootstrap.min.js 文件。

上述模板使用了 jsDelivr 提供的免费 CDN 服务，该模板引用的 CSS 文件和 JS 文件都来源于 jsDelivr。

1.6 案例：Bootstrap 实例

本书使用的编辑器为 HBuilderX，浏览器为 Chrome。

在 HBuilderX 中新建一个 Web 项目，将下载的 Bootstrap 中的 bootstrap.min.css 文件复制到 CSS 目录下。

【实例 1-1】（文件 index.html）

案例视频 1

```
<!DOCTYPE html>
<html>
  <head>
      <meta charset="utf-8"/>
      <meta name="viewport" content="width=device-width,initial-scale=1"/>
      <link rel="stylesheet" href="css/bootstrap.min.css"/>
      <title>Bootstrap 实例</title>
  </head>
  <body>
      <div class="container">
        <div class="w-100 bg-info rounded-3 p-5 text-white mb-3">
          <h2>致敬人民英雄</h2>
          <h4 class="text-secondary">我们永远铭记，他们为拯救民族危亡捐躯，用鲜血染
红旗帜，用生命照亮来路。</h4>
        </div>
      <div class="row">
        <div class="col-sm-4">
          <h3>杨靖宇</h3>
          <p>在冰天雪地、弹尽粮绝的情况下，杨靖宇孤身一人与日寇周旋数个昼夜，战斗至最
后一息。残忍的日军将杨靖宇的遗体割头剖腹，发现他的胃里只有树皮、草根和棉絮，没有一粒粮食……
</p>
        </div>
        <div class="col-sm-4">
          <h3>林心平</h3>
          <p>奔走在抗日一线的林心平，被日军抓获后，受尽 30 多种酷刑依然严守秘密，气急
败坏的敌人，用钢丝穿过林心平的身体，将她游街示众后残忍杀害。在生命的最后一刻，林心平写下"笑
汝辈黔驴技穷，甘洒热血化彩虹"。</p>
```

```
        </div>
        <div class="col-sm-4">
            <h3>郭永怀</h3>
            <p>"两弹一星"元勋郭永怀，在飞机坠毁的一刹那，用身体护住绝密文件。依据这份
绝密文件，中国第一枚热核武器试验成功！</p>
        </div>
    </div>
  </div>
 </body>
</html>>
```

以上代码在 Chrome 浏览器中的运行效果如图 1-5 所示。

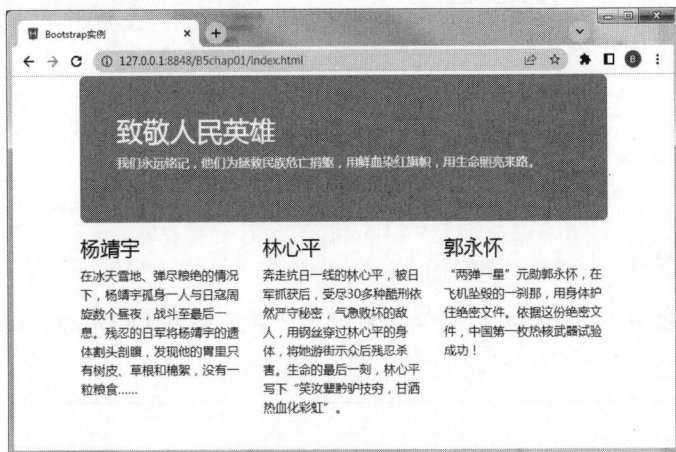

图 1-5　在 Chrome 浏览器中的运行效果（使用 Bootstrap）

假设【实例 1-1】中没有正确引入 bootstrap.min.css 文件，则其运行效果如图 1-6 所示。

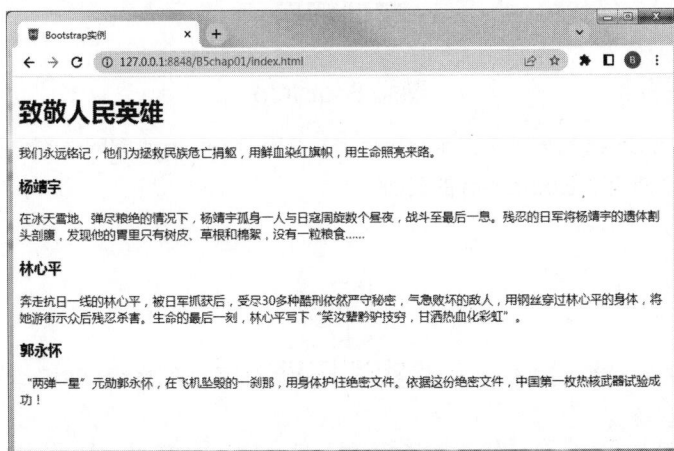

图 1-6　运行效果（未使用 Bootstrap）

在上述例子中，因为没有使用 Bootstrap 中的 JavaScript 插件的内容，所以没有包含
bootstrap.js 或者 bootstrap.min.js 文件。

在 Chrome 浏览器中，按 F12 键打开"开发者工具"。单击"Toggle device toolbar"图标，
打开设备选择工具栏，可以在工具栏中选择设备浏览页面。图 1-7 所示为在 iPad Mini 设备中浏览
页面的效果。在后面的章节中，读者可以自行进行此操作，以便查看不同设备上的显示效果。

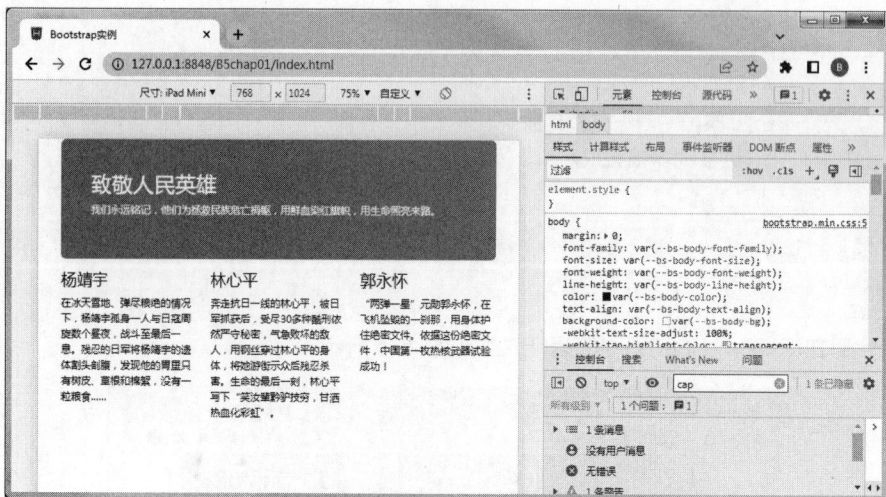

图 1-7　在 iPad Mini 中浏览页面的效果

本章小结

本章主要介绍了Bootstrap的特性、如何在项目中使用Bootstrap，以及Bootstrap中包含的内容等。

实训项目

熟悉 Bootstrap

1. 打开 Bootstrap 官网下载 Bootstrap，并查看 Bootstrap 官网中的实例。
2. 编写一个使用了 Bootstrap 的页面。

实训拓展

1991 年世界上第一个网站诞生，这标志着前端技术的开始。从早期静态网站到动态网站，再到现在的前后端分离、前端模块化，前端技术在不断发展。请搜索了解目前流行的前端技术，并做一个简单的技术介绍页面。

第 **2** 章

栅格系统

本章导读

　　本章将介绍Bootstrap中响应式、移动设备优先的栅格系统，栅格系统的原理、布局、偏移等内容，最后通过一个具体案例来展示栅格系统的应用。

2.1　实现原理

　　Bootstrap 提供了一套响应式、移动设备优先的流式栅格系统，即随着屏幕或视口（viewport）尺寸的增大，系统会自动将屏幕或视口分为栅格（最多 12 列）。

　　栅格系统的实现原理非常简单，是通过定义容器大小，将屏幕或视口尺寸平分为 12 份，再调整内外边距，最后结合媒体查询，制作出响应式的栅格系统。Bootstrap 默认的栅格系统可以将屏幕和视口平分为 12 份，在使用的时候，读者也可以根据情况通过重新编译 Sass 源码来修改 12 这个数值。

栅格系统可以把网页的总宽度平分为 12 份，用户可以自由按份组合。栅格系统使用的总宽度可以不固定，Bootstrap 是按百分比进行平分。12 栅格系统是整个 Bootstrap 的核心功能，也是响应式设计核心理念的一个实现形式。Bootstrap5 与 Bootstrap4 都是使用 flexbox（弹性盒）来布局的，而不是使用浮动来布局。

2.2 工作原理

栅格系统用于通过一系列行（row）与列（column）的组合来创建页面布局，用户的内容可以放入这些创建好的布局中。

下面就来介绍 Bootstrap 中栅格系统的工作原理。

- 一行数据必须包含在.container（固定宽度）或.container-fluid（100%宽度）中，以便得到合适的排列（alignment）和内边距（padding）。
- 通过"行（row）"在水平方向创建一组"列（column）"。用户的内容应当放置于"列（column）"内，并且只有"列（column）"可以作为"行（row）"的直接子元素。
- 类似.row（行）和.col-md-4（占 4 列宽度）这样的样式，可以用来快速创建栅格布局。
- 对于 flexbox（弹性盒），没有指定宽度的栅格列将自动作为等宽列进行布局。例如，一行中如果放 4 个.col-sm 列，则每一列会自动获取该行中 25%的宽度。
- 栅格系统中的列通过指定 1～12 的值来表示其跨越的范围。例如，3 个等宽的列，可以使用.col-4。
- 列宽是以百分比的形式设置的，因此，相对于父元素，它们总是流动的，宽度是确定的。
- 通过为.column 设置 padding，从而创建相邻列中内容之间的间隔。通过为.row 设置负值 margin，从而抵消掉为.container 设置的 padding，也就间接为"行（row）"包含的"列（column）"抵消掉了 padding。
- 如果一"行（row）"中包含的"列（column）"大于 12，则多余的"列（column）"所在的元素将被作为一个整体另起一行排列。
- 为了使栅格具有响应性，屏幕宽度有 6 个断点：extra-small、small、medium、large、extra-large 和 extra extra-large。

【实例 2-1】（文件 grid.html）

```html
<!DOCTYPE html>
<html>
    <head>
        <meta charset="utf-8"/>
        <meta name="viewport" content="width=device-width,initial-scale=1">
        <title>栅格系统</title>
        <link rel="stylesheet" href="css/bootstrap.min.css"/>
    </head>
    <body>
        <div class="container">
          <div class="row">
              <div class="col-lg-1">.col-lg-1</div>
              <div class="col-lg-1">.col-lg-1</div>
```

```
                <div class="col-lg-1">.col-lg-1</div>
                <div class="col-lg-1">.col-lg-1</div>
                <div class="col-lg-1">.col-lg-1</div>
                <div class="col-lg-1">.col-lg-1</div>
                <div class="col-lg-1">.col-lg-1</div>
                <div class="col-lg-1">.col-lg-1</div>
                <div class="col-lg-1">.col-lg-1</div>
                <div class="col-lg-1">.col-lg-1</div>
                <div class="col-lg-1">.col-lg-1</div>
                <div class="col-lg-1">.col-lg-1</div>
            </div>
            <div class="row">
                <div class="col-lg-8">.col-lg-8</div>
                <div class="col-lg-4">.col-lg-4</div>
            </div>
            <div class="row">
                <div class="col-md-4">.col-md-4</div>
                <div class="col-md-4">.col-md-4</div>
                <div class="col-md-4">.col-md-4</div>
            </div>
            <div class="row">
                <div class="col">.col</div>
                <div class="col">.col</div>
                <div class="col">.col</div>
            </div>
        </div>
    </body>
</html>
```

以上代码在 Chrome 浏览器中的运行效果如图 2-1 所示。

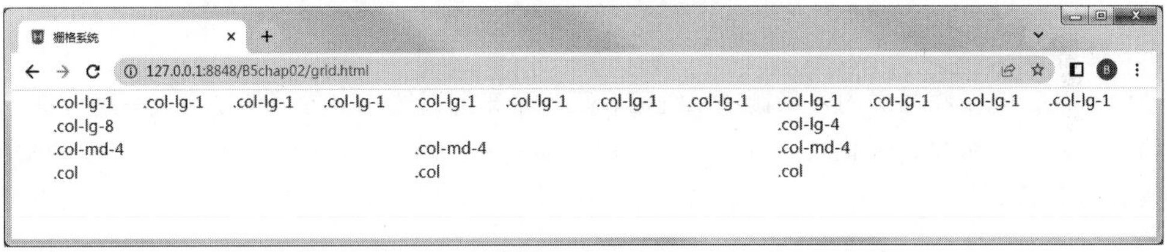

图 2-1 运行效果

说明：图 2-1 中一共有 4 行。在代码中，.row 位于.container 内，因此，我们可以看到，页面内容没有紧靠浏览器边缘。在.row 里设置.col-X-*，例如，此处.col-lg-4 表示在大桌面显示器显示时占 4 格。第 1 行分为 12 列，每列占 1 格。第 2 行分为两列，分别占 8 格、4 格。第 3 行在桌面显示器及其以上设备中分为 3 列，每列占 4 格。第 4 行，采用的等分列，没有指定列宽，自动分成 3 列，每列占 4 格。

当行中设置的列的格数大于 12 时，将自动换行。读者可以在以上前 3 行中自行添加 1 列，并查看效果。

2.3 使用方法

2.3.1 基本用法

栅格系统的基本使用方法如【实例 2-1】所示。容器.container 包含行.row，行.row 包含列.col-X-*。每行包含 12 栅格，如果定义的列超过 12 格，则自动换行。

为了获得更好的演示效果，我们在【实例 2-1】的 head 部分添加如下代码。注意，此代码需要写在 "<link rel="stylesheet" href="css/bootstrap.min.css" />" 之后。这里定义行.row 的底部外边距为 12px，所有的列.col-X-*设置了上/下内边距、背景颜色和边框。

```
<style>
  .row{
    margin-bottom:12px;
    }
  [class*="col"]{
    padding-top:12px;
    padding-bottom:12px;
    background-color:rgba(86,61,124,0.15);
    border:1px solid rgba(86,61,124,.2);
  }
</style>
```

以上代码在 Chrome 浏览器中的运行效果如图 2-2 所示。

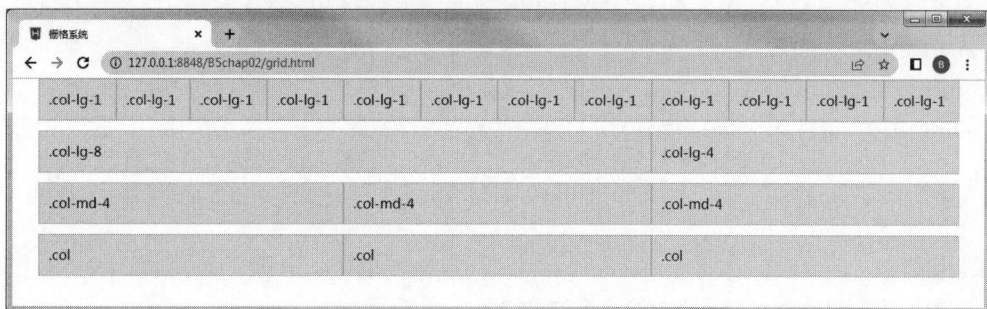

图 2-2　添加了行和列的样式

1. 容器类

Bootstrap 需要将页面内容和栅格系统包裹在一个布局容器中。为了使栅格具有响应性，屏幕宽度有 6 个断点：extra-small、small、medium、large、extra-large 和 extra extra-large。具体如表 2-1 所示。

表 2-1　屏幕宽度的断点及其屏幕宽度范围

断点	屏幕宽度范围/px
extra-small（超小设备）	<576
small（小型设备）	576～768（不含 768）
medium（桌面显示器）	768～992（不含 992）
large（大桌面显示器）	992～1200（不含 1200）
extra-large（特大桌面显示器）	1200～1400（不含 1400）
extra extra-large（超大桌面显示器）	≥1400

Bootstrap 提供了 3 种不同的容器，具体如下。

- .container：在每个断点处设置一个 max-width（最大宽度）。
- .container-fluid：在每个断点处设置容器宽度为 100%。
- .container-{breakpoint}：在每个断点处设置容器宽度为 100%，以达到指定的断点为止。

其中，breakpoint 的取值范围为 sm、md、lg、xl 和 xxl。例如，container-sm 表示屏幕宽度小于

576px 时，容器宽度为 100%；当屏幕宽度大于等于 576px 时，container-sm 就到达了断点，容器宽度与.container 显示一致。

容器类在不同设备上的断点情况如表 2-2 所示。

表 2-2　容器类的断点及其屏幕宽度范围

类	xs 设备 <576px	sm 设备 ≥576px	md 设备≥ 768px	lg 设备 ≥992px	xl 设备 ≥1200px	xxl 设备 ≥1400px
.container	100%	540px	720px	960px	1140px	1320px
.container-sm	100%	540px	720px	960px	1140px	1320px
.container-md	100%	100%	720px	960px	1140px	1320px
.container-lg	100%	100%	100%	960px	1140px	1320px
.container-xl	100%	100%	100%	100%	1140px	1320px
.container-xxl	100%	100%	100%	100%	100%	1320px
.container-fluid	100%	100%	100%	100%	100%	100%

在【实例 2-1】中改变浏览器的宽度，可以看到不同的效果。随着浏览器宽度的改变，页面内容的宽度随之变化。

2. 列类

在以上实例中，我们使用了.col-lg-1、.col-lg-4 等列类。Bootstrap5 中定义的列类有以下几种。

- .col：等列宽，对所有设备都是一样的，进行等分。
- .col-*：*代表数字，表示占了*格。例如，.col-3 表示对所有设备都是一样的，这一列占 3 格。
- .col-X-*：X 表示的是设备的屏幕宽度，其取值为 sm、md、lg、xl 和 xxl。*表示占了*格。例如，.col-md-4 表示当设备的屏幕宽度大于等于 768px 时，该列占了 12 列中 4 列的宽度。具体如表 2-3 所示。
- .col-auto 和.col-X-auto，列宽根据内容自适应，这里 X 与前面（.col-X-*中的 X）含义一致。

表 2-3　栅格系统表

项目	xs 设备 <576px	sm 设备 ≥576px	md 设备 ≥768px	lg 设备 ≥992px	xl 设备 ≥1200px	xxl 设备 ≥1400px
最大容器宽度/px	None (auto)	540	720	960	1140	1320
class 前缀	.col-	.col-sm-	.col-md -	.col-lg -	.col-xl-	.col-xxl-
列数量和	12	12	12	12	12	12
间隙宽度/px（一个列的每边分别为 12px）	24	24	24	24	24	24
可嵌套	Yes	Yes	Yes	Yes	Yes	Yes
列排序	Yes	Yes	Yes	Yes	Yes	Yes

读者可以自行修改【实例 2-1】的代码，改变浏览器宽度，会发现当浏览器宽度小于 992px 时，有些地方会一列占一行；当浏览器宽度大于 1200px 时，和 lg 设备的显示效果是一致的。所以，这

些布局都是向宽兼容的。

这是因为在定义媒体查询时，定义为 min-width，即最小宽度。示例如下。

```
@media (min-width:768px){
}
```

3. 栅格系统中的样式

以下是栅格系统中的各种样式。

- .container：左右各有 12px 的内边距。

- .row：是.col 的容器，最多只能放 12 个.col。行左右各有-12px 的外边距，可以抵消.container 的 12px 的内边距。

- .col：左右各有 12px 的内边距，可以保证内容不紧靠屏幕的边缘。两个相邻的.col 的内容之间有 24px 的间距。这样定义后，.col 具有和.container 相同的特性（左右各有 12px 的内边距），因此.col 里面可以嵌套.row。当.col 中嵌套.row 时，.col 就相当于.container。

2.3.2 混合与匹配

在前一个例子中，显示 4 行，其中前两行是针对 lg 设备设置的列，当在 md 设备、sm 设备、xs 设备上时，是从上到下垂直排列，如图 2-3 所示。第 3 行针对 md 设备，在屏幕宽度小于 768px 的设备上，从上到下垂直排列。只有第 4 行使用的是.col，针对的是所有设备，所以无论设备的屏幕宽度为多少，都是平均分为 3 列。

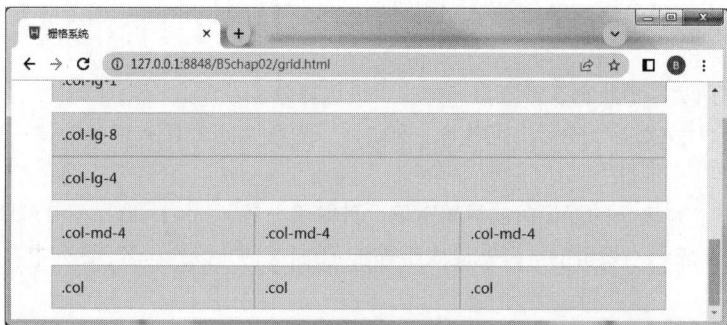

图 2-3 md 设备的显示效果

为了解决这个问题，我们在同一个元素上应用不同类型的样式，以适配不同尺寸的屏幕。

【实例 2-2】（文件 mixgrid.html）

```
<div class="container">
    <div class="row">
        <div class="col-12 col-md-8">.col-12 .col-md-8</div>
        <div class="col-6 col-md-4">.col-6 .col-md-4</div>
    </div>
        <div class="row">
        <div class="col-6 col-md-8 col-lg-3">.col-6 .col-md-8 .col-lg-3</div>
        <div class="col-6 col-md-4 col-lg-3">.col-6 .col-md-4 .col-lg-3</div>
        <div class="col-6 col-md-8 col-lg-3">.col-6 .col-md-8 .col-lg-3</div>
        <div class="col-6 col-md-4 col-lg-3">.col-6 .col-md-4 .col-lg-3</div>
    </div>
    <div class="row">
        <div class="col-6">.col-6</div>
        <div class="col-6">.col-6</div>
    </div>
</div>
```

本实例及后续实例代码均为 body 元素里面的内容，其他部分在【实例 2-1】基础上调整标题即可。本实例的效果如图 2-4～图 2-6 所示。

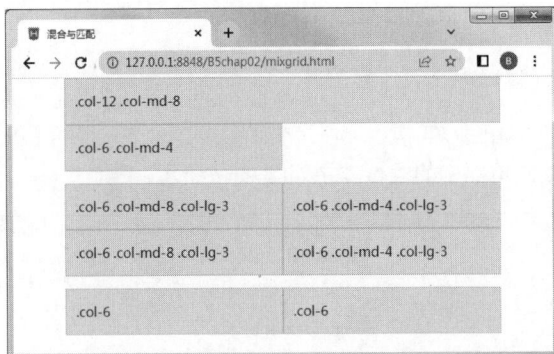

图 2-4　sm 设备和 xs 设备的显示效果

图 2-5　md 设备的显示效果

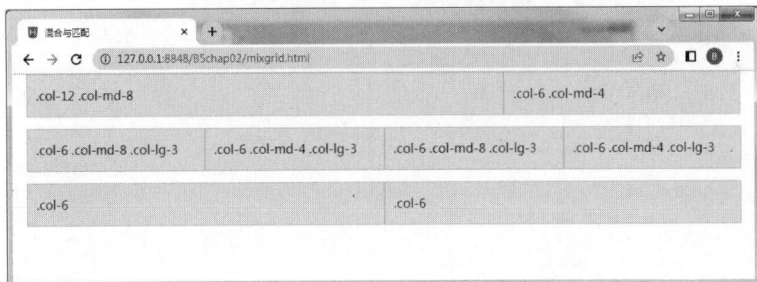

图 2-6　lg 设备、xl 设备和 xxl 设备的显示效果

2.3.3　等宽列

1. 基本用法

Bootstrap5 的栅格系统基于 flexbox，既可以使用不带数字的.col-X（X 为 sm、md、lg、xl 或 xxl），来设置对应设备上的等宽列；也可以使用不带设备的屏幕宽度前缀.col，设置所有设备屏幕上的等宽列。

【实例 2-3】（文件 equalgrid.html）

```html
<div class="container">
  <!--大于等于 576px 时 3 个等分列-->
  <div class="row">
    <div class="col-sm">1/3</div>
    <div class="col-sm">1/3</div>
    <div class="col-sm">1/3</div>
```

```
    </div>
    <!--所有设备上 3 个等分列-->
    <div class="row">
        <div class="col">1/3</div>
        <div class="col">1/3</div>
        <div class="col">1/3</div>
    </div>
</div>
```

以上代码在 Chrome 浏览器中的运行效果如图 2-7 所示。

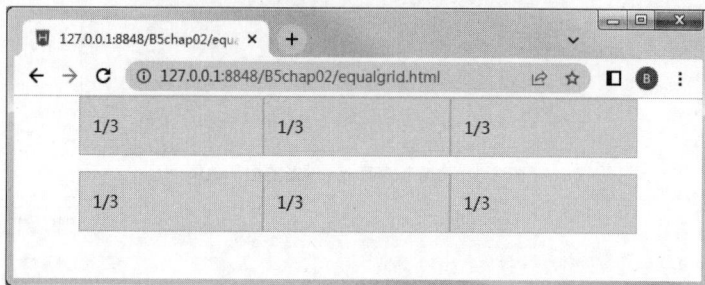

图 2-7　等宽列

2．多行等宽列

在等宽列基础上可以添加.w-100，实现多行等宽。

【实例 2-4】（文件 equalgrid-mline.html）

```
<div class="row">
    <div class="col">列</div>
    <div class="col">列</div>
    <div class="w-100"></div>
    <div class="col">列</div>
    <div class="col">列</div>
</div>
<div class="row">
    <div class="col">列</div>
    <div class="col">列</div>
    <div class="w-100 d-none d-md-block"></div>
    <div class="col">列</div>
    <div class="col">列</div>
</div>
```

以上代码在 Chrome 浏览器中的运行效果如图 2-8 所示。

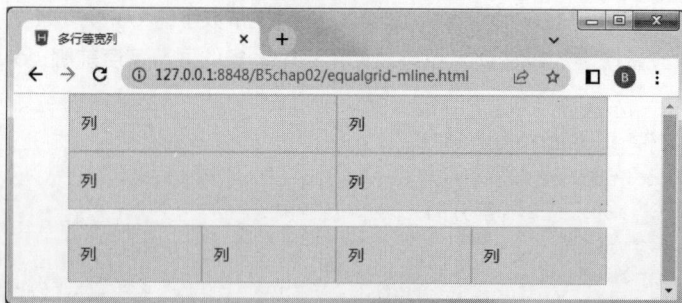

图 2-8　多行等宽列

说明：其中，第 2 行通过.d-none、.d-md-block 的配合使用，当设置设备的屏幕宽度大于等于 768px 时，换新行。

3. 设置一列宽度

设定一列宽度，其他列等宽。

【实例 2-5】（文件 equalgrid-one.html）

```
<div class="container">
    <div class="row">
    <div class="col">第 1 列</div>
    <div class="col">第 2 列</div>
    <div class="col-6">第 3 列(指定宽度)</div>
    <div class="col">第 4 列</div>
    </div>
</div>
```

以上代码在 Chrome 浏览器中的运行效果如图 2-9 所示。

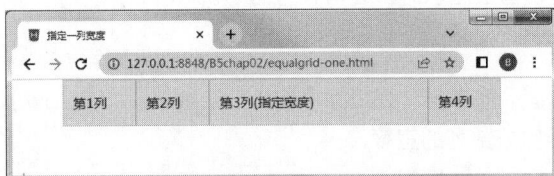

图 2-9 指定列宽与等宽结合

2.3.4 可变宽度内容

使用.col-X-auto（其中 X 为 sm、md、lg、xl、xxl）或.col-auto，可以设置根据内容调整列的宽度。

【实例 2-6】（文件 autogrid.html）

```
<div class="container">
    <div class="row justify-content-md-center">
        <div class="col col-lg-2">第 1 列</div>
        <div class="col col-md-auto">根据内容调整宽度</div>
        <div class="col col-lg-2">第 3 列</div>
    </div>
    <div class="row">
        <div class="col">第 1 列</div>
        <div class="col  col-md-auto">根据内容调整列宽</div>
        <div class="col col-lg-2">第 3 列</div>
    </div>
</div>
```

以上代码在 Chrome 浏览器中的运行效果如图 2-10 和图 2-11 所示。

图 2-10 可变宽度内容——lg 设备的显示效果

图 2-11　可变宽度内容——md 设备显示效果

说明：

· .col-md-auto 用于设置 md 设备，根据内容自动改变列宽。因为栅格系统向上兼容，所以在 md 设备、lg 设备、xl 设备、xxl 设备上有相同的效果。

· .justify-content-md-center 用于设置中屏以上为水平居中。所以当在 lg 设备显示时，由于第 1 列和第 3 列均为 col-lg-2，占了 2 格，而呈现图 2-10 所示的效果。

· 在 sm 设备、xs 设备上显示时，会均分为三列。

2.3.5　列嵌套

栅格系统支持列的嵌套，即在一个列里面再嵌入一个或多个行（.row）。注意，内部嵌套的.row 的宽度为 100%，就是当前外部列的宽度。

【实例 2-7】（文件 nestgrid.html）

```
<div class="container">
  <div class="row">
      <div class="col-md-3">col-md-3</div>
      <div class="col-md-9">
          Level 1:.col-md-9
          <div class="row">
              <div class="col-md-6">
                  Level 2:.col-md-6
              </div>
              <div class="col-md-6">
                  Level 2:.col-md-6
              </div>
          </div>
      </div>
  </div>
</div>
```

以上代码在 Chrome 浏览器中的运行效果如图 2-12 所示。

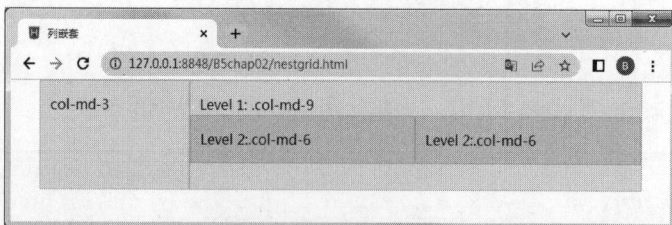

图 2-12　列嵌套的效果

2.3.6　列排序

列排序其实就是改变列的前后排列顺序。在栅格系统中，可以通过.order-*、.order-X-*来实现这一目的。其中，*是 first、last 或 0～5 的数字，如果是 0～5 的数字，则其是按数字大小排序；first 表示排最前面；last 表示排最后面；X 代表 sm、md、lg、xl、xxl，对应不同的屏幕大小。其中.order 的部分源码如下所示。

```
 .order-md-first {
  order: -1 !important;
 }
 .order-md-0 {
  order: 0 !important;
 }
 .order-md-1 {
  order: 1 !important;
 }
...
.order-5 {
 order: 5 !important;
}
.order-last {
 order: 6 !important;
}
```

其中，first、last 可指定列排在最前面或最后面。

【实例 2-8】（文件 ordergrid.html）

```
<div class="container">
        <div class="row">
            <div class="col">第 1 列，不排序</div>
            <div class="col order-4">第 2 列, order: 4</div>
            <div class="col">第 3 列，不排序</div>
            <div class="col">第 4 列，不排序</div>
            <div class="col order-2">第 5 列, order: 2</div>
        </div>
        <div class="row">
            <div class="col order-last">第 1 列，排最后</div>
            <div class="col">第 2 列，不排序</div>
            <div class="col order-first">第 3 列，排最前面</div>
        </div>
</div>
```

以上代码在 Chrome 浏览器中的运行效果如图 2-13 所示。

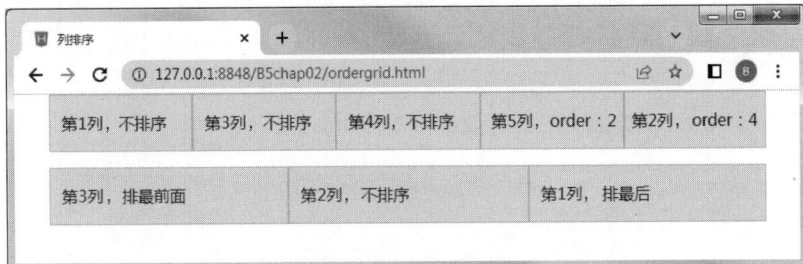

图 2-13　列排序的效果

2.3.7　列偏移

有时候，不想让两个相邻的列挨在一起，可以使用栅格系统中的列偏移功能来实现，而不必设置 margin 属性。其类为.offset-*和.offset-X-*。

.offset-*：*为数字 1~11，表示向右偏移的列数。

.offset-X-*：X 为设备的屏幕宽度前缀 sm、md、lg、xl、xxl。*为数字 0~11。.offset-X-0，表示该宽度下不偏移。

同时，这里也需要注意，偏移列和显示列总和不能超过 12。如果超过 12，则换到下一行。

【实例 2-9】（文件 offsetgrid1.java）

```
<div class="row">
    <div class="col-md-4">.col-md-4</div>
    <div class="col-md-4 offset-md-4">.col-md-4 .offset-md-4</div>
</div>
<div class="row">
    <div class="col-md-3 offset-md-3">.col-md-3 .offset-md-3</div>
</div>
<div class="row">
    <div class="col-md-6 offset-md-3">.col-md-6 .offset-md-3</div>
</div>
```

以上代码在 Chrome 浏览器中的运行效果如图 2-14 所示。

图 2-14　列偏移

【实例 2-10】（文件 offsetgrid2.java）

```
<div class="container">
    <div class="row">
        <div class="col-sm-5 col-md-6">.col-sm-5 .col-md-6</div>
        <div class="col-sm-5 offset-sm-2 col-md-6 offset-md-0">
            .col-sm-5 .offset-sm-2 .col-md-6 .offset-md-0
        </div>
    </div>
    <div class="row">
        <div class="col-sm-6 col-md-5 col-lg-6">.col-sm-6 .col-md-5 .col-l
g-6</div>
        <div class="col-sm-6 col-md-5 offset-md-2 col-lg-6 offset-lg-0">
            .col-sm-6 .col-md-5 .offset-md-2 .col-lg-6  .offset-lg-0
        </div>
    </div>
</div>
```

以上代码在 Chrome 浏览器中的运行效果如图 2-15 所示。

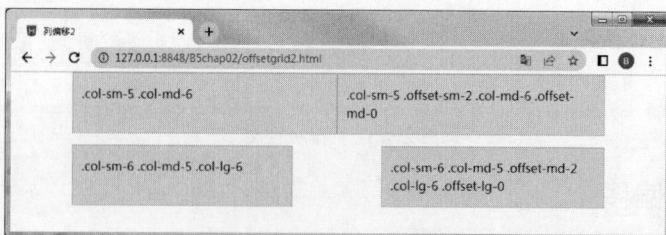

图 2-15　md 设备显示效果

说明：在 md 设备显示时，第 1 行因为用了.offset-md-0，所以不偏移。sm 设备显示时会偏移。第 2 行，md 设备显示时偏移 2 格，lg 设备显示时不偏移。读者可以自行查看效果。

2.3.8 行列类

使用响应的类.row-cols-*、.row-cols-X-*可以快速设置布局中一行的列数。其中，*是 1～6 的数字，X 代表 sm、md、lg、xl、xxl，对应不同的设备屏幕宽度。普通的.col-*应用于各个列，但.row-cols-*应用在父级.row 上，可快捷指定列数。使用.row-cols-auto，可以为列指定其自然宽度。使用这些.row-cols-*可以快速创建基本栅格布局或控制卡片布局。

本节实例需修改选择器"[class*="col"]"为"[class^="col"]"。

.row-cols-*应用在父级.row 上，会将该行的每列平分。例如，.row-cols-4，表示该行分为 4 列，每列为 3 份宽度。

【实例 2-11】（文件 rowcols.html）

```
<div class="container text-center">
    <div class="row row-cols-2">
        <div class="col">Column</div>
        <div class="col">Column</div>
        <div class="col">Column</div>
        <div class="col">Column</div>
    </div>
    <div class="row row-cols-3">
        <div class="col">Column</div>
        <div class="col">Column</div>
        <div class="col">Column</div>
        <div class="col">Column</div>
    </div>
    <div class="row row-cols-6">
        <div class="col">Column</div>
        <div class="col">Column</div>
        <div class="col">Column</div>
        <div class="col">Column</div>
    </div>
</div>
```

以上代码在 Chrome 浏览器中的运行效果如图 2-16 所示。

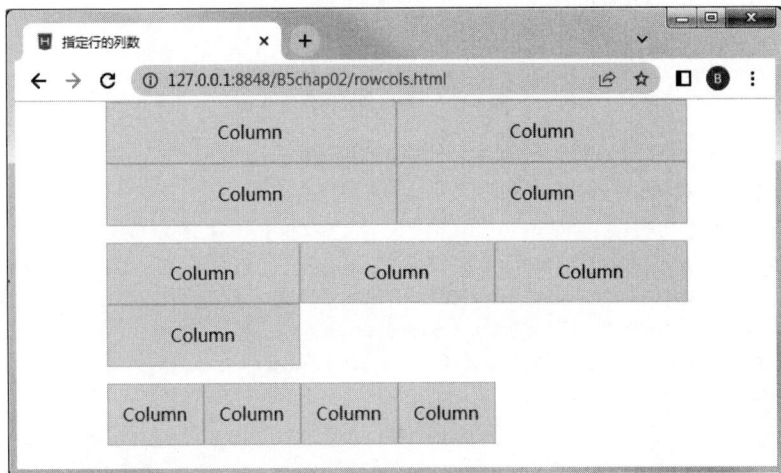

图 2-16 行列类的效果

使用.row-cols-*时，也可以指定列的宽度，其他未指定列宽的列依旧为平分的宽度。

【实例 2-12】（文件 rowcols1.html）

```
<div class="container text-center">
    <div class="row row-cols-4">
        <div class="col">Column</div>
        <div class="col">Column</div>
        <div class="col">Column</div>
        <div class="col">Column</div>
    </div>
    <div class="row row-cols-4">
        <div class="col">Column</div>
        <div class="col-1">col-1</div>
        <div class="col-2">col-2</div>
        <div class="col">Column</div>
    </div>
    <div class="row row-cols-4">
        <div class="col">Column</div>
        <div class="col-6">col-6</div>
        <div class="col">Column</div>
        <div class="col">Column</div>
    </div>
</div>
```

以上代码在 Chrome 浏览器中的运行效果如图 2-17 所示。

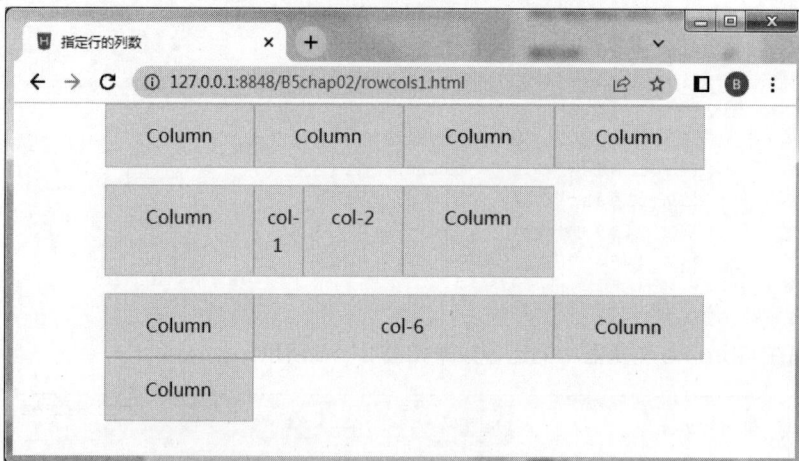

图 2-17　指定列宽的效果

使用.row-cols-auto 时，每列的宽度自适应内容宽度。

【实例 2-13】（文件 rowcols2.html）

```
<div class="container text-center">
    <div class="row row-cols-auto">
        <div class="col">自然列宽</div>
        <div class="col">.row-cols-auto</div>
        <div class="col">响应式类.row-cols-md-6</div>
        <div class="col">col</div>
    </div>
</div>
```

以上代码在 Chrome 浏览器中的运行效果如图 2-18 所示。

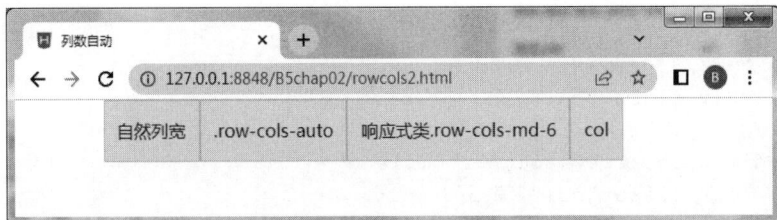

图 2-18 列数自动的效果

2.4 结合其他工具类使用

2.4.1 排列

利用 flexbox 排列工具，我们可以对各列进行垂直或水平排列。

1. 垂直排列

将类 .align-items-start、.align-items-center、.align-items-end 应用在 .row 上，可以实现整行内容在垂直方向的顶部、中间、底部排列。

将类 .align-self-start、.align-self-center、.align-self-end 应用在列上，可以实现多列的错位排列。具体使用方法如【实例 2-14】所示。

【实例 2-14】（文件 valigngrid .html）

```html
<!DOCTYPE html>
<html>
  <head>
    <meta charset="utf-8"/>
    <meta name="viewport" content="width=device-width,initial-scale=1,
shrink-to-fit=no">
    <title>垂直排列</title>
    <link rel="stylesheet" href="css/bootstrap.min.css"/>
    <style>
      .row{
        margin-bottom:15px;
        height:100px;
        background-color:#eeeeee;
      }
      [class*="col"]{
        padding-top:5px;
        padding-bottom:5px;
        background-color:rgba(86,61,124,0.15);
        border:1px solid rgba(86,61,124,.2);
      }
    </style>
  </head>
<body>
    <div class="container">
      <div class="row align-items-start">
        <div class="col">第 1 列</div>
        <div class="col">第 2 列</div>
        <div class="col">第 3 列</div>
      </div>
      <div class="row align-items-center">
```

```
            <div class="col">第 1 列</div>
            <div class="col">第 2 列</div>
            <div class="col">第 3 列</div>
        </div>
        <div class="row align-items-end">
            <div class="col">第 1 列</div>
            <div class="col">第 2 列</div>
            <div class="col">第 3 列</div>
        </div>
        <div class="row">
            <div class="col align-self-start">第 1 列</div>
            <div class="col align-self-center">第 2 列</div>
            <div class="col align-self-end">第 3 列</div>
        </div>
    </div>
  </body>
</html>
```

以上代码在 Chrome 浏览器中的运行效果如图 2-19 所示。

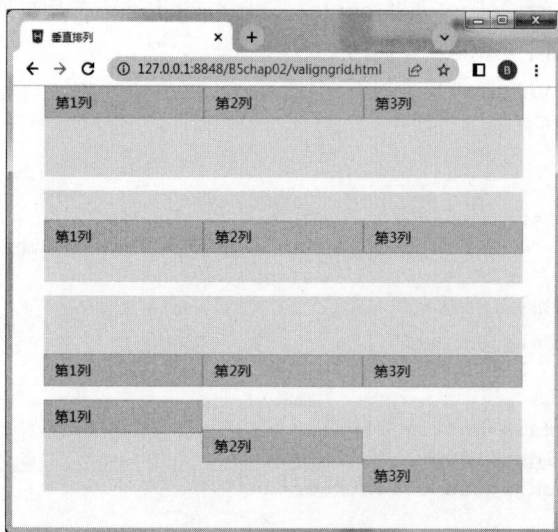

图 2-19　列的垂直排列

说明：在【实例 2-14】中，设置了.row 的行高和背景。同时修改了列的上/下内边距。

2．水平排列

将 flex 工具中的内容排列类.justify-content-start、.justify-content-center、.justify-content-end、.justify-content-around、.justify-content-between 和.justify-content-evenly 应用在.row 上，可以分别实现列的左排列、居中、右排列、平均分布、两端对齐、均匀分布。

【实例 2-15】（文件 haligngrid.html）

```
<div class="container">
    <div class="row justify-content-start">
        <div class="col-4">第 1 列</div>
        <div class="col-4">第 2 列</div>
    </div>
    <div class="row justify-content-center">
```

```
        <div class="col-4">第 1 列</div>
        <div class="col-4">第 2 列</div>
    </div>
    <div class="row justify-content-end">
        <div class="col-4">第 1 列</div>
        <div class="col-4">第 2 列</div>
    </div>
    <div class="row justify-content-around">
        <div class="col-4">第 1 列</div>
        <div class="col-4">第 2 列</div>
    </div>
    <div class="row justify-content-between">
        <div class="col-2">第 1 列</div>
        <div class="col-2">第 2 列</div>
        <div class="col-2">第 3 列</div>
    </div>
    <div class="row justify-content-evenly">
      <div class="col-2">第 1 列</div>
      <div class="col-2">第 2 列</div>
      <div class="col-2">第 3 列</div>
    </div>
</div>
```

以上代码在 Chrome 浏览器中的运行效果如图 2-20 所示。

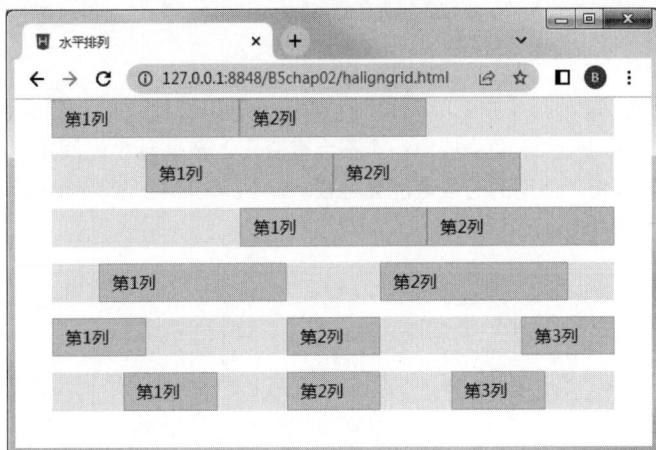

图 2-20　列的水平排列

2.4.2　槽宽类

使用.g-*、.gx-*、.gy-*（*的取值为 0 ~ 5）可以修改.row 的内外边距和.row 下的.col 的内外边距，从而达到改变一行中.col 内容的水平、垂直间距的效果。对应响应式类.g-X-*、.gx-X-*、.gy-X-*，其中 X 的取值为 sm、md、lg、xl、xxl。

.gx-*：改变.row 中.col 内容的水平间距。

.gy-*：改变.row 中.col 内容的垂直间距。

.g-*：同时改变.row 中.col 内容的水平、垂直间距。

Bootstrap.css 文件中.row、.col 的内外边距的定义和部分.g-*、.gx-*、.gy-*的定义如下。

```
.row {
  --bs-gutter-x: 1.5rem;
  --bs-gutter-y: 0;
  display: flex;
  flex-wrap: wrap;
  margin-top: calc(-1 * var(--bs-gutter-y));
  margin-right: calc(-0.5 * var(--bs-gutter-x));
  margin-left: calc(-0.5 * var(--bs-gutter-x));
}
.row > * {
  flex-shrink: 0;
  width: 100%;
  max-width: 100%;
  padding-right: calc(var(--bs-gutter-x) * 0.5);
  padding-left: calc(var(--bs-gutter-x) * 0.5);
  margin-top: var(--bs-gutter-y);
}
.g-3,
.gy-3 {
  --bs-gutter-y: 1rem;
}

.g-4,
.gx-4 {
  --bs-gutter-x: 1.5rem;
}
.g-5,
.gx-5 {
  --bs-gutter-x: 3rem;
}
```

其中可以看到，.g-4、.gx-4 中变量--bs-gutter-x 的取值和.row 中定义的该变量的初始值相同，均为 1.5rem。所以在.row 上添加.gx-4 不会有变化。数值越小则间距越小，其中.g-0 会去掉.row 和.col 的内外边距。使用的时候可能会导致.row 或.col 溢出.container。

【实例 2-16】（文件 guttergrid.html）

```html
<style>
    [class*="col"] {
        background-color: rgba(86, 61, 124, 0.15);
        border: 1px solid rgba(86, 61, 124, .2);
    }
</style>
<body class="p-5">
    <div class="container border border-success">
        <div class="row g-3">
            <div class="col-6">
                <div class="p-3 border bg-light">内容 div</div>
            </div>
            <div class="col-6">
                <div class="p-3 border bg-light">内容 div</div>
            </div>
            <div class="col-6">
                <div class="p-3 border bg-light">内容 div</div>
            </div>
            <div class="col-6">
```

```
                <div class="p-3 border bg-light">内容 div</div>
            </div>
        </div>
    </div>
```

以上代码在 Chrome 浏览器中的运行效果如图 2-21 所示。

图 2-21　内容 div 的水平间隔和垂直间隔 1

说明：【实例 2-16】中.container 的左右内边距为 0.75rem(12px)，.row 左右外边距为 -0.5rem（-8px），所以.container 与.col 之间有 4px 的间隔。.col 的左右内边距为 8px，内容的间隔为 16px。垂直方向上，.row 顶部外边距为-16px，而.col 顶部外边距为 16px，第一行的.col 的顶部外边距会抵消.row 的负边距。

将.g-3 改为.g-5，.row 左右外边距为-1.5rem（-24px），而.container 的左右内边距为 12px，因此.row 会溢出。在 Chrome 浏览器中的运行效果如图 2-22 所示。

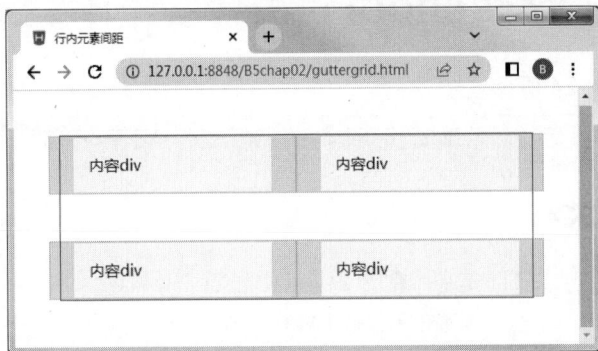

图 2-22　内容 div 的水平间隔和垂直间隔 2

有两种方式解决溢出问题。

给.container 添加更大的内边距，添加.px-4，会将.container 的内边距设置为 24px。

在.container 上添加类.overflow-hidden，让溢出部分隐藏。

2.4.3　居左/居右

使用.ms-auto 和.me-auto 让列居右或居左排列，具体参考第 4 章 4.8.9 节。

- .ms-auto：设置 margin-left：auto，使元素居右排列。
- .me-auto：设置 margin-right：auto，使元素居左排列。

【实例 2-17】（文件 leftrightgrid.html）

```
<div class="container">
    <div class="row">
```

```
        <div class="col-md-4">.col-md-4</div>
        <div class="col-md-4 ms-auto">.col-md-4 .ms-auto</div>
    </div>
    <div class="row">
        <div class="col-md-2 ms-md-auto">.col-md-3 .ms-md-auto</div>
        <div class="col-md-2 ms-md-auto">.col-md-3 .ms-md-auto</div>

    </div>
    <div class="row">
        <div class="col-auto me-auto">.col-auto .me-auto</div>
        <div class="col-auto">.col-auto</div>
    </div>
</div>
```

以上代码在 Chrome 浏览器中的运行效果如图 2-23 所示。

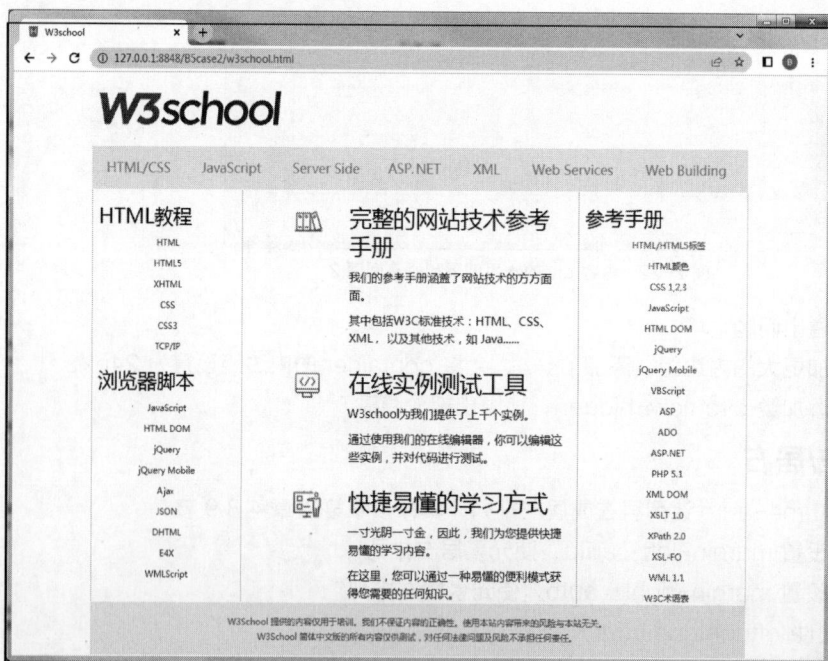

图 2-23　列居左/居右排列

2.5　案例：W3school 首页

本案例效果如图 2-24 所示。

案例视频 2

图 2-24　W3school 首页

本案例的具体操作步骤如下。

（1）创建 HTML5 页面 index.html，在页面中引入 meta。

```
<meta name="viewport" content="width=device-width,initial-scale=1">
```

（2）引入 bootstrap.min.css 文件。

```
<link href="css/bootstrap.min.css" rel="stylesheet">
```

（3）页面一共 4 行。其中，第 1、第 2、第 4 行均为 1 列，第 3 行为 3 列，为 3—6—3 的布局。在 body 元素中添加容器、行和列，搭建整体结构。

```
<div class="container">
        <!--第 1 行 Logo 部分-->
        <div class="row">
            <div class="col"></div>
        </div>
        <!--第 2 行导航部分-->
        <div class="row">
            <div class="col"></div>
        </div>
        <!--第 3 行主体部分-->
        <div class="row">
            <div class="col-3"></div>
            <div class="col-6"></div>
            <div class="col-3"></div>
        </div>
        <!--第 4 行页脚部分-->
        <div class="row">
            <div class="col"></div>
        </div>
</div>
```

（4）完成第 1 行 Logo 部分。

```
<div class="row">
    <div class="col">
        <div class="bg-logo">
                <img src="img/logo.png">
        </div>
    </div>
</div>
```

新建一个 CSS 文件 main.css。在 main.css 中添加类.bg-logo 的定义，在 col 上应用.bg-logo（前面代码已经添加）。

```
.bg-logo{
  background-color:#fdfcf8;
  width:100%;
}
```

在 index.html 中引用 main.css，该引用排在引用 bootstrap.min.css 之后。

```
<link href="css/bootstrap.min.css" rel="stylesheet"/>
<link href="css/main.css" rel="stylesheet"/>
```

（5）完成第 2 行导航部分，在 col 中添加列表，其中列表放在一个 id 为 main-nav 的 div 元素中。

```
<div class="row">
                <div class="col">
```

```
                    <div id="main-nav">
                        <ul>
                            <li><a href="#">HTML/CSS</a></li>
                            <li><a href="#">JavaScript</a></li>
                            <li><a href="#">Server Side</a></li>
                            <li><a href="#">ASP.NET</a></li>
                            <li><a href="#">XML</a></li>
                            <li><a href="#">Web Services</a></li>
                            <li><a href="#">Web Building</a></li>
                        </ul>
                    </div>
                </div>
</div>
```

添加下列导航样式，然后查看页面效果。

```
#main-nav{
        background-color:#eee;
}
#main-nav ul{
        list-style-type:none;
        font-size:18px;
        padding:15px 0;
        margin:0px;
}
#main-nav li{
        display:inline;
}
#main-nav a{
        padding:15px 20px;
        color:#999;
        text-decoration:none;
}
#main-nav a:hover{
        background-color:#444;
        color:#fff;
}
```

（6）完成第 3 行主体部分，此行包含 3 列，在大桌面设备下，左边列 3 个栅格，中间列 6 个栅格，右边列 3 个栅格，xs 设备、sm 设备、md 设备下分别显示 4 列、8 列、12 列。左边是两个列表，它放在 id 为 leftside 的 div 元素中；中间为 3 行内容，其放在 id 为 maincontent 的 div 元素中；右边为一个列表，其放在 id 为 rightside 的 div 元素中。

① 左边列的 HTML 代码。

```
<div class="col-4 col-lg-3">
    <div id="leftside">
        <h3>HTML 教程</h3>
        <ul>
            <li><a href="#">HTML</a></li>
            <li><a href="#">HTML5</a></li>
            <li><a href="#">XHTML</a></li>
            <li><a href="#">CSS</a></li>
            <li><a href="#">CSS3</a></li>
            <li><a href="#">TCP/IP</a></li>
        </ul>
```

```
        <h3>浏览器脚本</h3>
        <ul>
            <li><a href="#">JavaScript</a></li>
            <li><a href="#">HTML DOM</a></li>
            <li><a href="#">jQuery</a></li>
            <li><a href="#">jQuery Mobile</a></li>
            <li><a href="#">Ajax</a></li>
            <li><a href="#">JSON</a></li>
            <li><a href="#">DHTML</a></li>
            <li><a href="#">E4X</a></li>
            <li><a href="#">WMLScript</a></li>
        </ul>
    </div>
</div>
```

在 main.css 中添加左边列的对应样式，然后浏览页面。

```
#leftside{
    font-size:12px;
    border-left:1px solid #ccc;
    border-right:1px solid #ccc;
    padding-top:10px;
}
#leftside h3{
    margin:10px 0 5px 8px;
}
#leftside ul{
    list-style-type:none;
    padding: 0px;
    text-align: center;
}
#leftside a{
    text-decoration:none;
    color:#333;
    display:block;
    padding:5px 0 5px 15px;
}
#leftside a:hover{
    background-color:#999;
    color:#fff;
}
```

② 右边列的 HTML 代码。这里使用“d-none d-lg-block”设置在 xs 设备、sm 设备、md 设备下 display 属性为 none。

```
<div class="col-12 col-lg-3 d-none d-lg-block">
    <div id="rightside">
            <h3>参考手册</h3>
            <ul>
                <li><a href="#">HTML/HTML5 标签</a></li>
                <li><a href="#">HTML 颜色</a></li>
                <li><a href="#">CSS 1,2,3</a></li>
                <li><a href="#">JavaScript</a></li>
                <li><a href="#">HTML DOM</a></li>
                <li><a href="#">jQuery</a></li>
                <li><a href="#">jQuery Mobile</a></li>
```

```
                <li><a href="#">VBScript</a></li>
                <li><a href="#">ASP</a></li>
                <li><a href="#">ADO</a></li>
                <li><a href="#">ASP.NET</a></li>
                <li><a href="#">PHP 5.1</a></li>
                <li><a href="#">XML DOM</a></li>
                <li><a href="#">XSLT 1.0</a></li>
                <li><a href="#">XPath 2.0</a></li>
                <li><a href="#">XSL-FO</a></li>
                <li><a href="#">WML 1.1</a></li>
                <li><a href="#">W3C 术语表</a></li>
            </ul>
        </div>
    </div>
</div>
```

在 main.css 中添加右边列的对应样式，然后浏览页面。

```
#rightside{
    font-size:12px;
    border-right:1px solid #ccc;
    padding-top:10px;
    margin-left:-24px;
}
#rightside h3{
    margin:10px 0 5px 8px;
}
#rightside ul{
    list-style-type:none;
    margin:0px;
    text-align: center;
}
#rightside a{
    text-decoration:none;
    color:#930;
    display:block;
    padding:5px 0 5px 15px;
}
#rightside a:hover{
    background-color:#C30;
    color:#fff;
}
```

③ 添加中间的内容。中间为 3 行，每行两列，这里分别为 col-3 和 col-9。为了方便，左边放图标，右边放文字。

```
<div class="col-8  col-lg-6">
  <div id="maincontent">
    <div class="row">
        <div class="col-3">
            <img src="img/icon1.png" class="img-fluid">
        </div>
        <div class="col-9">
            <h2>完整的网站技术参考手册</h2>
            <p>我们的参考手册涵盖了网站技术的方方面面。</p>
            <p>其中包括 W3C 标准技术：HTML、CSS、XML，以及其他技术，如 Java……</p>
        </div>
    </div>
```

```
    <div class="row">
        <div class="col-3">
            <img src="img/icon1.png" class="img-fluid">
        </div>
        <div class="col-9">
            <h2>在线实例测试工具</h2>
            <p>W3school 为我们提供了上千个实例。</p>
            <p>通过使用我们的在线编辑器，你可以编辑这些实例，并对代码进行测试。</p>
        </div>
    </div>
    <div class="row">
        <div class="col-3">
            <img src="img/icon1.png" class="img-fluid">
        </div>
        <div class="col-9">
            <h2>快捷易懂的学习方式</h2>
            <p>一寸光阴一寸金，因此，我们为您提供快捷易懂的学习内容。</p>
            <p>在这里，您可以通过一种易懂的便利模式获得您需要的任何知识。</p>
        </div>
    </div>
  </div>
</div>
```

中间内容的样式定义如下。

```
#maincontent{
    font-size:16px;
    padding:0 20px;
    border-right: 1px solid #ccc;
}
#maincontent h2{
    margin-top:20px;
    margin-bottom:10px;
}
#maincontent p{
    margin:10px 0;
}
```

（7）添加页脚部分。

```
<div class="row">
    <div class="col-12">
        <footer>
            <p>W3school 提供的内容仅用于培训，我们不保证内容的正确性。使用本站内容带来
的风险与本站无关。</p>
            <p>W3school 简体中文版的所有内容仅供测试，对任何法律问题及风险不承担任
何责任。</p></footer>
    </div>
</div>
```

页脚部分的样式定义如下。

```
footer {
    background-color:#eee;
    font-size:12px;
    text-align:center;
    padding:15px 0;
}
```

```
footer p{
  margin:2px;
  color:#666;
}
```

（8）美化页面。

① 我们发现图标行有背景，而且背景色和图标背景相同。为了页面的美观，给 body 元素加一个同颜色的背景。

```
body{
    background-color:#fdfcf8;
}
```

② 浏览页面会发现，左边栏和右边栏不等高。为了解决等高问题，在代码中，添加下列 JavaScript 的代码。

```
<script language="javascript">
 function alertHeight(){
    var divH1=document.getElementById("leftside");
    var divH2=document.getElementById("maincontent");
    var divH3=document.getElementById("rightside");
    var allHeight;
    if(divH1.clientHeight>divH2.clientHeight)
        allHeight=divH1.clientHeight;
    else
        allHeight=divH2.clientHeight;
    if(allHeight<divH3.clientHeight)
        allHeight=divH3.clientHeight;
    divH1.style.height=allHeight+'px';
    divH2.style.height=allHeight+'px';
    divH3.style.height=allHeight+'px';
 }
 window.onload=alertHeight;
</script>
```

说明：本案例中的布局用了栅格系统，其他界面效果都是用 CSS 代码实现。在后面章节中，有对应的导航条组件、列表组件和一些工具类，它们可以帮助读者快速实现需要的界面效果。

本章小结

本章主要介绍了栅格系统的实现原理、工作原理及其应用，包括栅格系统中的列嵌套、列排序、列偏移等内容。最后用一个案例演示了栅格系统的实际应用。

实训项目

制作银行网站首页

利用栅格系统对银行网站首页进行布局，页面效果如图 2-25 所示。

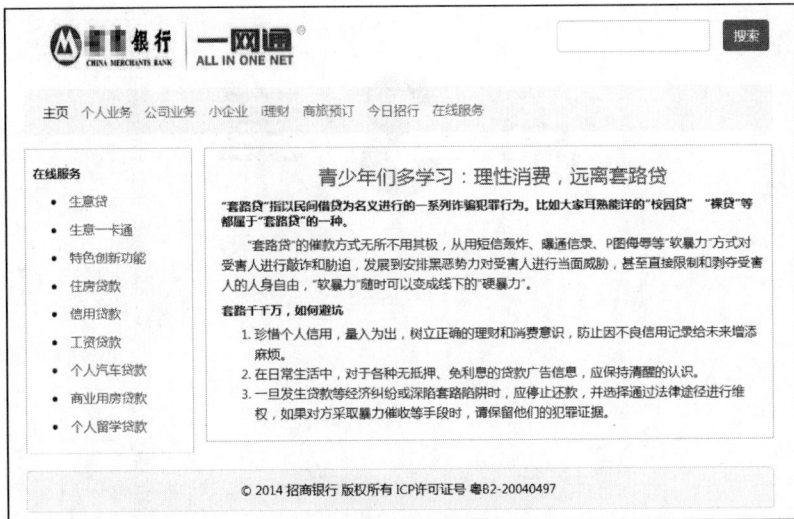

图 2-25　银行网站首页

实训拓展

　　党的二十大报告提出："完善志愿服务制度和工作体系。弘扬诚信文化，健全诚信建设长效机制。"现在，越来越多的大学生志愿者服务意识不断加强，积极参与到志愿服务工作中。请浏览"中国志愿服务网"，分析网站的布局，用栅格系统实现该页面的布局。

第 **3** 章

CSS布局

本章导读

本章将介绍Bootstrap提供给HTML各元素的CSS布局样式，包括标题、段落等基础文本排版样式，以及列表、代码、表格、按钮、图像等样式。通过文本、图片、表格等展示了与素养元素相关的信息，达到对学生进行素质教育的目的。

3.1 排版

排版主要是使用 CSS 对 HTML 元素进行样式设置及布局定位，排版在前端开发中的重要性不言而喻。Bootstrap 提供了一套 CSS 样式，可以方便用户快速地渲染修饰 HTML 元素，让页面排版变得更简单。

Bootstrap5 默认的 font-size 为 1rem（16px），line-height 为 1.5rem（24px）。默认的 font-family 为 Helvetica Neue、Helvetica、Arial、sans-serif 等字体。此外，所有 p 元素的 margin-top 为 0、margin-bottom 为 1rem(16px)。这些内容的具体定义在 bootstrap.reboot.css 文件。这里列举 body 元素的一些定义。

body 元素的变量的定义。

```
    --bs-font-sans-serif: system-ui, -apple-system, "Segoe UI", Roboto,
"Helvetica Neue", "Noto Sans", "Liberation Sans", Arial, sans-serif, "Apple Color
Emoji", "Segoe UI Emoji", "Segoe UI Symbol", "Noto Color Emoji";
    --bs-body-font-family: var(--bs-font-sans-serif);
    --bs-body-font-size: 1rem;
    --bs-body-font-weight: 400;
    --bs-body-line-height: 1.5;
    --bs-body-color: #212529;
    --bs-body-color-rgb: 33, 37, 41;
    --bs-body-bg: #fff;
    --bs-body-bg-rgb: 255, 255, 255;
```

body 元素的 CSS 定义。

```
body {
    margin: 0;
    font-family: var(--bs-body-font-family);
    font-size: var(--bs-body-font-size);
    font-weight: var(--bs-body-font-weight);
    line-height: var(--bs-body-line-height);
    color: var(--bs-body-color);
    text-align: var(--bs-body-text-align);
    background-color: var(--bs-body-bg);
    -webkit-text-size-adjust: 100%;
    -webkit-tap-highlight-color: rgba(0, 0, 0, 0);
}
```

如在页面中需要修改 body 元素的颜色，只需要修改--bs-body-bg 的值。

```
<body style="--bs-body-bg: #333;">
    <!-- ... -->
</body>
```

从 Bootstrap4 开始，元素使用 rem 作为尺寸单位。rem 是 CSS3 中新增的一种相对长度单位。在使用 rem 时，根节点<html>的字体大小决定了 rem 的尺寸。1rem 为 16px，2rem 为 32px。

3.1.1 标题

1. h1～h6 元素

Bootstrap 可以使用 HTML 中 h1 到 h6 这 6 个标题元素。所有标题元素均被重置，移除了顶部外边距 margin-top，设置底部外边距 margin-bottom 为 0.5rem，字重 font-weight 为 500。Bootstrap 对各级标题分别赋予了由大到小的字体大小 font-size 的属性，当设备的屏幕宽度大于等于 1200px 时，标题字号为固定值，当设备的屏幕宽度小于 1200px 时，标题字号与视口宽度有关。

【实例 3-1】（文件 h1-h6.html）。

```
<!DOCTYPE html>
<html>
  <head>
      <meta charset="utf-8"/>
```

```
            <meta name="viewport" content="width=device-width,initial-scale=1,
shrink-to-fit=no">
        <title>h1~h6元素</title>
        <link rel="stylesheet" href="css/bootstrap.min.css"/>
    </head>
    <body>
        <div class="container">
            <div class="row">
                <div class="col">
                    <h1>一级标题 h1（1.375rem + 1.5vw，>=1200px 时为 2.5rem）</h1>
                    <h2>二级标题 h2（1.325rem + 0.9vw，>=1200px 时为 2rem）</h2>
                    <h3>三级标题 h3（1.3rem + 0.6vw，>=1200px 时为 1.75rem）</h3>
                    <h4>四级标题 h4（1.275rem + 0.3vw，>=1200px 时为 1.5rem）</h4>
                    <h5>五级标题 h5（ 1.25rem 20px）</h5>
                    <h6>六级标题 h6（ 1rem 16px）</h6>
                </div>
            </div>
        </div>
    </body>
</html>
```

以上代码在 Chrome 浏览器中的运行效果如图 3-1 所示。

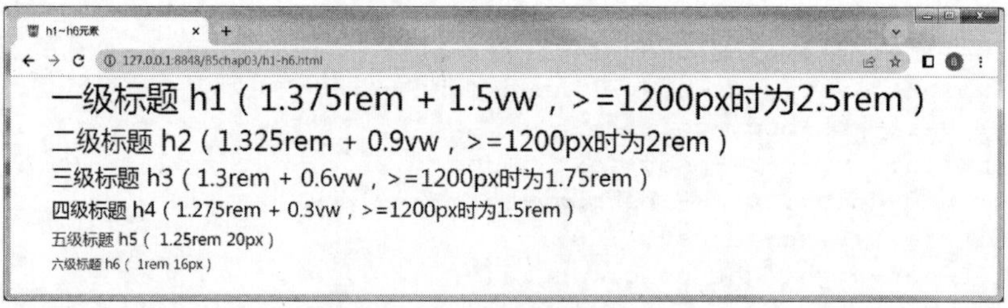

图 3-1　h1～h6 元素的示例效果

2. 使用样式类.h1～.h6

除了 h1 到 h6 这 6 个标题元素，Bootstrap 还提供了.h1 到.h6 这 6 个样式类，使用它们可以赋予内联属性的文本不同级别标题的样式。在【实例 3-2】中，span 是行内元素，其内容不独占一行，所以只有标题的样式，不会自动换行。

【实例 3-2】（文件 h1～h6 类.html）

```
<div class="container">
    <div class="row">
        <div class="col">
            <span class="h1">每日法治金句 h1</span>
            <span class="h2">每日法治金句 h2</span>
            <span class="h3">每日法治金句 h3</span>
            <span class="h4">每日法治金句 h4</span>
            <span class="h5">每日法治金句 h5</span>
            <span class="h6">每日法治金句 h6</span>
        </div>
    </div>
</div>
```

以上代码在 Chrome 浏览器中的运行效果如图 3-2 所示。

图 3-2　使用样式类的示例效果

3．副标题

当一个标题内含有副标题时，可以在该标题内嵌套添加 small 元素或者给小标题元素应用样式类.small，这样可以得到一个字号更小、颜色更浅的文本，即副标题。通常，副标题在与.text-body-secondary 一起使用时，其颜色将变浅。在【实例 3-3】中，第 2 行副标题添加了.text-body-secondary。

【实例 3-3】（文件 h1-h6-small.html）

```
<div class="container">
    <div class="row">
        <div class="col">
            <h1>梦想从学习开始，事业从实践起步 <small>---学习强国</small></h1>
            <h1>梦想从学习开始，事业从实践起步 <small class="text-body-secondary">
---学习强国</small></h1>
        </div>
    </div>
</div>
```

以上代码在 Chrome 浏览器中的运行效果如图 3-3 所示。

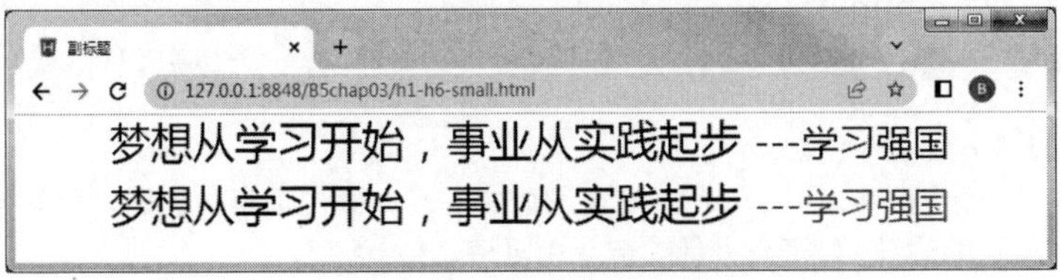

图 3-3　副标题的示例效果

4．Display 标题

如果想要将传统的标题元素设计得更加美观、醒目，可以考虑使用 Boostrap 提供的一系列类.display-*来设置标题样式。这是一种字重 300、字号更大的标题样式。当设备的屏幕宽度 >=1200px 时，标题字号为固定值，当设备的屏幕<1200px 时，标题字号与视口宽度有关。

【实例 3-4】（文件 h1-h6-display.html）

```
<div class="container">
    <div class="row">
        <div class="col">
            <h1 class="display-1">超大标题 Display 1</h1>
            <h1 class="display-2">超大标题 Display 2</h1>
            <h1 class="display-3">超大标题 Display 3</h1>
            <h1 class="display-4">超大标题 Display 4</h1>
            <h1 class="display-5">超大标题 Display 5</h1>
            <h1 class="display-6">超大标题 Display 6</h1>
        </div>
    </div>
</div>
```

以上代码在 Chrome 浏览器中的运行效果如图 3-4 所示。

图 3-4　Display 标题的示例效果

3.1.2　段落

Bootstrap 将页面的全局字体大小 font-size 设置为 16px，行高 line-height 设置为 1.5。这样，body 元素和 p 元素都被赋予了这些属性。另外，p 元素还被设置去掉了顶部外边距（margin-top）和 1rem 的底部外边距（margin-bottom）。

在多个段落中，为了突出显示某一个段落作为强调的中心内容或引导主体内容，可以给该段落应用样式类.lead。这样将该段落的 font-size 变为 1.25rem，font-weight 则变为 300。

【实例 3-5】（文件 p.html）

```
<div class="container">
    <div class="row">
        <div class="col">
            <p class="lead">成功没有快车道，愉悦没有高速路。所有的成功，都来自不
倦的发奋和奔跑；所有的愉悦，都来自平凡的奋斗和坚持。</p>
            <p>青春在奋斗中展现美丽，青春的美丽永远展现在它的奋斗拼搏之中。就像雄鹰
的美丽展现在它搏风击雨时，如苍天之魂的翱翔中，正拥有青春的我们，何不以勇锐盖过怯懦，以进取
压倒苟安。</p>
            <p>每一天我都朝着梦想出发，无论是失败还是成功，我都会笑一笑对自己说："加
油，不要放弃。是我的梦想让我每一天朝气蓬勃，无论是清晨还是黄昏。"</p>
        </div>
    </div>
</div>
```

以上代码在 Chrome 浏览器中的运行效果如图 3-5 所示。

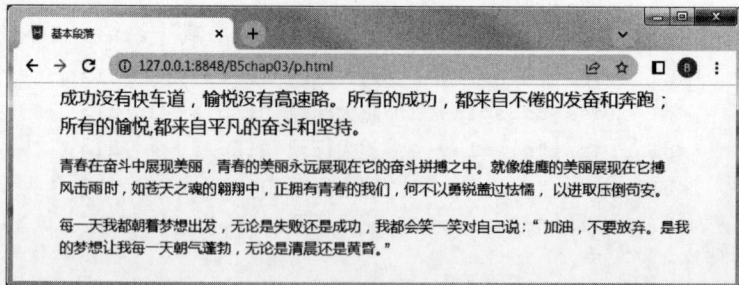

图 3-5　段落的示例效果

3.1.3　内联文本标签

在实际项目中，对于一些重要文本或有一定含义的文本，开发者往往对其进行特殊的样式设置，让其醒目、美观。Bootstrap 对常用的 HTML5 内联文本标签进行了重新定义，对重要内容进行强化以凸显，从而达到风格统一、布局美观的效果。具体的内联文本标签如表 3-1 所示。

表 3-1　内联文本标签

标签	描述	标签	描述
\<b>\<strong>	文本加粗	\<mark>	高亮文本
\<del>\<s>	删除线	\<em>\<i>	斜体
\<ins>\<u>	下画线	\<small>	小号文本，父元素字体的 87.5%

【实例 3-6】（文件 texttable.html）

```
<div class="container">
  <div class="row">
    <div class="col">
        <p>可以使用 mark 标识<mark>高亮</mark>文本。</p>
        <p><del>这行使用 del 删除文本。</del></p>
        <p><s>这行文本使用的是 s 标签。</s></p>
        <p>这里使用 ins 标签插入文本：<ins>ins 也是下画线的效果</ins>。</p>
        <p><u>使用 u 标签添加下画线。</u></p>
        <p>这里用了 small 标签：<small>小号文字</small>。</p>
        <p>这行使用 strong 标签加粗文本：<strong>加粗效果</strong>。</p>
        <p>这行使用 em 标签让文本变为斜体：<em>斜体效果</em>。</p>
    </div>
  </div>
</div>
```

以上代码在 Chrome 浏览器中的运行效果如图 3-6 所示。

图 3-6　内联文本标签的示例效果

3.1.4　水平线和垂直线

hr 元素在 Bootstrap5 中被简化。与浏览器默认设置类似，hr 元素通过边框顶部设置样式，具有默认的不透明度：0.25，其颜色自动继承父元素 color 属性颜色值。以下代码为 hr 元素的样式定义。

```
hr {
  margin: 1rem 0;
  color: inherit;
  border: 0;
  border-top: var(--bs-border-width) solid;
  opacity: 0.25;
}
```

我们可以使用文本、边框和透明度工具类修改 hr 元素的默认值。

【实例 3-7】（文件 hr.html）

```
<div class="col">
        <hr />
        <div class="text-primary">
            <hr />
        </div>
        <hr class="border-top border-danger opacity-75 border-5"/>
</div>
```

以上代码在 Chrome 浏览器中的运行效果如图 3-7 所示。

图 3-7　水平线的示例效果

Bootstrap5 中专门定义垂直线工具类.vr，以下代码为.vr 的样式定义。同样可以使用文本、边框、透明度等工具类定制水平线。

```
.vr {
  display: inline-block;
  align-self: stretch;
  width: var(--bs-border-width);
  min-height: 1em;
  background-color: currentcolor;
  opacity: 0.25;
}
```

【实例 3-8】（文件 vr.html）

```
<div class="col">
    这是.vr 的默认样式: <div class="vr"></div> <br />
    <h6>定制垂直线的 2 种方式: </h6>
    <div class="vr border-start border-danger  border-4 " style="height: 50px;">
</div>
    <div class="d-flex text-primary " style="height: 50px;--bs-border-width:4px;">
        <div class="vr"></div>
    </div>
</div>
```

以上代码在 Chrome 浏览器中的运行效果如图 3-8 所示。

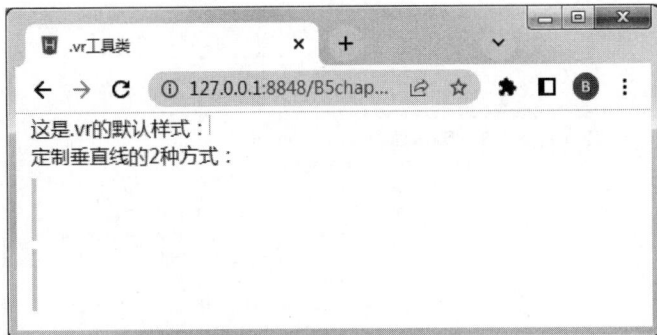

图 3-8 垂直线的示例效果

3.1.5 代码

Bootstrap 允许使用下面几个元素来显示页面中的代码文本。

- code: 包裹内联样式的代码片段。
- kbd: 标记用户通过键盘输入的内容。
- pre: 显示多行代码, 注意将尖括号作转义处理。
- var: 标记变量。
- samp: 标记程序输出的内容。

【实例 3-9】(文件 code.html)

```html
<div class="container">
    <div class="row">
        <div class="col">
            在 HTML 中设置标题可以用:<code>&lt;h1&gt;&lt;/h1&gt;</code><br/>
            以下 Java 代码用于计算圆的面积, 公式:
            <var>area</var>=<var>PI</var>*<var>r</var>*<var>r</var><br/>
            <pre>
    import java.util.Scanner;
    public class Test{
        public static void main(String[] args){
            Scanner sc = new Scanner(System.in);
            System.out.println("请输入半径: " );
            int r=sc.nextInt();
            double area=Math.PI*r*r;
            System.out.println("面积为: "+area);
        }
    }
    </pre><br/>
            请按<kbd>ctrl+s</kbd>快捷键来保存代码,然后运行代码,输入半径的值<kbd>10</kbd>, 运行结果如下: <br/>
        <samp>请输入半径: <br/>
         10<br/>
         面积为: 314.1592653589793<br/>
        </samp>
        </div>
    </div>
</div>
```

以上代码在 Chrome 浏览器中的运行效果如图 3-9 所示。

图 3-9　代码的示例效果

3.1.6　缩略语

HTML 提供了 abbr 元素，该元素用于实现缩略语，Bootstrap 定义了 abbr 元素的样式为带有较浅虚线的下边框，当鼠标指针悬停在上面时会变成带有"？"的指针，同时会显示出完整的文本（必须为 abbr 的 title 属性添加文本）。

在 abbr 上使用.initialism，可以让字号略小一点。

【实例 3-10】（文件 abbr.html）

```
<p>黑夜给了我黑色的眼睛，我却用它寻找光明。 ----<abbr title="原籍上海，1956 年 9 月
24 日生于北京一个诗人之家，父亲为顾工。" class="initialism">顾城</abbr></p>
```

以上代码在 Chrome 浏览器中的运行效果如图 3-10 所示。

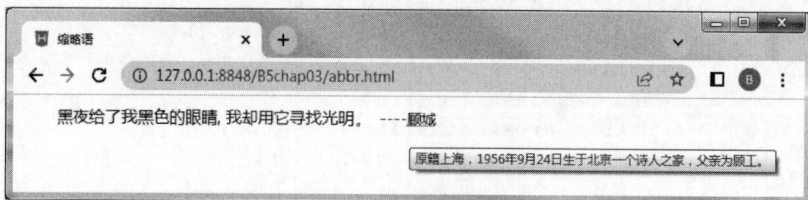

图 3-10　缩略语的示例效果

3.1.7　地址

使用 address 元素可以在网页上显示联系信息。在该元素内，每行信息的结尾都使用
标签来保留样式。

【实例 3-11】（文件 address.html）

```
<address>
        湖北省武汉市洪山区<br>
        光谷大道<br>
```

```
    <strong>武汉软件工程职业学院</strong><br>
    <abbr title="Phone">P:</abbr> 027-1234****
</address>
<address>
    <strong>Alice</strong><br>
    <a href="mailto:#">Alice@****.com</a>
</address>
```

以上代码在 Chrome 浏览器中的运行效果如图 3-11 所示。

图 3-11　地址的示例效果

3.1.8　引用

当需要在文档中引用其他来源的内容时，可以使用 blockquote 元素。

1.　默认样式的引用

将任何 HTML 元素包裹在<blockquote class="blockquote">中即可表现为引用样式。Bootstrap 设置引用样式的底部外边距 margin-bottom 为 1rem，字号 font-size 为 1.25rem。内部最后一个元素的底部外边距为 0。

【实例 3-12】（文件 blockquote.html）

```
<blockquote class="blockquote">
    <p>大学之道，在明明德，在亲民，在止于至善。</p>
</blockquote>
```

以上代码在 Chrome 浏览器中的运行效果如图 3-12 所示。

图 3-12　默认样式的引用示例效果

2.　在引用中添加其他选项

在 blockquote 元素默认样式的基础上可以有一些变化。

（1）添加引用来源

将 blockquote 元素放入 figure 元素内，引用来源使用 figcaption 元素引用，并应用.blockquote-footer 来标明引用来源。同时还可以使用 cite 元素来添加引用的著作名称等。.blockquote-footer 设置 margin-top 为 1rem，以抵消 blockquote 元素的 margin-bottom。

【实例 3-13】（文件 blockquotefooter.html）

```
<figure>
  <blockquote class="blockquote">
      <p>大学之道，在明明德，在亲民，在止于至善。</p>
  </blockquote>
  <figcaption class="blockquote-footer">
      摘孔子 <cite title="著作名">《大学》</cite>
  </figcaption>
</figure>
```

以上代码在 Chrome 浏览器中的运行效果如图 3-13 所示。

图 3-13　添加引用来源的示例效果

（2）排列

通过给 blockquote 元素应用样式类.text-center、.text-end 可以使引用内容居中或右对齐。

【实例 3-14】（文件 blockquotealign.html）

```
<figure class="text-end">
        .......<!--省略内容与【实例 3-13】相同 -->
</figure>
<figure class="text-center">
        .......<!--省略内容与【实例 3-13】相同 -->
</figure>
```

以上代码在 Chrome 浏览器中的运行效果如图 3-14 所示。

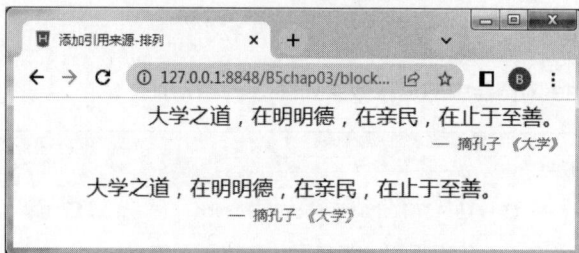

图 3-14　改变引用显示方式的示例效果

3.2　颜色类

3.2.1　文本颜色类、文本透明类

1. 文本颜色类

Bootstrap 给文本提供了一组样式类.text-*，这些类可以让文本展现不同的主题色，从而表达不同的意图。这里*的取值，取决于源码文件中_variables.scss 文件的主题色集合$theme-colors的值，这里主题色有 8 种：重点蓝 primary、次重要灰 secondary，成功绿 success，信息蓝 info，

警告黄 warning，危险红 danger，浅色 light，深色 dark。$theme-colors 变量的定义如下。

```
$theme-colors: (
  "primary":    $primary,
  "secondary":  $secondary,
  "success":    $success,
  "info":       $info,
  "warning":    $warning,
  "danger":     $danger,
  "light":      $light,
  "dark":       $dark
) !default;
```

除此 8 种主题色之外，还有 body、body-secondary、body-tertiary、white、black、reset。其中应用了.text-reset 的内容的 color 属性是继承而来的。其显示的颜色取决于父元素的颜色值。具体类名和颜色参见【实例 3-15】的第 1 列。

Bootstrap5 还对 8 种主题色和 body 色提供了强调色类.text-*-emphasis（*为 8 种主题色），该颜色比文本色更深。该颜色值在手风琴、列表组等组件中往往为活动状态时的背景色。具体类名和颜色参见【实例 3-15】的第 2 列。

【实例 3-15】（文件 textcolor.html）

```html
<div class="container">
  <div class="row">
  <div class="col">
   <h3 class="text-danger">text-*</h3>
   <p class="text-primary">主要文本.text-primary</p>
   <p class="text-secondary">副标题文本.text-secondary</p>
   <p class="text-success">成功文本.text-success</p>
   <p class="text-danger">危险文本.text-danger</p>
   <p class="text-info">信息文本.text-info</p>
   <p class="text-warning">警告文本.text-warning</p>
   <p class="text-light bg-dark">浅色文本.text-light</p>
   <p class="text-dark">深色文本.text-dark</p>
   <p class="text-body">.text-body</p>
   <p class="text-body-secondary">body 次重要文本.text-body-secondary</p>
   <p class="text-body-tertiary">body 第三重要文本.text-body-tertiary</p>
   <p class="text-white bg-dark">白色文本.text-white</p>
   <p class="text-black">黑色文本.text-black</p>
   <p class="text-reset">黑色文本.text-reset</p>
</div>
<div class="col">
    <h3 class="text-danger">text-*-emphasis</h3>
    <p class="text-primary-emphasis fw-bolder">.text-primary-emphasis</p>
    <p class="text-secondary-emphasis fw-bolder">.text-secondary-emphasis</p>
    <p class="text-success-emphasis fw-bolder">.text-success-emphasis</p>
    <p class="text-danger-emphasis fw-bolder">.text-danger-emphasis</p>
    <p class="text-info-emphasis fw-bolder">.text-info-emphasis</p>
    <p class="text-warning-emphasis fw-bolder">.text-warning-emphasis</p>
    <p class="text-light-emphasis fw-bolder">.text-light-emphasis</p>
    <p class="text-dark-emphasis fw-bolder">.text-dark-emphasis</p>
    <p class="text-body-emphasis fw-bolder">.text-body-emphasis</p>
</div>
<div class="col">
```

```
        <h3 class="text-danger">将被弃用的 text-*</h3>
        <p class="text-black-50">黑色文本.text-black-50: 黑色 0.5 </p>
        <p class="text-white-50 bg-dark">白色文本.text-white-50: 白色 0.5</p>
        <p class="text-muted">柔和文本.text-muted: 浅灰色</p>
    </div>
    </div>
</div>
```

以上代码在 Chrome 浏览器中的运行效果如图 3-15 所示。

图 3-15　文本颜色的示例效果

说明：

（1）.text-ligth 和.text-white 在白色背景上看不清，故设置了一个深色背景来辅助查看效果。

（2）.text-white-50 和.text-black-50 分别表示透明度为 0.5 的白色或黑色文本。因为 Bootstrap5 中可以设置颜色透明度，故不再推荐使用这两个类。

（3）使用.text-reset 可以设置文本的颜色，使其从父元素继承颜色属性。

（4）.text-muted 为浅灰色。在 Bootstrap5 中，有了.text-body-secondary，故不再推荐使用.text-muted。

2. 文本透明类

从 Bootstrap v5.1.0 开始，文本颜色类、链接颜色类、背景颜色类是由 Sass 生成的，这些类的定义中使用 CSS 变量。这允许在没有编译的情况下动态更改 alpha 透明度和实时更改颜色。

文本颜色类.text-*中设置了变量--bs-text-opacity。以下代码是.text-primary 的定义。

```
.text-primary {
  --bs-text-opacity: 1;
  color: rgba(var(--bs-primary-rgb), var(--bs-text-opacity)) !important;
}
```

可以看到 color 的值取决于两个 CSS 变量。通过修改--bs-text-opacity 变量的值来改变颜色透明度。

Bootstrap 提供了样式类.text-opacity-{25|50|75|100}，用了设置颜色的透明度。这些类的定义也是通过修改--bs-text-opacity 变量的值来实现。以下代码为.text-opacity-50 的定义。

```
.text-opacity-50 {
  --bs-text-opacity: 0.5;
}
```

需要注意的是，强调色类.text-*-emphasis 的定义中没有--bs-text-opacity 变量，不能设置透明度。

【实例 3-16】（文件 textcolor-opacity.html）

```
<div class="col">
  <p class="text-primary">主要文本：蓝色</p>
  <p class="text-primary text-opacity-75">主要文本 0.75：蓝色</p>
  <p class="text-primary" style="--bs-text-opacity:0.4">主要文本 0.4:蓝色</p>
</div>
```

以上代码在 Chrome 浏览器中的运行效果如图 3-16 所示。

图 3-16 文本颜色透明度的示例效果

3.2.2 背景颜色类、背景透明类

1. 背景颜色类

Bootstrap5 提供了一系列的背景颜色类.bg-*，这里的*取值与文本颜色类的取值一样。

Bootstrap5.3.0 中新增一系列浅色背景类.bg-*-subtle。*的取值为 8 种主题色：primary、secondary、success、danger、info、warning、light、dark。

具体类名和颜色参见【实例 3-17】的代码。

【实例 3-17】（文件 bgcolor.html）

```
<div class="col">
    <h3 class="text-danger">背景颜色：bg-*</h3>
    <p class="bg-primary text-white p-1">蓝色.bg-primary</p>
    <p class="bg-secondary text-white p-1">灰色.bg-secondary</p>
    <p class="bg-success text-white p-1">成功绿.bg-success</p>
    <p class="bg-danger text-dark  p-1">危险红.bg-danger</p>
    <p class="bg-info  p-1">信息蓝.bg-info</p>
    <p class="bg-warning  p-1">警告黄.bg-warning</p>
    <p class="bg-light  p-1">浅灰色.bg-light</p>
    <p class="bg-dark text-light  p-1">深灰色.bg-dark</p>
    <p class="bg-body  p-1">.bg-body</p>
    <p class="bg-body-secondary p-1">.bg-body-secondary</p>
    <p class="bg-body-tertiary p-1">.bg-body-tertiary</p>
    <p class="bg-white  p-1">.bg-white</p>
    <p class=" bg-black text-white p-1">.bg-black</p>
    <p class="bg-transparent  p-1">bg-transparent</p>
</div>
<div class="col">
    <h3 class="text-danger">bg-*-subtle</h3>
    <p class="bg-primary-subtle p-1">.bg-primary-subtle</p>
    <p class="bg-secondary-subtle p-1">.bg-secondary-subtle</p>
```

```
        <p class="bg-success-subtle p-1">.bg-success-subtle</p>
        <p class="bg-danger-subtle p-1">.bg-danger-subtle</p>
        <p class="bg-info-subtle p-1">.bg-info-subtle</p>
        <p class="bg-warning-subtle p-1">.bg-warning-subtle</p>
        <p class="bg-light-subtle p-1">.bg-light-subtle</p>
        <p class="bg-dark-subtle p-1">.bg-dark-subtle</p>
</div>
```

以上代码在 Chrome 浏览器中的运行效果如图 3-17 所示。

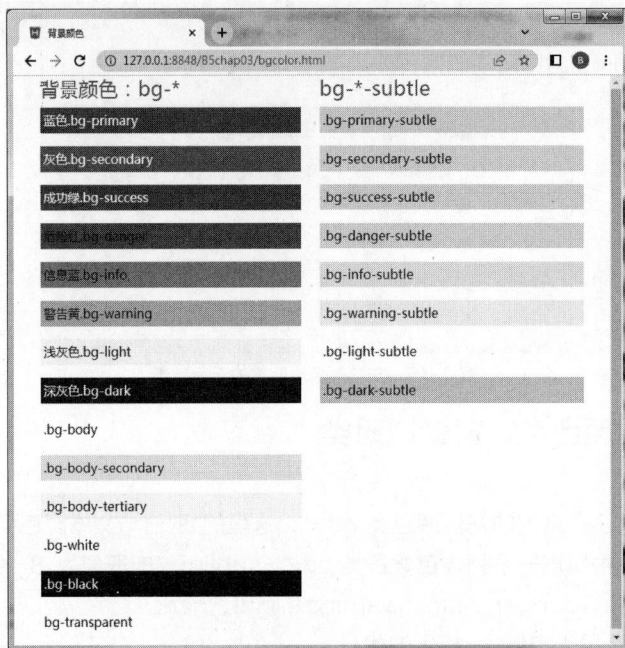

图 3-17　背景颜色的示例效果

2. 背景透明类

Bootstrap5 中提供了背景透明类.bg-transparent，该类可以设置 background-color 属性的值为 transparent。此外，背景色的定义同样涉及用于设置背景透明度的 CSS 变量。这里展示了.bg-primary 的定义。

```
.bg-primary {
    --bs-bg-opacity: 1;
    background-color:rgba(var(--bs-primary-rgb), var(--bs-bg-opacity)) !important;
    }
```

修改--bs-bg-opacity 变量的值，可以改变背景透明度。同时 Bootstrap5 提供了背景透明度类.bg-opacity-{10|25|50|75|100}，该类可以用来调整背景透明度。这里展示.bg-opacity-25 的定义，可以看到这些类改变的就是 CSS 变量--bs-bg-opacity 的值。

```
.bg-opacity-25 {
  --bs-bg-opacity: 0.25;
}
```

需要注意的是，.bg-*-subtle 不能使用 bg-opacity 工具和 CSS 变量--bs-bg-opacity 来调透明度。

【实例 3-18】（文件 bg-opacity.html）

```
<div class="col text-bg-light">
    <h3 class="text-danger">背景透明度: bg-opacity-*</h3>
```

```
        <p class="bg-primary text-white p-1">蓝色.bg-primary</p>
        <p class="bg-primary text-white p-1 bg-opacity-75">蓝色.bg-primary 0.75</p>
        <p class="bg-primary text-white p-1" style="--bs-bg-opacity:0.3">蓝
色.bg-primary 0.3</p>
        <p class="bg-transparent text-dark p-1">透明背景.bg-transparent</p>
    </div>
```

以上代码在 Chrome 浏览器中的运行效果如图 3-18 所示。

图 3-18　背景颜色透明度的示例效果

3. 背景渐变类

Bootstrap5 中新增了背景渐变类.bg-gradient，渐变效果为从上到下进行渐变。具体定义代码如下。

```
--bs-gradient: linear-gradient(180deg, rgba(255, 255, 255, 0.15), rgba(255,
255, 255, 0));
  .bg-gradient {
    background-image: var(--bs-gradient) !important;
  }
```

【实例 3-19】演示了渐变背景，因为 Bootstrap 中定义的线性渐变不是特别明显，本例中重新修改了变量--bs-gradient 的值。

【实例 3-19】(文件 bg-opacity.html)

```
<div class="col bg-success bg-gradient"
    style="height: 200px; --bs-gradient: linear-gradient(180deg, rgba(255,
255, 255, 0.7), rgba(255, 255, 255, 0));">
      <h3 >渐变</h3>
</div>
```

以上代码在 Chrome 浏览器中的运行效果如图 3-19 所示。

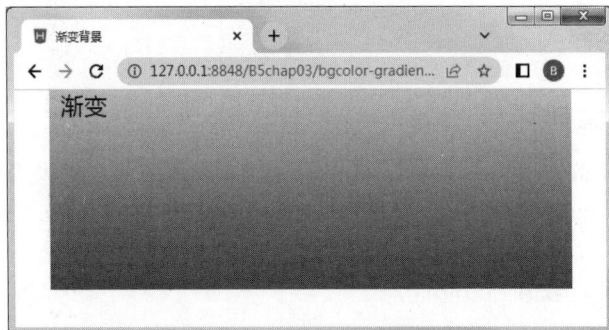

图 3-19　渐变背景的示例效果

3.2.3 文本背景类

设置背景颜色时不会同时设置文本的颜色，许多时候.bg-*需要与.text-*一起使用。Bootstrap5.2.0中新增了文本背景类.text-bg-*，*的取值为8种主题色：primary、secondary、success、danger、info、warning、light、dark。使用文本背景类设置背景色时，会同步设置对比前景色。具体显示类名及其效果见【实例3-20】。蓝色、灰色、绿色、红色、黑色背景均为白字。可以使用.bg-opacity-*或修改--bs-bg-opacity变量的值来设置背景透明度。

【实例3-20】（文件text-bg.html）

```
<div class="col">
    <h3 class="text-danger">文本背景颜色：text-bg-*</h3>
    <p class="text-bg-primary p-1">.text-bg-primary</p>
    <p class="text-bg-secondary p-1">.text-bg-secondary</p>
    <p class="text-bg-success p-1">.text-bg-success</p>
    <p class="text-bg-danger p-1">.text-bg-danger</p>
    <p class="text-bg-info p-1">.text-bg-info</p>
    <p class="text-bg-warning p-1">.text-bg-warning</p>
    <p class="text-bg-light p-1">.text-bg-light</p>
    <p class="text-bg-dark p-1">.text-bg-dark</p>
    <p class="text-bg-primary bg-opacity-50 p-1">.text-bg-primary.bg-
opacity-50</p>
</div>
```

以上代码在Chrome浏览器中的运行效果如图3-20所示。

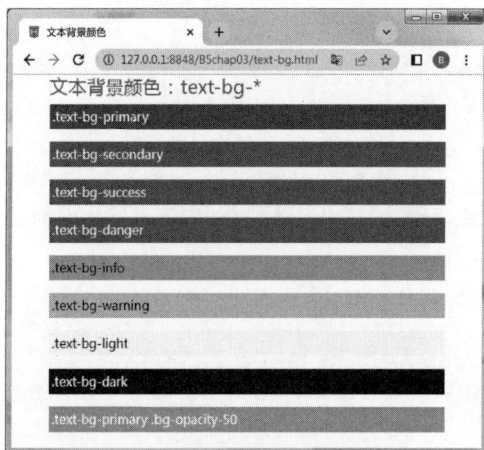

图3-20 文本背景类的示例效果

3.3 文本类

3.3.1 文本排列

Bootstrap提供了.text-start、.text-end、.text-center、.text-X-*（其中X为屏幕宽度前缀sm、md、lg、xl、xxl，*为start、end、center）等文本对齐类，可以简单方便地将文字重新对齐。

【实例3-21】（文件textalign.html）

```
<div class="container">
    <div class="row">
```

```
    <div class="col">
        <p class="text-start">左对齐</p>
        <p class="text-center">居中</p>
        <p class="text-end">右对齐</p>
        <p class="text-sm-end">在小屏下右对齐.</p>
        <p class="text-md-end">在中屏下右对齐.</p>
        <p class="text-lg-end">在大屏下右对齐.</p>
    </div>
  </div>
</div>
```

以上代码在 Chrome 浏览器中的运行效果如图 3-21 所示。

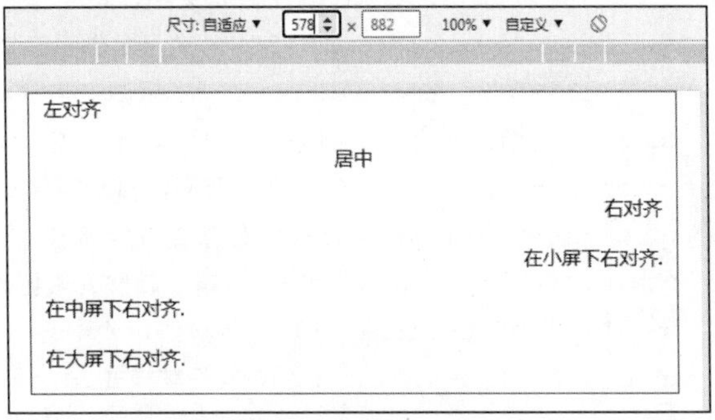

图 3-21　文本排列的示例效果

3.3.2　文本字母大小写变换

Bootstrap 提供了以下几个类，使用它们可以很方便地改变文本字母的大小写。

- .text-lowercase：将大写字母转换为小写字母。

- .text-uppercase：将小写字母转换为大写字母。

- .text-capitalize：将文本首字母转换为大写字母。

【实例 3-22】（文件 textchange.html）

```
<p class="text-lowercase">将大写转换为小写：ABC</p>
<p class="text-uppercase">将小写转换为大写：abc</p>
<p class="text-capitalize">将首字母转换为大写字母：alice</p>
```

以上代码在 Chrome 浏览器中的运行效果如图 3-22 所示。

图 3-22　文本字母大小写变换的示例效果

3.3.3　字体样式

　　Bootstrap 提供了一系列的类，这些类可以快速设置文本的 font-weight、font-size 或者正斜体。

- .fw-*：其中*的取值为 bold、medium、semibold、bolder、normal、light、lighter，该类用于快速更改文本的粗细。.fw-lighter、.fw-bolder，用于使文本比父元素字重更轻或更重。.fw-light、.fw-normal、.fw-medium、.fw-semibold、.fw-bold，用于设置文本中的文字重量从 300 到 700 依次变化。

- .fs-*：其中*的取值为 1～6，分别对应了 h1～h6 元素的字号大小。

- .fst-italic、.fst-nomal：斜体、正体。

【实例 3-23】（文件 textfont.html）

```html
<div class="container">
    <div class="row">
        <div class="col">
            <p class="fw-bold mb-0">粗体文字.700</p>
            <p class="fw-bolder mb-0">比父元素更粗的文字.bolder</p>
            <p class="fw-semibold mb-0">半粗体文字.600</p>
            <p class="fw-medium mb-0">中等文字.500</p>
            <p class="fw-normal mb-0">普通重量文字.400</p>
            <p class="fw-light mb-0">轻重量文字 300</p>
            <p class="fw-lighter mb-0">重量较父元素更轻的文字.lighter</p>
            <p class="fst-italic mb-0">斜体.</p>
            <p class="fst-normal mb-0">正常样式.</p>
        </div>
        <div class="col">
            <p class="fs-1 mb-0">字号 fs-1</p>
            <p class="fs-2 mb-0">字号 fs-2</p>
            <p class="fs-3 mb-0">字号 fs-3</p>
            <p class="fs-4 mb-0">字号 fs-4</p>
            <p class="fs-5 mb-0">字号 fs-5</p>
            <p class="fs-5 mb-0">字号 fs-6</p>
        </div>
    </div>
</div>
```

其中“mb-0”用于设置 margin-bottom 属性为 0。以上代码在 Chrome 浏览器中的运行效果如图 3-23 所示。

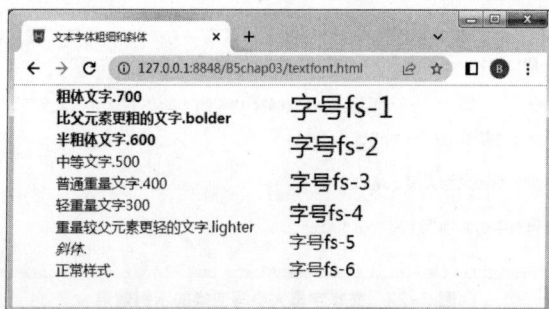

图 3-23　字体样式的示例效果

3.3.4　行高

Bootstrap 提供了可以用于设置行高的类。

.lh-*：其中*的取值为 1、sm、base、lg，分别对应了 1rem、1.25rem、1.5rem、2rem。

【**实例 3-24**】（文件 textlineheight.html）

```
<p class="lh-1">鉴古而知今，彰往而察来......</p>
<p class="lh-sm">历史主动精神是我们党赢得伟大斗争.....</p>
<p class="lh-base"对党的历史学得越深、悟得越透......</p>
<p class="lh-lg">强国必须强军，军强才能国安......</p>
```

以上代码在 Chrome 浏览器中的运行效果如图 3-24 所示。

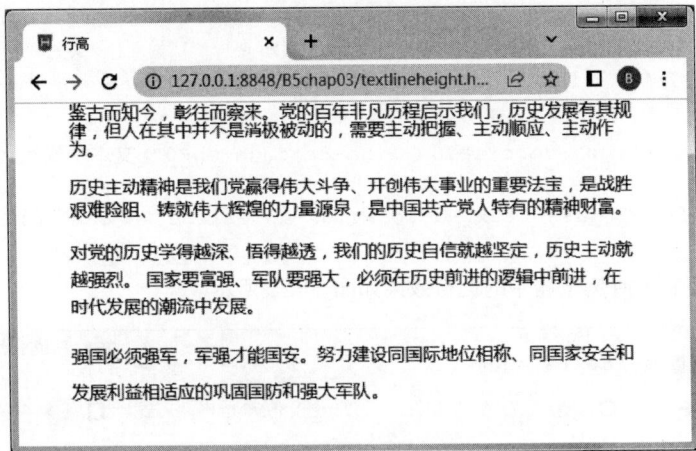

图 3-24　行高类的示例效果

3.3.5　其他类

Bootstrap 提供了等宽字体、换行、内容裁剪等类，这些类可以用来修饰文本。具体如表 3-2 所示。

表 3-2　文本样式相关类

类名	描述	类名	描述
.font-monospace	等宽字体栈	.text-truncate	内容裁剪
.text-nowrap	不换行	.text-break	单词换行
.text-wrap	换行	.text-decoration-{none|underline|line-through}	无下画线、下画线、过文本的线

对于更长的内容，增加一个 .text-truncate 类，可以截掉多余内容。行内元素需要额外使用 display: inline-block 或 display: block 来确保正常的显示效果。

【**实例 3-25**】（文件 textother.html）

```
<div class="container">
    <p class="mb-0">This is in monospace。这里显示的是普通字体</p>
    <p class="font-monospace mb-0">This is in monospace。字体类，将字体改为
等宽字体</p>

    <p class="text-nowrap bg-warning  " style="width: 5rem;">段落中超出屏
幕部分不换行</p>
    <p class="text-wrap bg-warning  " style="width: 5rem;">段落中超出屏幕部
```

分换行</p>
```html
        <div class=" text-truncate" style="max-width: 150px;">
                对于更长的内容，你可以增加一个 .text-truncate ，可以截掉多余内容。
        </div>
        <span class=" text-truncate " style="max-width: 150px; display: inline-
block;">
                行内元素需要额外使用 display: inline-block or display: block 来确保
正常的显示效果。
        </span>
        <p class="text-break">wordbreakwordbreakwordbreakwordbreakwordbreak
wordbreakwordbreakwordbreakwordbreak 单词换行</p>
        <a href="#" class="link-danger text-decoration-none me-3 ">链接（无下
画线）</a>
        <p class="text-decoration-line-through mb-0">文本中间有线穿过（线在中间）
</p>
        <p href="#" class="text-decoration-underline">文本有下画线(线在中间)</p>
    </div>
```

以上代码在 Chrome 浏览器中的运行效果如图 3-25 所示。

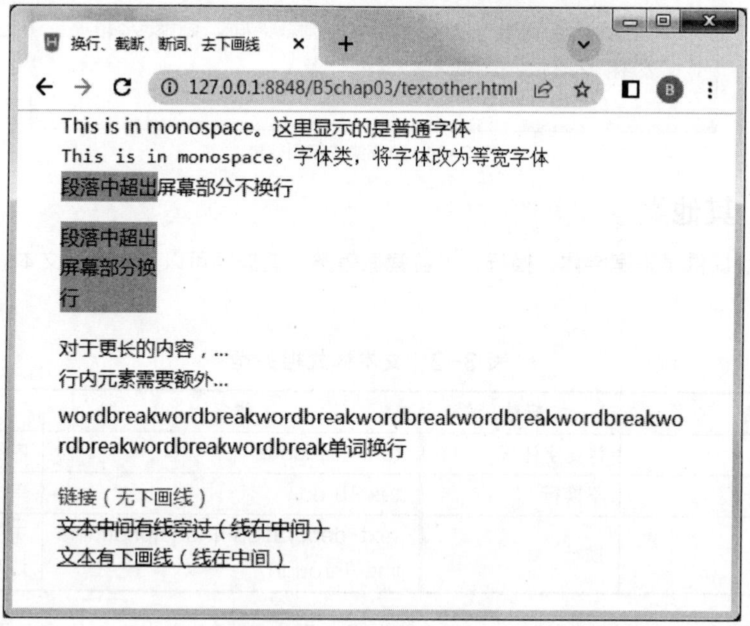

图 3-25　文本样式的示例效果

3.4　列表

Bootstrap 支持 HTML 提供的 3 种列表结构：无序列表 ul、有序列表 ol 和描述列表 dl。在列表的结构上，使用相关列表类可对列表的默认样式进行细微的改动，以达到风格统一、美观的目的。

Bootstrap 对所有列表进行了重新设置，主要包括：margin-top 为 0，margin-bottom 为 1rem，被嵌套的子列表 margin-bottom 为 0。ul 和 ol 的 padding-left 为 2rem，dl 中 dt 为粗体，字重为 700，<dd>的 margin-left 为 0，margin-bottom 为 0.5rem。

3.4.1　无序列表和有序列表

无序列表是指没有特定顺序的一组元素，是以传统风格的着重号开头的列表。有序列表是顺序至关重要的一组元素，是以数字或其他有序字符开头的列表。

【实例 3-26】（文件 list-ul-ol.html）

```
<h4>无序列表</h4>
<h5>网页设计技术</h5>
<ul>
    <li>HTML</li>
    <li>CSS</li>
    <li>JavaScript</li>
</ul>
<h4>有序列表</h4>
<h5>设计步骤</h5>
<ol>
    <li>用 HTML 定义页面内容</li>
    <li>用 CSS 设置页面元素样式</li>
    <li>用 JavaScript 添加页面动态效果</li>
</ol>
```

以上代码在 Chrome 浏览器中的运行效果如图 3-26 所示。

图 3-26　无序列表和有序列表的示例效果

3.4.2　无样式列表

给 ul 或 ol 元素应用样式类.list-unstyled，可以移除默认的 list-style 样式（列表项目符号和左侧外边距），这是针对直接子元素的。如果列表包含嵌套列表，则必须逐个给列表添加这一样式才能具有同样的效果。

【实例 3-27】（文件 list-unstyle.html）

```
<h5>网上商城项目</h5>
  <ul class="list-unstyled">
      <li>项目分析</li>
      <li>前期准备</li>
      <li>页面设计
          <ol>
```

```
                        <li>用 HTML 定义页面内容</li>
                        <li>用 CSS 设置页面元素样式</li>
                        <li>用 JavaScript 添加页面动态效果</li>
                   </ol>
              </li>
              <li>项目测试</li>
              <li>项目发布</li>
         </ul>
```

以上代码在 Chrome 浏览器中的运行效果如图 3-27 所示。

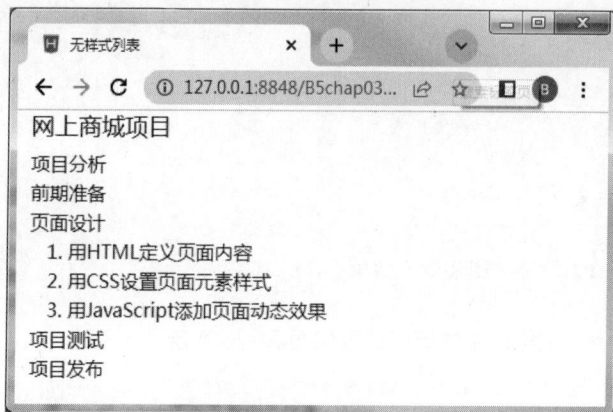

图 3-27　无样式列表的示例效果

3.4.3　内联列表

给 ul 或 ol 元素应用样式类.list-inline、给 li 元素应用样式类.list-inline-item 可以将列表的所有元素放置于同一行，这种样式的列表也被称为内联列表。该效果是通过设置 display: inline-block 并添加少量的内边距（padding）来实现的。

【实例 3-28】（文件 list-inline.html）

```
<h5>内联列表/横向放置的列表</h5>
 <ul class="list-inline">
     <li class="list-inline-item">网站首页</li>
     <li class="list-inline-item">新闻中心</li>
     <li class="list-inline-item">产品介绍</li>
     <li class="list-inline-item">服务中心</li>
     <li class="list-inline-item">关于我们</li>
 </ul>
```

以上代码在 Chrome 浏览器中的运行效果如图 3-28 所示。

图 3-28　内联列表的示例效果

3.4.4 描述列表

描述列表（定义列表）是指带有描述的短语列表。

1. 基本描述列表

【实例 3-29】（文件 list-dl.html）

```
<dl>
    <dt >厨余垃圾</dt>
    <dd >含有极高的水分与有机物，很容易腐坏，产生恶臭。经过妥......</dd>
    <dt >有害垃圾</dt>
    <dd >对人体健康或者自然环境造成直接或者潜在危害生活的废弃物......</dd>
    ......
</dl>
```

以上代码在 Chrome 浏览器中的运行效果如图 3-29 所示。

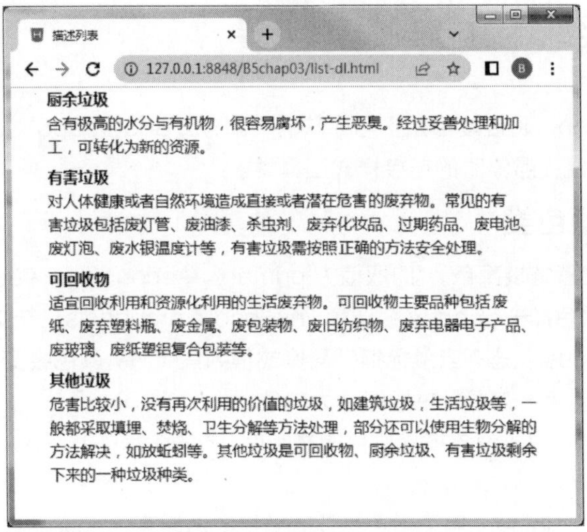

图 3-29　基本描述列表的示例效果

2. 水平描述列表

使用栅格系统，可以让 dl 元素内的短语及其描述排在同一行。另外，对于较长的短语，可以增加 .text-truncate 来截断文本，用"…"来代替。

【实例 3-30】（文件 list-dl-h.html）

```
<div class="container">
    <dl class="row">
        <dt class="col-3">HTML</dt>
        <dd class="col-9">超文本标记语言，标准通用标记语言下的一个应用。HTML 不是一
种编程语言，而是一种标记语言 (markup language)，是网页制作必备的。</dd>
        <dt class="col-3">CSS</dt>
        <dd class="col-9">层叠样式表是一种用来表现 HTML 或 XML 等文件样式的计算机语
言。CSS 不仅可以静态地修饰网页，还可以配合各种脚本语言动态地对网页中各元素进行格式化。</dd>
        <dt class="col-3 text-truncate">JavaScript 脚本语言</dt>
        <dd class="col-9">JavaScript 是一种直译式脚本语言，是一种动态类型、弱类型、
基于原型的语言，内置支持类型。</dd>
    </dl>
</div>
```

以上代码在 Chrome 浏览器中的运行效果如图 3-30 所示。

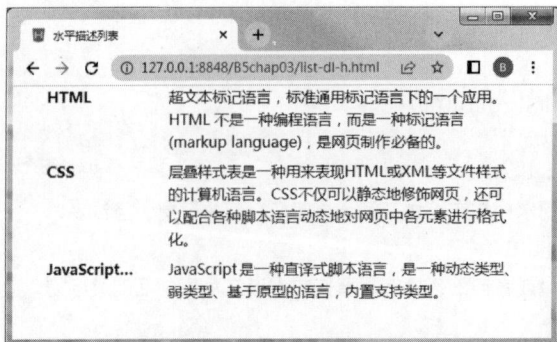

图 3-30　水平描述列表的示例效果

3.5　超链接

无论是网站还是 App，超链接都是不可或缺的一部分。Bootstrap5 对超链接新增了链接颜色、下画线的颜色和位置、鼠标悬停时的链接样式工具类。

3.5.1　链接颜色类

- .link-*：用于设置链接颜色，*的取值为 primary、secondary、success、info、warning、light、dark 这 8 种主题色加一个 body 强调色.link-body-emphasis。与文本颜色类.text-*不同，这些类具有:hover、:focus 状态。当鼠标指针悬停或得到焦点时，颜色会变有所变化。.link-body-emphasis 默认颜色为黑色，在黑色主题时，为白色。

- .link-opacity-*：用于设置链接颜色的透明度，*取值为 10、25、50、75、100，值越小则越透明。

- .link-opacity-*-hover：用于设置悬停时链接的透明度，*取值为 10、25、50、75、100。

具体的类名和效果见【实例 3-31】。在【实例 3-31】中最后的链接上，鼠标指针悬停时，透明度会有改变。

【实例 3-31】（文件 link-color.html）

```html
<div class="col">
    <h4 class="text-danger">链接颜色</h4>
    <p><a href="#" class="link-primary">.link-primary—蓝色链接</a></p>
    <p><a href="#" class="link-secondary">.link-secondary—灰色链接</a></p>
    <p><a href="#" class="link-success">.link-success—浅绿色链接</a></p>
    <p><a href="#" class="link-info">.link-info—信息蓝链接</a></p>
    <p><a href="#" class="link-warning">.link-warning 黄色链接</a></p>
    <p><a href="#" class="link-danger">.link-danger—浅红色链接</a></p>
    <p><a href="#" class="link-light bg-dark">.link-light—浅灰色链接</a></p>
    <p><a href="#" class="link-dark">.link-dark—深灰色链接</a></p>
    <p><a href="#" class="link-body-emphasis">.link-body-emphasis—body 强
调色链接</a></p>
    <p><a href="#" class="link-primary link-opacity-50 link-opacity-100-
hover">蓝色链接，悬停时透明度由 0.5 变为 1</a></p>
</div>
```

以上代码在 Chrome 浏览器中的运行效果如图 3-31 所示。

图 3-31　链接颜色的示例效果

3.5.2　下画线类

● .link-underline-*和.link-underline：*的取值为 8 种主题色，当设置.link-underline 时，下画线颜色为.link-*默认的下画线颜色。

● .link-underline-opacity-*：下画线的颜色透明度，*的取值为 0、10、25、50、75、100。

● .link-underline-opacity-*-hover：鼠标指针悬停时下画线的透明度，*的取值为 0、10、25、50、75、100。

● .link-offset-*：下画线与文本的距离，*的取值为 1、2、3。

● .link-offset-*-hover：鼠标指针悬停时，下画线与文本的距离，*的取值为 1、2、3。

【实例 3-32】（文件 link-underline.html）

```
<div class="col p-3">
    <h3>热门电影</h3>
    <a href="#" class="link-danger link-opacity-25 link-opacity-50-hover">
八角笼中</a>、
    <a href="#" class="link-underline link-underline-opacity-0 link-
underline-opacity-50-hover link-offset-2">长安三万里</a>、
    <a href="#" class="link-offset-3 link-offset-1-hover">碟中谍 7</a>
</div>
```

【实例 3-32】中三个 a 元素在鼠标指针悬停时都会有所变化。以上代码在 Chrome 浏览器中的运行效果如图 3-32 所示。

图 3-32　链接悬停的示例效果

3.6　按钮

3.6.1　预定义按钮

Bootstrap 为按钮提供了一个基本样式类.btn 和一些预定义样式类.btn-*，用来定义不同风格的按钮。其中*的取值包括 primary、secondary、success、danger、warning、info、light、dark、link。在.btn 中定义一系列的 CSS 变量，而在.btn-*中通过设置这些 CSS 变量的值来得到不同风格的按钮。以下代码为.btn 和.btn-primary 的部分定义（更完整的定义，读者可以参考bootstrap.css 文件）。可以看到在.btn-primary 中只是重设了 CSS 变量的值。因此，.btn-*必须基于.btn 使用。

```css
.btn {
  --bs-btn-padding-x: 0.75rem;
  --bs-btn-padding-y: 0.375rem;
  --bs-btn-font-family: ;
  --bs-btn-font-size: 1rem;
  --bs-btn-font-weight: 400;
  --bs-btn-line-height: 1.5;
  --bs-btn-color: var(--bs-body-color);
  --bs-btn-bg: transparent;
   ......省略部分代码
  display: inline-block;
  padding: var(--bs-btn-padding-y) var(--bs-btn-padding-x);
  font-family: var(--bs-btn-font-family);
  font-size: var(--bs-btn-font-size);
  font-weight: var(--bs-btn-font-weight);
  line-height: var(--bs-btn-line-height);
  color: var(--bs-btn-color);
  text-align: center;
......省略部分代码
}
.btn-primary {
  --bs-btn-color: #fff;
  --bs-btn-bg: #0d6efd;
  --bs-btn-border-color: #0d6efd;
  --bs-btn-hover-color: #fff;
  --bs-btn-hover-bg: #0b5ed7;
  --bs-btn-hover-border-color: #0a58ca;
  --bs-btn-focus-shadow-rgb: 49, 132, 253;
  --bs-btn-active-color: #fff;
  --bs-btn-active-bg: #0a58ca;
  --bs-btn-active-border-color: #0a53be;
  --bs-btn-active-shadow: inset 0 3px 5px rgba(0, 0, 0, 0.125);
  --bs-btn-disabled-color: #fff;
  --bs-btn-disabled-bg: #0d6efd;
  --bs-btn-disabled-border-color: #0d6efd;
}
```

【实例 3-33】中展示了这些样式的效果，将鼠标指针移到按钮上，按钮会高亮显示。

【实例 3-33】（文件 button.html）

```html
<button type="button" class="btn">基本按钮</button>
```

```
<button type="button" class="btn btn-primary">主要按钮</button>
<button type="button" class="btn btn-secondary">次要按钮</button>
<button type="button" class="btn btn-success">成功</button>
<button type="button" class="btn btn-info">信息</button>
<button type="button" class="btn btn-warning">警告</button>
<button type="button" class="btn btn-danger">危险</button>
<button type="button" class="btn btn-dark">黑色</button>
<button type="button" class="btn btn-light">浅色</button>
<button type="button" class="btn btn-link">链接</button>
```

以上代码在 Chrome 浏览器中的运行效果如图 3-33 所示。

图 3-33　预定义按钮样式的示例效果

3.6.2　按钮标签

.btn 和.btn-*除了可以应用在 button 元素上，还可以应用在 a、input 元素上，同样可以得到对应的按钮效果。

【实例 3-34】（文件 button-tags.html）

```
<a class="btn btn-primary" href="#" role="button">链接</a>
<button class="btn btn-primary" type="submit">提交</button>
<input class="btn btn-primary" type="button" value="输入">
<input class="btn btn-primary" type="submit" value="提交">
<input class="btn btn-primary" type="reset" value="重置">
```

以上代码在 Chrome 浏览器中的运行效果如图 3-34 所示。

图 3-34　按钮类应用在 a、input 元素上的示例效果

有时候，a 元素的作用不是链接到其他页面或本页中的某部分，而是为了触发某个函数。这时，如果将按钮类应用于 a 元素，a 元素应该加上属性 role="button"，以便让屏幕阅读器能够正确识别。

3.6.3　按钮边框

如果需要一个背景颜色不深的按钮，则可以使用.btn-outline-*来代替 btn-*。其中*的取值为 primary、secondary、success、danger、warning、info、light、dark。在.btn-outline-*中可以设置.btn 中 CSS 变量的值，设置按钮的边框、浅色背景、按钮文字的颜色、鼠标指针滑过的效果、获得焦点的效果等。

【实例 3-35】（文件 button-outline.html）

```html
<button type="button" class="btn btn-outline-primary">主要按钮</button>
<button type="button" class="btn btn-outline-secondary">次要按钮</button>
<button type="button" class="btn btn-outline-success">成功</button>
<button type="button" class="btn btn-outline-info">信息</button>
<button type="button" class="btn btn-outline-warning">警告</button>
<button type="button" class="btn btn-outline-danger">危险</button>
<button type="button" class="btn btn-outline-light">浅色</button>
<button type="button" class="btn btn-outline-dark">黑色</button>
```

以上代码在 Chrome 浏览器中的运行效果如图 3-35 所示。

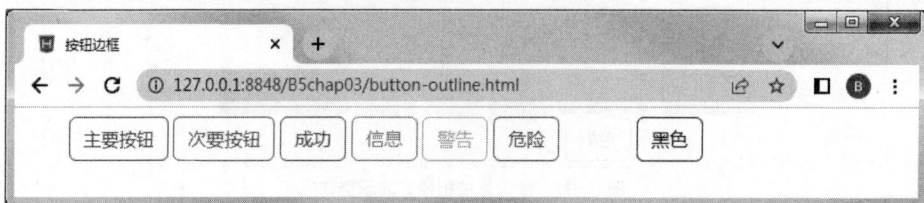

图 3-35　按钮边框的示例效果

说明：.btn-outline-light 对应按钮的字和背景都很浅，鼠标指针移上去后，字的颜色会变深。

3.6.4　按钮尺寸

通过给 button 元素应用样式类.btn-lg 或.btn-sm，可以获得不同尺寸的按钮。

【实例 3-36】（文件 button-size.html）

```html
<button type="button" class="btn btn-outline-primary btn-lg">大按钮</button>
<button type="button" class="btn btn-outline-primary">默认大小</button>
<button type="button" class="btn btn-outline- primary btn-sm">小按钮</button>
```

以上代码在 Chrome 浏览器中的运行效果如图 3-36 所示。

图 3-36　按钮尺寸的示例效果

3.6.5　块级按钮

在 Bootstrap4 中使用.btn-block 将按钮拉伸至其父元素 100%的宽度可以得到块级按钮。Bootstrap5 通过 display、gap 工具类将按钮设置为响应式块级按钮。Bootstrap5 通过使用实用工具类而非指定按钮类，可以更好地控制间距、对齐及响应式等行为。

Bootstrap5 通过定义.d-*来设置元素的 display 属性。这里将用.d-grid 表示 display:grid;。

gap 属性用来设置栅格布局中行与列之间的间隙，该属性是 row-gap 和 column-gap 的简写形式。Bootstrap5 定义了.gap-*，其中*的取值为 0~5。

【实例 3-37】（文件 button-block.html）

```
<div class="container">
    <div class="row">
        <div class="col">
            <div class="d-grid gap-3">
                <button type="button" class="btn btn-primary">块级按钮</button>
                <button type="button" class="btn btn-primary">块级按钮</button>
            </div>
        </div>
    </div>
</div>
```

以上代码在 Chrome 浏览器中的运行效果如图 3-37 所示。

图 3-37　块级按钮的示例效果

利用.col-*可以调整按钮的宽度，.mx-auto 用于设置居中按钮。

```
<div class="d-grid gap-3 col-5 mx-auto">
    ......
</div>
```

以上代码在 Chrome 浏览器中的运行效果如图 3-38 所示。

图 3-38　设置块级按钮宽度、居中的示例效果

修改【实例 3-37】，在.d-grid 的 div 中添加.d-md-block 或.d-md-flex 等，可以设置响应式效果。当设备宽度达到 md 设备的宽度时，按钮变成普通按钮（见图 3-39）。未达到 md 设备的宽度时，呈现块级按钮效果。

```
<div class="d-grid gap-3 d-md-block">
    ......
</div>
```

以上代码在 Chrome 浏览器中的运行效果如图 3-39 所示。

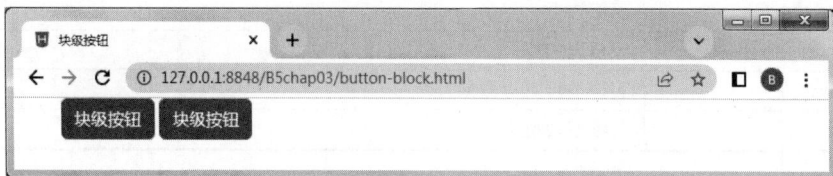

图 3-39　响应式按钮（md 设备）的示例效果

3.6.6　按钮状态

当按钮处于激活状态时，它表现为被按压下去的样式（底色更深、边框颜色更深、向内投射阴影）。通过给 button 元素应用样式类.active 可以实现这一效果。

当一个按钮被禁用时，它的颜色会变淡 50%，并失去渐变效果，呈现出无法单击的情况。对于 button 元素，可以为其添加 disabled 属性实现这一效果；对于 a 元素，则可以通过应用样式类.disabled 来实现。

【实例 3-38】（文件 button-active.html）

```
<button type="button" class="btn btn-outline-primary">原始按钮 1</button>
<button type="button" class="btn  btn-outline-primary active"> 激 活 按 钮
1</button>
<button type="button" class="btn btn-outline-primary disabled">禁用按钮
1</button>
<button type="button" class="btn btn-primary">原始按钮 2</button>
<button type="button" class="btn btn-primary active">激活按钮 2</button>
<button type="button" class="btn btn-primary disabled">禁用按钮 2</button>
```

以上代码在 Chrome 浏览器中的运行效果如图 3-40 所示。

图 3-40　按钮处于激活状态时的示例效果

3.7　表格

在网页制作中，通常会用到表格的鼠标指针悬停、隔行变色等功能。Bootstrap 定义了一系列的类，这些类用于定义表格的样式、行或单元格状态等，利用这些样式类可以快速实现对应的表格效果。

3.7.1　表格样式

表的各种样式可以组合使用。常用的表格样式类如表 3-3 所示。

表 3-3　常用的表格样式类

类名	描述
.table	基类，这是表格的基本样式
.table-striped	数据表的条纹状显示
.table-striped-columns	数据表的列条纹状显示
.table-bordered	表格边框
.table-borderless	表格无边框
.table-hover	实现一行悬停效果
.table-sm	紧缩型表格

通过给 table 元素应用基本样式类.table，可以赋予其基本表格样式，表现为少量的内边距

68

（padding）和水平方向的分隔线，表格宽度 100%。.table 的定义类似.btn，其中定义很多 CSS
变量。.table 是表格的一个基本样式，后面想要添加其他的样式，都是在.table 的基础上添加，并
且各样式可以叠加使用。

【**实例 3-39**】（文件 table.html）

```html
<table class="table">
    <caption>神舟系列</caption>
    <thead>
        <tr>
            <th scope="col">神舟飞船</th>
            <th scope="col">航天员</th>
            <th scope="col">发射时间</th>
        </tr>
    </thead>
    <!--表格主体-->
    <tbody>
        <tr>
            <td>神舟十八号</td>
            <td>叶光富、李聪、李广苏</td>
            <td>2024 年 4 月 25 日</td>
        </tr>
        <!--此处省略多个 tr-->
        <tr>
            <td colspan="3" class="text-end pe-3">
                    <a class="link-primary link-offset-2">查看更多</a>
            </td>
        </tr>
    </tbody>
</table>
```

以上代码在 Chrome 浏览器中的运行效果如图 3-41 所示。

图 3-41　基本表格的示例效果

table 元 素 在 应 用 基 本 样 式 类 .table 的 基 础 上 ， 再 应 用 样 式 类 .table-striped
和.table-bordered，可以得到有边框和条纹状表格。

```html
<table class="table table-striped table-bordered">
  ...
</table>
```

以上代码在 Chrome 浏览器中的运行效果如图 3-42 所示。

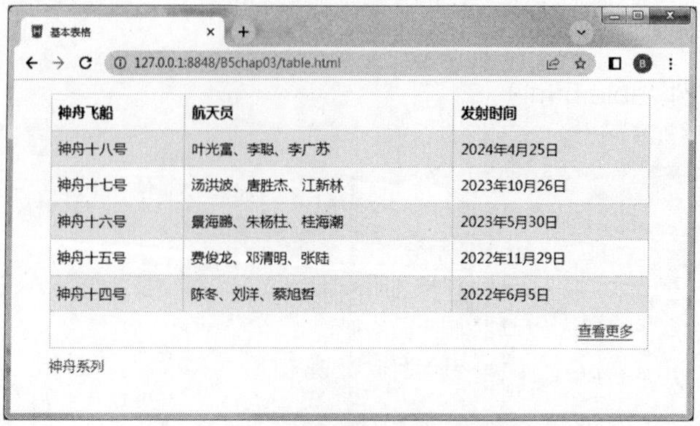

图 3-42　有边框和条纹的表格的示例效果

table 元素继续应用.table-sm，可以让表格更加紧凑，单元格中的内边距均会减半。

```
<table class="table table-striped table-bordered table-sm">
  ...
</table>
```

以上代码在 Chrome 浏览器中的运行效果如图 3-43 所示。

图 3-43　紧凑型表格的示例效果

读者自行应用.table-hover、.table-borderless、.table-striped-columns 这三个类，分别实现悬停高亮显示、无边框表格、列方向条纹显示。

3.7.2　响应式表格

将 table 元素放入 div 元素中，对 div 元素应用样式类.table-responsive 或.table-responsive-*（ *的取值为 sm、md、lg、xl、xxl）以创建响应式表格。

- .table-responsive：当表格溢出时，会有水平滚动条。
- .table-responsive-*：当屏幕宽度小于*对应的屏幕宽度（sm：576px；md：768px；lg：992px；xl:1200px；xxl：1400px）时，表格溢出，会有水平滚动条。

【实例 3-40】（文件 table-responsive.html）

```
<div class="table-responsive">
    <table class="table table-striped">
        <thead>
            <tr>
                <th scope="col">学号</th>
```

```
                <th scope="col">姓名</th>
                <th scope="col">班级</th>
                <th scope="col">性别</th>
                <th scope="col">年龄</th>
                <th scope="col">语文</th>
                <th scope="col">数学</th>
                <th scope="col">英语</th>
                <th scope="col">历史</th>
                <th scope="col">政治</th>
                <th scope="col">生物</th>
                <th scope="col">地理</th>
                <th scope="col">物理</th>
                <th scope="col">化学</th>
                <th scope="col">体育</th>
                <th scope="col">写作</th>
                <th scope="col">信息</th>
                <th scope="col">美术</th>
                <th scope="col">音乐</th>
            </tr>
        </thead>
        ...
    </table>
</div>
```

以上代码在 Chrome 浏览器中的运行效果如图 3-44 所示。

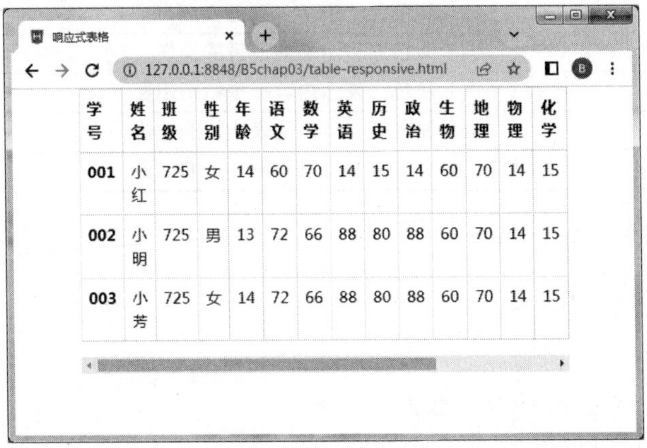

学号	姓名	班级	性别	年龄	语文	数学	英语	历史	政治	生物	地理	物理	化学
001	小红	725	女	14	60	70	14	15	14	60	70	14	15
002	小明	725	男	13	72	66	88	80	88	60	70	14	15
003	小芳	725	女	14	72	66	88	80	88	60	70	14	15

图 3-44　响应式表格的示例效果 1

将【实例 3-40】中的 table-responsive 改为 table-responsive-sm，再查看效果。当屏幕宽度大于等于 576px 时，虽然溢出，但是表格没有滚动条，滚动条出现在浏览器底部，如图 3-45 所示。

```
<div class="table-responsive-sm">
    <table class="table table-striped">
        ...
    </table>
</div>
```

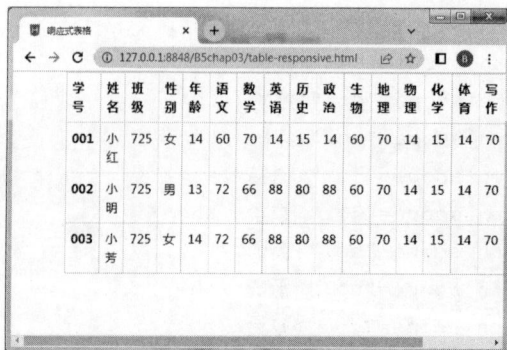

图 3-45　响应式表格的示例效果 2

说明：图 3-45 底部的滚动条为浏览器滚动条。

3.7.3　表格主题色

Bootstrap 为表格提供了 8 种主题色的样式类.table-*，*的取值为 8 种主题色。这些状态类可以应用在表格的各级元素上，例如 table、行 tr、单元格 td 和 th，以及各分组元素 thead、tbody、tfoot 等。用这些类可以设置个性化的表格。通过表格主题色类可以得到相应的背景颜色和文字颜色（文字颜色会根据背景色会有所变化），具体类名和描述如表 3-4 所示。

表 3-4　表格主题色类

类名	描述
.table-primary	蓝色：指定这是一个重要的操作
.table-success	绿色：指定这是一个允许执行的操作
.table-danger	红色：指定这是危险的操作
.table-info	浅蓝色：表示内容已变更
.table-warning	橘色：表示需要注意的操作
.table-secondary	灰色：表示内容不是特别重要
.table-light	浅灰色：可以是表格行的背景
.table-dark	深灰色：可以是表格行的背景

【实例 3-41】（文件 table-state.html）

```
<table class="table table-bordered">
    <thead class="table-dark">
        <tr>
            <th scope="col">学号</th>
            <th scope="col">语文</th>
            <th scope="col">数学</th>
            <th scope="col">英语</th>
            <th scope="col">历史</th>
            <th scope="col">政治</th>
        </tr>
    </thead>>
    <tbody>
        <tr class="table-success">
            <th scope="col">001</td>
            <td>90</td>
            <td>85</td>
```

```
            <td>96</td>
            <td>95</td>
            <td>85</td>
        </tr>
        <tr class="table-warning">
            <th scope="col">002</td>
            <td>72</td>
            <td>76</td>
            <td>88</td>
            <td>80</td>
            <td>88</td>
        </tr>
        <tr>
            <th scope="col">003</td>
            <td>72</td>
            <td>66</td>
            <td class="table-danger">46</td>
            <td>80</td>
            <td>88</td>
        </tr>
        <tr>
            <th scope="col">004</td>
            <td class="table-danger">59</td>
            <td>66</td>
            <td>88</td>
            <td>80</td>
            <td>90</td>
        </tr>
    </tbody>
</table>
```

以上代码在 Chrome 浏览器中的运行效果如图 3-46 所示。

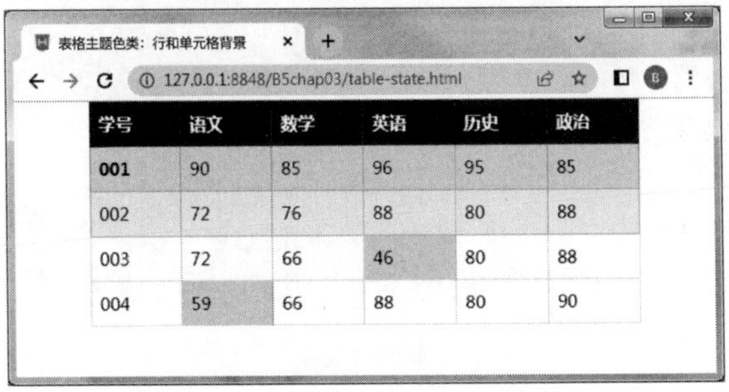

图 3-46　表格主题色类的示例效果

3.7.4　其他类

除了前面讲解的几个类，表格类还包括表格组间分割线类、caption 前置类、激活状态类。具体类名和描述如表 3-5 所示。

表 3-5　其他表格类

类名	描述
.table-group-divider	设置表格分组之间的更粗更深的分割线
.caption-top	将 caption 的内容移到表格的上面
.table-active	激活状态，引用的元素会高亮显示

.table-group-divider 应用在表格分组元素 thead、tbody、tfoot 上，改变的是元素的顶部边框，将顶部边框设置得更粗更深一些。如果需要个性化表格，则可以使用 CSS 样式修改表格分组元素的顶部边框。

表格的 caption 部分在 Bootstrap 中被重置了样式，默认将其显示在表格的底部左侧。如果想放在表格顶部，则使用.caption-top，可以将该类应用在 table 和 caption 元素上。

.table-active 为激活状态，其背景颜色为高亮颜色，不同表格主题色的高亮色会相应变化。

【实例 3-42】在【实例 3-39】的基础上给 table 元素应用.caption-top，给 caption 元素添加文本颜色、居中、字号大小的样式，给 tbody 元素应用.table-group-divide，给表格最后一个 tr 元素应用.table-active。

【实例 3-42】（文件 table-other.html）

```
<table class=" table  table-bordered caption-top">
    <caption class="text-primary text-center fs-3" >神舟系列</caption>
        <thead >
            <tr>
                <th scope="col">神舟飞船</th>
                <th scope="col">航天员</th>
                <th scope="col">发射时间</th>
            </tr>
        </thead>
        <!-- 表格主体 -->
        <tbody class="table-group-divider">
            ......省略中间表格代码
            <tr class="table-active">
                <td colspan="3" class="text-end pe-3">
                    <a class="link-primary link-offset-2">查看更多</a>
                </td>
            </tr>
        </tbody>
</table>
```

以上代码在 Chrome 浏览器中的运行效果如图 3-47 所示。

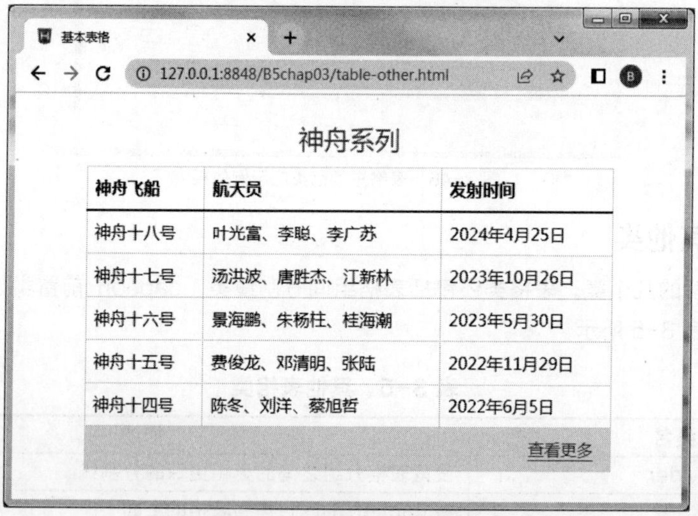

图 3-47 表格样式的示例效果

3.7.5 个性化表格

如果需要改变 Bootstrap 中原有的表格样式，则需要添加对应样式去覆盖 Bootstrap 中的样式。【实例 3-43】在 link 语句的后面添加 style 样式内容，重置了.table-striped、.table-hover、.table-group-divider 类的定义。

【**实例 3-43**】（文件 table-custom.html）

```
......前面代码省略
<link rel="stylesheet" href="css/bootstrap.min.css" />
<style>
        .table-striped>tbody>tr:nth-of-type(odd)>* {
            --bs-table-bg-type: #fff;
        }
        .table-striped>tbody>tr:nth-of-type(even)>* {
            background-color: #CCE5FF;
        }
        .table-hover>tbody>tr:hover>* {
            --bs-table-color-state: #fff;
            --bs-table-bg-state: #0d6ecd;
        }
        .table-group-divider {
            border-top: 3px solid #0d6ecd;
        }
</style>
......中间代码省略
<div class="container">
        <div class="row">
            <div class="col pt-3">
                <table class=" table  table-bordered  table-striped  table-
hover caption-top">
                    <caption class="text-primary text-center fs-3">神舟系列
</caption>
                    <thead>
                        <tr>
                            <th scope="col">神舟飞船</th>
                            <th scope="col">航天员</th>
                            <th scope="col">发射时间</th>
                        </tr>
                    </thead>
                        <tbody class="table-group-divider">
                        ......中间代码省略
                        <tr >
                            <td colspan="3" class="text-end pe-3">
                                <a class="link-primary link-offset-2">查看
更多</a>
                            </td>
                        </tr>
                    </tbody>
                </table>
        ......后面代码省略
```

以上代码在 Chrome 浏览器中的运行效果如图 3-48 所示。

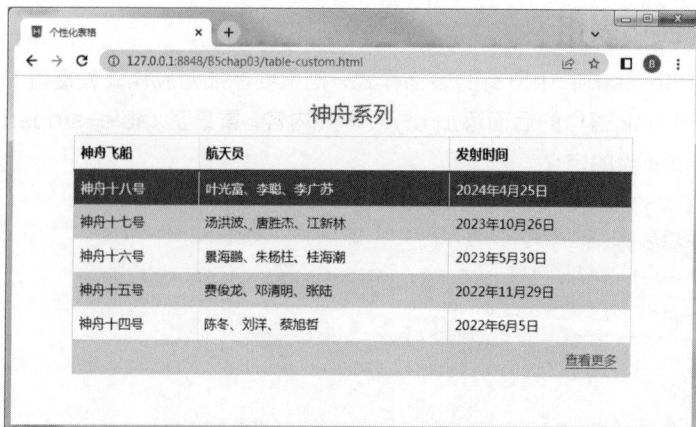

图 3-48　个性化表格示例效果

3.8　图像

3.8.1　响应式图像

给图像元素 img 应用样式类.img-fluid 或者定义 max-width:100%、height:auto 样式，可以让图像支持响应式布局，从而让图像随着其父元素大小同步缩放。

```
<img src="img/pic.jpg" class=img-fluid alt="响应式图像"/>
```

3.8.2　图像边框

给 img 元素应用样式类.img-thumnail，使图像自动被加上一个带圆角及 1px 边界的外框缩略图样式。

除此之外，我们还可以使用边框中的.rounded-*（参见第 4 章 4.2 节的内容），来设置图像的边框样式。

【实例 3-44】（文件 img.html）

```
<div class="container">
    <div class="row p-2">
        <div class="col-4">
            <img src="img/神舟14.webp" class="img-fluid img-thumbnail"alt=
"缩略图"/>
        </div>
        <div class="col-4">
            <img src="img/神舟14.webp" class="img-fluid rounded-circle"
alt="圆形"/>
        </div>
        <div class="col-4">
            <img src="img/神舟14.webp" class="img-fluid rounded-5" alt="圆
角"/>
        </div>
    </div>
</div>
```

以上代码在 Chrome 浏览器中的运行效果如图 3-49 所示。

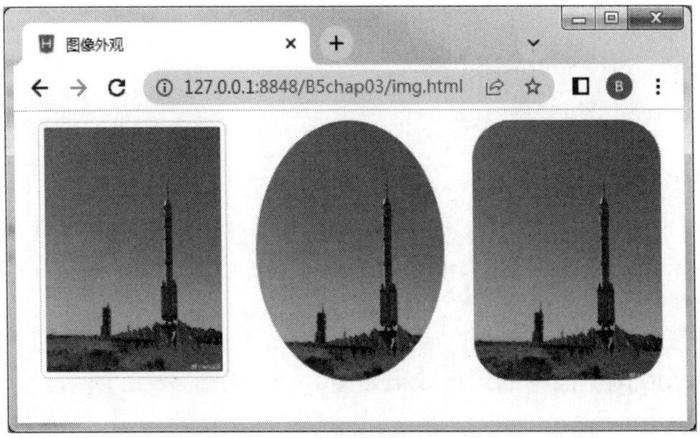

图 3-49　图像边框的示例效果

3.8.3　图像对齐

对于 display 属性为 block 或 inline-block 的块状图像，我们可以使用浮动或文字对齐来实现对图像的对齐、浮动控制，并且可以使用.mx-auto 进行居中设置。

【实例 3-45】（文件 img-align.html）

```
<div class="container">
    <div class="row">
        <div class="col" style="height:60px;">
            <img src="img/flower.jpg" class="float-start" style="width:
auto;height:100%;" alt="左边位置图像"/>
            <img src="img/flower.jpg" class="float-end" style="width:
auto;height:100%;" alt="右边位置图像"/>
        </div>
    </div>
    <div class="row">
        <div class="col" style="height:60px;">
            <img src="img/flower.jpg" class="mx-auto d-block" style="width:
auto;height:100%;" alt="居中图像"/>
        </div>
    </div>
</div>
```

以上代码在 Chrome 浏览器中的运行效果如图 3-50 所示。

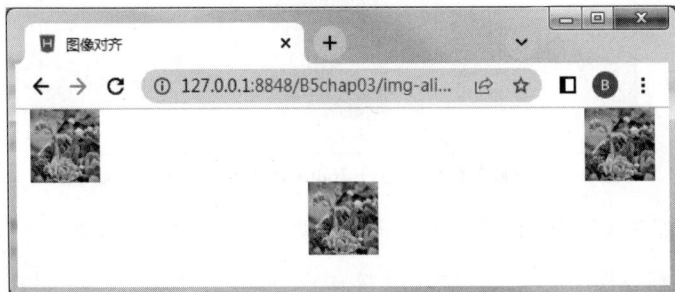

图 3-50　图像对齐的示例效果

3.8.4　picture 元素

HTML5 标准提供了一个全新的 picture 元素，它可以为 img 元素指定多个<source>标签。利用 picture 元素可实现 img 元素在不同屏幕下显示不同图像的效果（图像样式类.img-*需添加到 img

元素而不是 picture 元素上）。

【**实例 3-46**】（文件 img-picture.html）

```
<div class="container">
    <picture>
        <source media="(min-width:768px)" srcset="img/积极 1.webp">
        <source media="(min-width:576px)" srcset="img/积极 2.webpg">
        <img src="img/积极 3.webp"  style="width: auto; height:300px;">
    </picture>
</div>
```

以上代码在 Chrome 浏览器中的运行效果如图 3-51 和图 3-52 所示。

图 3-51　屏幕宽度小于 576px 时 picture 元素的示例效果

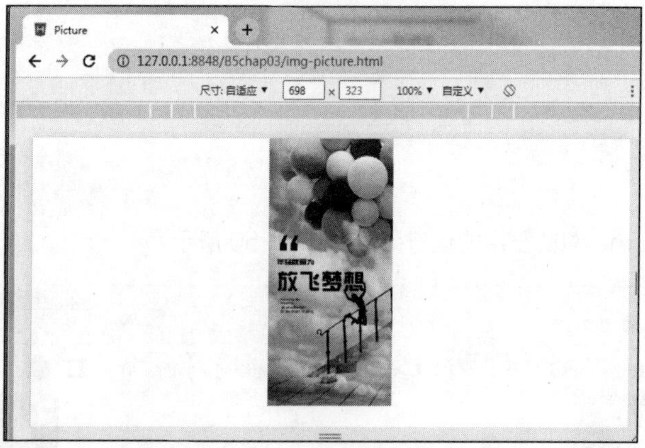

图 3-52　屏幕宽度为 576px～768px 时 picture 元素的示例效果

说明：当屏幕宽度大于 768px 时，显示第 3 个图像（请读者自行查看）。

3.9　图文框

如果需要显示的内容区包括了一个图片和一个可选的标题，可使用与.figure、.figure-*相关的样式。将.figure、.figure-caption、.figure-img 分别应用在 figure、figcaption、img 元素上，可以得到一个图文组件。

【**实例 3-47**】（文件 figure.html）

```
<div class="container">
  <div class="row">
    <div class="col-4">
     <figure class="figure">
       <img src="img/home.jpg" class="figure-img img-fluid rounded" alt="…">
        <figcaption class="figure-caption">家的一角.</figcaption>
     </figure>
    </div>
    <div class="col-4">
     <figure class="figure">
      <img  src="img/home.jpg" class="figure-img img-fluid rounded" >
      <figcaption class="figure-caption text-center">家的一角.</figcaption>
     </figure>
    </div>
    <div class="col-4">
      <figure class="figure">
       <img src="img/home.jpg" class="figure-img img-fluid rounded" alt="…">
       <figcaption class="figure-caption text-end">家的一角.</figcaption>
      </figure>
    </div>
  </div>
</div>
```

以上代码在 Chrome 浏览器中的运行效果如图 3-53 所示。

图 3-53　图文框的示例效果

说明：

（1）img 元素需要添加.img-fluid 才能实现与响应式的完美结合。

（2）figcaption 元素可以使用文本对齐.text-*来改变文字的位置。

3.10　案例：少儿编程网站首页

本案例为创建一个少儿编程网站首页，最终效果如图 3-54 所示。本案例综合应用了第 2 章、第 3 章的一些知识，比如栅格系统、段落、标题、列表、表格等，也用到第 4 章的一些工具类，主要是内边距.p{s、e、b、t}-*、外边距.m{s、e、b、t}-*、右浮动.float-end 等（读者可提前了解）。其中.d-inline 用于设置元素的 display 属性为 inline。

案例视频 3

该案例的具体操作步骤如下。

（1）在 HBuilderX 中新建一个 Web 项目，将 Bootstrap 的 CSS 文件复制到项目的 CSS 目录中，然后在 head 元素中引用该文件。另外，页面需要应用一个与图片颜色相同的背景，故定义一

个类.bg-1。注意：该类需要定义在<link href="css/bootstrap.min.css" rel="stylesheet" />的后面。具体代码如下。

```html
<head>
<meta charset="utf-8"/>
<meta name="viewport" content="width=device-width,initial-scale=1"/>
<title>少儿编程</title>
<link href="css/bootstrap.min.css" rel="stylesheet"/>
<style>
    .bg-1{
        background-color:#f1f8ff;
    }
</style>
</head>
```

图3-54　少儿编程网站首页

（2）创建页面头部。页面头部作为一个巨幕，分为两列，分别放置文字和图片。具体代码如下。

```html
<!--页面头部 -->
 <div class="bg-1 p-5">
     <div class="container">
         <div class="row">
             <div class="col-md-7">
                 <h1 class=" text-info">学习少儿编程储备未来职业技能</h1>
                 <h2 class=" text-info mb-4">让孩子抓住机会挑战未来</h2>
                 <a class="btn btn-warning text-white btn-lg" href="#"
role="button">免费领取课程</a>
             </div>
             <div class="col-md-5">
                 <imgsrc="img/catoon1.png" class="img-fluid"/>
             </div>
         </div>
     </div>
</div>
```

（3）创建主体区域1——代码行，这部分主要用到了代码相关的标签。分为两行，第1行显示标题，第2行分为两列，分别显示代码和运行结果。具体代码如下。

```html
<!--主体区域1-->
 <div class="container">
     <!--row 2-->
     <div class="row">
         <div class="col-md-8 offset-md-2">
             <h3>
  例子:<small>在控制台输入 5 个整数后,按<kbd>Enter</kbd>键,输出其和。</small>
             </h3>
         </div>
     </div>
     <!--row 3-->
     <div class="row mt-2">
         <div class="col-md-6">
             <pre>
                 import java.util.Scanner;
                 public class SumTest{
                     public static void main(String[] args) {
                         int sum=0;
                         int i=1;
                         int num=0;
                         while(i<=5){//第 i 次
                             //输入 sc
                             Scanner sc=new Scanner(System.in);
                             num=sc.nextInt();
                             //累加
                             sum=sum+num;
                             i++;
                         }
                         System.out.println("所得到的和为: "+sum);
                     }
                 }
```

```
                </pre>
            </div>
            <div class="col-md-6">
                <p>在控制台输入:<kbd>10</kbd>+<kbd>Enter</kbd>、<kbd> 20</kbd>+
<kbd>Enter</kbd>、<kbd>30</kbd>+<kbd>Enter</kbd>、<kbd>40</kbd>+<kbd>Enter</kbd>、
                <kbd>50</kbd>+<kbd>Enter</kbd></p>
                <p>程序输出结果为：<samp>所得到的和为：150</samp></p>
                <figure class="p-4 border border-danger">
                    <imgsrc="img/result.png" class="img-fluid">
                </figure>
            </div>
        </div>
    </div>
```

（4）添加主体区域2——左边，介绍培训机构，应用列表来实现。右边是"开心一笑"，应用引用元素。具体代码如下。

```
<!--主体区域2-->
<div class="bg-1 p-3 mt-4">
    <div class="container p-3">
        <div class="row">
            <div class="col-md-5">
                <ul class="list-unstyled p-3">
                    <li class="text-info">
    <img src="img/section7_3.png" class="img-fluid" style="width:35px;"/>
                        <p class="h4 d-inline">动画剧情+独家闯关</p>
                    </li>
                    <li class="text-secondary">
    <img src="img/section7_3.png" class="img-fluid"style="width:35px;"/>
                        <p class="h4 d-inline">全职老师+小班直播</p>
                    </li>
                    <li class="text-primary">
    <img src="img/section7_3.png" class="img-fluid"style="width:35px;"/>
                        <p class="h4 d-inline">专业灵活的课程体系</p>
                    </li>
                </ul>
            </div>
            <div class="col-md-8">
                <button class="btn btn-warning text-white position-relative mb-3"
                    style="left:100px;"><span>开心一笑</span></button>
                <figure>
                    <blockquote class="blockquote">
                        <p class="mb-0">八进制和十进制其实也差不多，如果你少了两根手
指头的话。</p>
                        <p class=" text-capitalize">Base eight is just like base
ten really, if you're missing two fingers。</p>
                    </blockquote>
                    <figcaption class="blockquote-footer">出自<cite title="著作
名">Tom Lehrer</cite></figcaption>
                </figure>
            </div>
        </div>
```

```
        </div>
    </div>
```

（5）添加主体区域 3——价格表。具体代码如下。

```html
<!--主体区域3-->
 <div class="container p-4">
     <div class="row">
       <div class="col-md-10 offset-md-1">
         <table class="table table-striped table-bordered table-hover tex
t-center">
             <thead>
               <tr class="table-primary">
                  <th>  <h4>试听课程</h4>      </th>
                  <th>  <h4>Strech 编程</h4>    </th>
                  <th>  <h4>Python 编程</h4>    </th>
               </tr>
             </thead>
             <tbody>
               <tr class="table-success">
                  <td>  <h3>$0</h3>        </td>
                  <td>  <h3>$99</h3>       </td>
                  <td>  <h3>$999</h3>      </td>
               </tr>
               <tr>
                  <td>体验编程</td>
                  <td>捕鱼达人</td>
                  <td>Python 基础语法</td>
               </tr>
                <tr>
                  <td>成果展示</td>
                  <td>愤怒的小鸟</td>
                  <td>Python 的数据结构</td>
               </tr>
               <tr>
                  <td>自己动手</td>
                  <td>坚果追踪</td>
                   <td>案例讲解</td>
               </tr>
               <tr>
                  <td>-</td>
                  <td>自己的作品</td>
                   <td>-</td>
               </tr>
                <tr>
                  <td><a href="#" class="btn btn-primary w-100">购买</a></td>
                  <td><a href="#" class="btn btn-primary w-100">购买</a></td>
                   <td><a href="#" class="btn btn-primary w-100">购买</a></td>
               </tr>
             </tbody>
         </table>
      </div>
```

```
    </div>
  </div>
```

（6）创建页脚内容。具体代码如下。

```
<div class="bg-1 p-2">
    <div class="container">
        <footer class="row align-items-center">
            <div class="col-md-2">
                <img src="img/logo.png" class="img-fluid">
            </div>
            <div class="col-md-5 text-center">
                <ul class="list-inline">
                    <li class="list-inline-item">
                     <a href="#" class="link-primary link-underline-opacity-0
link-underline-opacity-50-hover link-offset-2">品质保证</a>
                    </li>
                    <li class="list-inline-item">
                            <a href="#" class="link-primary link-underline-
opacity-0 link-underline-opacity-50-hover link-offset-2">师资队伍</a>
                    </li>
                    <li class="list-inline-item">
                     <a href="#" class="link-primary link-underline-opacity-0
link-underline-opacity-50-hover link-offset-2">学生作品</a>
                    </li>
                    <li class="list-inline-item">
                     <a href="#"class="link-primary   link-underline-opacity-0
link-underline-opacity-50-hover link-offset-2">帮助中心</a>
                    </li>
                    <li class="list-inline-item">
                     <a href="#"class="link-primary   link-underline-opacity-0
link-underline-opacity-50-hover link-offset-2">联系我们</a>
                    </li>
                </ul>
            </div>
            <div class="col-md-3">
                <address>
                    <strong>武汉市东湖新技术开发区光谷大道***号</strong><br>
                        武汉软件工程职业学院信息学院<br>
                        软件技术专业<br>
                        <abbr title="电话">P:</abbr> (123) 456-****
                </address>
            </div>
        </footer>
    </div>
</div>
```

🔍 本章小结

　　本章通过具体实例，详细介绍了Bootstrap中的标题、段落等基础文本元素，以及列表、代码、图像、按钮、表格等样式的CSS布局应用。

实训项目

制作"动物世界"百度词条网页

参考百度百科中的"动物世界"词条内容，创建一个综合网页，介绍中央电视台综合频道《动物世界》栏目的相关情况。页面效果如图 3-55 所示。

图 3-55　"动物世界"的百度词条网页

实训拓展

网络已成为青少年学习知识、交流思想、休闲娱乐的重要平台。谨记：要善于网上学习，不浏览不良信息；要诚实友好交流，不侮辱欺诈他人；要增强自护意识，不随意约会网友；要维护网络安全，不破坏网络秩序；要有益身心健康，不沉溺虚拟时空。最后利用本章所学知识，制作一个正确使用网络的宣传页面。

第 **4** 章

工具类

本章导读

　　本章将介绍Bootstrap提供的各种工具类，其中包括透明度、边框、边距、尺寸、定位、阴影等各类工具，方便读者在进行页面设计时灵活使用，以达到界面美观的效果。

4.1 透明度

　　在第 3 章中，我们介绍了文本颜色和背景颜色的透明度类.text-opacity-*和.bg-opacity-*。除此之外，在 Bootstrap5 中还定义了透明度工具类.opacity-*，其中*的取值为 0、25、50、75、100。

　　.opacity-*设置的是 opacity 属性，进而设置元素的不透明度级别。不透明度级别描述了透明度情况，其中 1 根本不透明，0.5 表示 50%可见，0 表示完全透明。以下代码为.opacity-25 的定义。

```
.opacity-25 {
  opacity: 0.25 !important;
}
```

【实例 4-1】（文件 opacity.html）

```
<div class="container">
  <div class="row">
    <div class="col d-flex border border-secondary">
        <div class="opacity-100 w-25">
            <div class="bg-primary  ratio ratio-1x1"></div>
        </div>
        <div class="opacity-75 w-25">
            <div class="bg-primary  ratio ratio-1x1"></div>
        </div>
        <div class="opacity-50 w-25">
            <div class="bg-primary  ratio ratio-1x1"></div>
        </div>
        <div class="opacity-25 w-25">
            <div class="bg-primary  ratio ratio-1x1"></div>
        </div>
        <div class="opacity-0 w-25">
            <div class="bg-primary  ratio ratio-1x1"></div>
        </div>
    </div>
  </div>
</div>
```

以上代码在 Chrome 浏览器中的运行效果如图 4-1 所示。

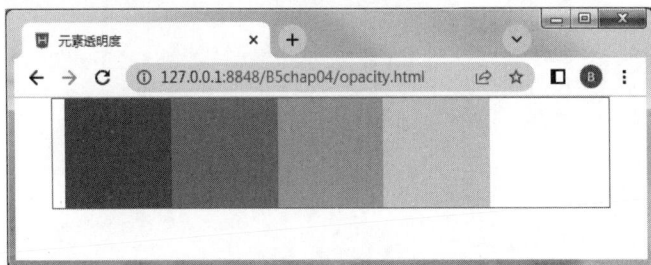

图 4-1　元素透明度的示例效果

　　为最后一个 div 元素设置其 opacity 属性值为 0，即为完全透明，因此图 4-1 的最后一个 div 元素为白色区域。

　　.opacity-{0|25|50|75|100}在源码文件 scss/_utilities.scss 中进行定义，下列代码为 scss_utilities.scss 文件内容。

```
$utilities: () !default;
$utilities: map-merge(
  (
.......
    "opacity": (
      property: opacity,
      values: (
        0: 0,
        25: .25,
```

87

```
       50: .5,
       75: .75,
       100: 1,
      )
    ),
  ),
.......
  $utilities
);
```

如果想生成更多的透明度工具类.opacity-*，则在"opacity"部分的 values 中增加值，然后重新编译 Bootstrap。更多内容请参考附录 A。

4.2 边框

利用边框类可以快速地美化按钮、图像等元素的边框和边框圆角。在 Bootstrap5 的类名中，start 代表起点，end 代表终点，在 left to right 的页面中，start 和 end 分别代表左和右。

4.2.1 基本边框

使用.border 或者.border-*（其中*的取值为 top、bottom、start、end）给元素增加边框或者增加某一边的边框。

使用.border-0 或者.border-*-0（其中*的取值为 top、bottom、start、end）给元素去掉边框或者去掉某一边的边框。

【实例 4-2】（border.html）

```
<!DOCTYPE html>
<html>
  <head>
    <meta charset="utf-8"/>
    <meta name="viewport" content="width=device-width, initial-scale=1" />
    <title>增加或去掉边框</title>
    <link rel="stylesheet" href="css/bootstrap.min.css"/>
  </head>
  <style>
      .wh{
          width:60px;
          height:60px;
          background-color:#efefef;
          float:left;
          margin:10px;
      }
  </style>
  <body>
      <div class="container">
          <div class="row">
              <div class="col">
                  <div class="wh border border-success"></div>
                  <div class="wh border-top border-success"></div>
                  <div class="wh border-end border-success"></div>
                  <div class="wh border-bottom border-success"></div>
                  <div class="wh border-start border-success"></div>
              </div>
          </div>
```

```
                    <div class="row">
                        <div class="col">
                            <div class="wh border-success border-0"></div>
                            <div class="wh border-success border border-top-0"></div>
                            <div class="wh border-success border border-end-0"></div>
                            <div class="wh border-success border border-bottom-0">
</div>
                            <div class="wh border-success border border-start-0">
</div>
                        </div>
                    </div>
                </div>
            </body>
        </html>
```

以上代码在 Chrome 浏览器中的运行效果如图 4-2 所示。

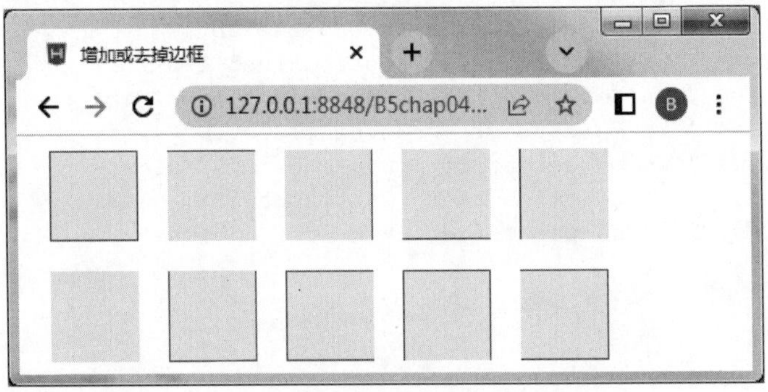

图 4-2 边框的示例效果

说明：

（1）边框的默认颜色为浅灰色。这里，为了显示效果，使用 .border-success 将边框的颜色设置为绿色。

（2）第一行，对 div 元素分别使用 .border、.border-top、.border-end、.border-bottom、.border-start 来增加边框。

（3）第二行，先使用 .border 增加边框，然后使用 .border-*-0 去掉对应的边框。

4.2.2 边框颜色

边框的默认颜色为浅灰色，如果觉得颜色太淡，可以使用边框颜色工具类设置想要的边框颜色。边框颜色工具有以下两种。

- .border-*，其中*的取值为 8 种主题色加上 black 和 white。这里的颜色值与前面文本的颜色值一致。对于这一类边框颜色可以使用 .border-opacity-{10|25|50|75|100} 或者重设 "--bs-border-opacity" 变量的值。
- .border-*-subtle，浅色边框，8 种主题色都有对应的浅色边框。

具体类名和颜色效果见【实例 4-3】。在【实例 4-3】中，第 1 行的最后一个矩形为白色边框，为了呈现效果，在外层添加了一个 div 元素，并将其设置为蓝色背景。第 2 行为浅色边框，第 3 行设置了边框透明度，为了呈现效果，设置边框宽度为 4px。

【实例 4-3】（文件 border-color.html）

```
<div class="row">
  <div class="col">
    <div class=" wh border border-primary"></div>
```

```
      <div class=" wh border border-secondary"></div>
      <div class=" wh border border-success"></div>
      <div class=" wh border border-danger"></div>
      <div class=" wh border border-warning"></div>
      <div class=" wh border border-info"></div>
      <div class=" wh border border-light"></div>
      <div class=" wh border border-dark"></div>
      <div class=" wh border border-black"></div>
      <div class="p-2 bg-primary float-start">
          <div class=" wh border border-white border-3 bg-info"></div>
      </div>
    </div>
  </div>
  <div class="row">
    <div class="col">
      <div class=" wh border border-primary-subtle"></div>
      <div class=" wh border border-secondary-subtle"></div>
      <div class=" wh border border-success-subtle"></div>
      <div class=" wh border border-danger-subtle"></div>
      <div class=" wh border border-warning-subtle"></div>
      <div class=" wh border border-info-subtle"></div>
      <div class=" wh border border-light-subtle"></div>
      <div class=" wh border border-dark-subtle"></div>
    </div>
  </div>
  <div class="row">
    <div class="col">
      <div class=" wh border border-primary border-4"></div>
      <div class=" wh border border-primary border-4 border-opacity-10"></div>
      <div class=" wh border border-primary border-4 border-opacity-25"></div>
      <div class=" wh border border-primary border-4 border-opacity-50"></div>
      <div class=" wh border border-primary border-4 border-opacity-75"></div>
      <div class=" wh border border-primary border-4 border-opacity-100"></div>
      <div class=" wh border border-primary border-4" style="--bs-border-opacity:
0.2;" ></div>
    </div>
  </div>
```

以上代码在 Chrome 浏览器中的运行效果如图 4-3 所示。

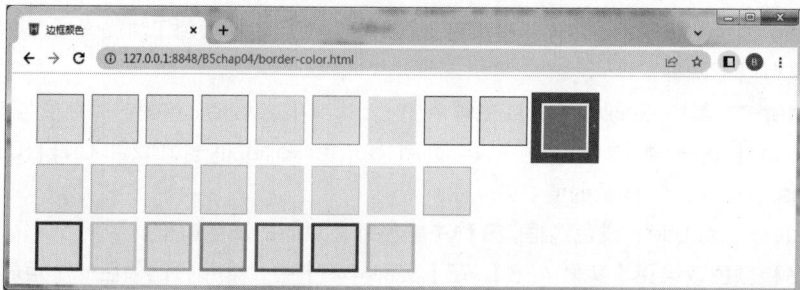

图 4-3　边框颜色的示例效果

4.2.3　边框宽度

Bootstrap5 中提供了.border-{1|2|3|4|5}，该类用来定义边框的宽度，宽度值为对应数字。例如，.border-1 表示设置属性 border-width 的值为 1px，依次类推。

【**实例 4-4**】（文件 border-width.html）

```
<div class="col">
    <div class=" wh border border-primary border-0"></div>
    <div class=" wh border border-primary border-1"></div>
    <div class=" wh border border-primary border-2"></div>
    <div class=" wh border border-primary border-3"></div>
    <div class=" wh border border-primary border-4"></div>
    <div class=" wh border border-primary border-5"></div>
</div>
```

以上代码在 Chrome 浏览器中的运行效果如图 4-4 所示。

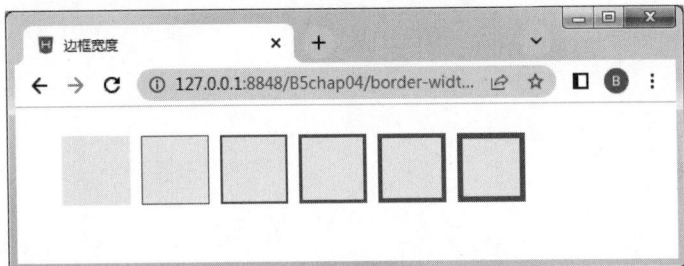

图 4-4　边框宽度的示例效果

4.2.4　边框圆角

使用 .rounded 和 .rounded-* 可以实现各种方位的圆角、圆、椭圆，并设置圆角大小。具体如表 4-1 和表 4-2 所示。

表 4-1　圆角方向类

类名	边框
.rounded	为元素的上、右、下、左四个方向都设置圆角弧度 0.375rem
.rounded-top	为元素顶部设置圆角，弧度 0.375rem
.rounded-end	为元素右侧设置圆角，弧度 0.375rem
.rounded-bottom	为元素底侧设置圆角，弧度 0.375rem
.rounded-start	为元素左侧设置圆角，弧度 0.375rem

表 4-2　圆角大小类

类名	弧度值
.rounded-0	0
.rounded-1	0.25rem
.rounded-2	0.375rem
.rounded-3	0.5rem
.rounded-4	1rem
.rounded-5	2rem
.rounded-circle	弧度 50%
.rounded-pill	弧度 50rem

除此之外，还定义了 .rounded-{top|end|bottom|start}-{0|1|2|3|4|5|circle|pill}，同时指定圆角

的位置和弧度大小。

【实例 4-5】（文件 border-rounded.html）

```html
<!DOCTYPE html>
<html>
 <head>
     <meta charset="utf-8"/>
     <title>边框圆角</title>
     <link rel="stylesheet" href="css/bootstrap.min.css"/>
 </head>
 <style>
     body{
         padding-top:20px;
     }
     img{
         width:60px;
         height:60px;
     }
 </style>
 <body>
     <div class="container">
         <div class="row">
             <div class="col">
                 <img src="img/flower.jpg" class="rounded" />
                 <img src="img/flower.jpg" class="rounded-top" />
                 <img src="img/flower.jpg" class="rounded-end" />
                 <img src="img/flower.jpg" class="rounded-bottom" />
                 <img src="img/flower.jpg" class="rounded-start" />
             </div>
         </div>
         <div class="row">
           <div class="col">
             <img src="img/flower.jpg" class="rounded-0" />
             <img src="img/flower.jpg" class="rounded-1" />
             <img src="img/flower.jpg" class="rounded-2" />
             <img src="img/flower.jpg" class="rounded-3" />
             <img src="img/flower.jpg" class="rounded-4" />
             <img src="img/flower.jpg" class="rounded-5" />
             <img src="img/flower.jpg" class="rounded-circle" />
   <img src="img/flower.jpg" class="rounded-pill" style="width: 150px;" />
             </div>
         </div>
         <div class="row">
           <div class="col">
             <img src="img/flower.jpg" class="rounded-top-4" />
             <img src="img/flower.jpg" class="rounded-end-4" />
             <img src="img/flower.jpg" class="rounded-bottom-4" />
             <img src="img/flower.jpg" class="rounded-start-4" />
             <img src="img/flower.jpg" class="rounded-end-circle" />
 <img src="img/flower.jpg" class="rounded-end-pill" style="width: 150px;" />
           </div>
         </div>
     </div>
   </body>
 </html>
```

以上代码在 Chrome 浏览器中的运行效果如图 4-5 所示。

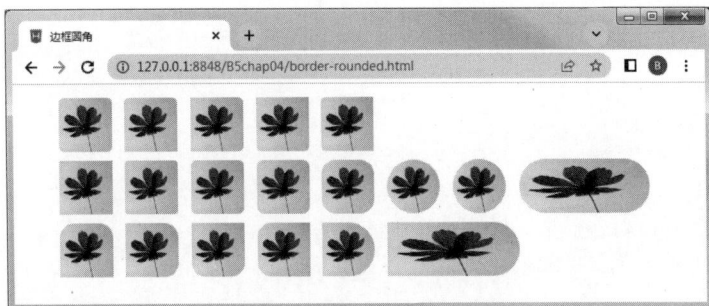

图 4-5 边框圆角的示例效果

4.3 边距

4.3.1 基本边距类

Bootstrap 提供了一系列设置内边距和外边距的类，用来修饰元素外观。其格式如下。

{属性}{边}-{尺寸}

或者

{属性}{边}-{断点}-{尺寸}

属性：p 表示 padding；m 表示 margin。

边：t 代表 top；b 表示 bottom；s 表示 start；e 表示 end；x 表示 start 和 end；y 表示 top 和 bottom；空表示四边。

尺寸：0 表示 0px；1 表示 0.25rem；2 表示 0.5rem；3 表示 1rem；4 表示 1.5 rem；5 表示 3 rem；auto 表示设置外边距为 auto。

断点：sm、md、lg、xl、xxl。

归纳起来，在使用过程中有以下几种情况。

- 使用.p-*来设置内边距（padding），这里*的取值范围为 0～5 和 auto。
- 使用.m-*来设置外边距（margin），这里*的取值范围为 0～5 和 auto。
- 使用.pt-*或.mt-*来设置边缘的距离，这里的 t 为 top，其他还有 b(bottom)、s(start)、e(end)等。
- 使用.px-*或.mx-*来设置左右边缘距离，这里的 x 表示 start 和 end。
- 使用.py-*或.my-*来设置上下边缘距离，这里的 y 表示 top 和 bottom。
- 使用.pt-*-{0|1|2|3|4|5}（*取值为 sm、md、lg、xl、xxl）响应式类来设置边缘。这里的 t 为 top，其他还有 b(bottom)、s(start)、e(end)等。

【实例 4-6】（文件 spacing-pm.html）

```
<!DOCTYPE html>
<html>
<head lang="en">
    <meta charset="UTF-8">
    <meta name="viewport" content="width=device-width, initial-scale=1"/>
    <link rel="stylesheet" href="css/bootstrap.css" />
    <title>margin 和 padding</title>
    <style>
```

```
        .box {
            width: 10rem;
            height: 3rem;
            font-size: 0.875rem;
        }
    </style>
</head>
<body>
    <div class="container border px-0 pt-2 mt-2 mt-lg-5">
        <h3 class="text-danger">边距类演示</h3>
        <div class="box border border-primary ms-2 ps-2 mb-3">ms-2 ps-2
mb-3</div>
        <div class="box border border-primary ms-4 p-3">ms-4 p-3</div>
        <div class="box border border-primary mx-auto pt-2">mx-auto pt-2</div>
    </div>
</body>
</html>
```

以上代码在 Chrome 浏览器中的运行效果如图 4-6 所示。

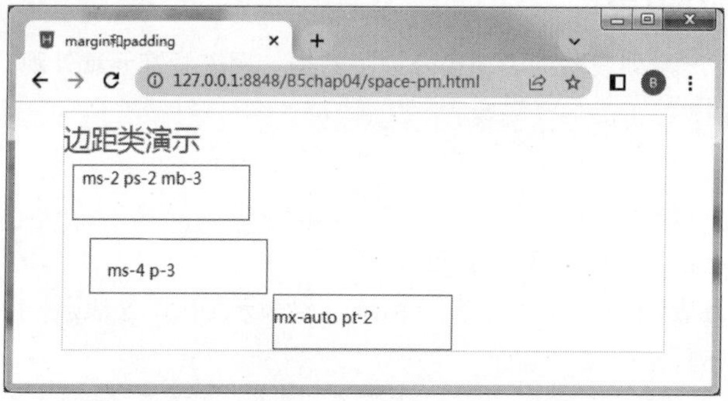

图 4-6　边距的示例效果（md 及以下）

在容器上使用了 .mt-2、.mt-lg-5，当设备的屏幕宽度较宽时，增大顶部外边距。图 4-6 显示的是设备的屏幕宽度小于 992px 时的效果。读者自行改变浏览器宽度达到 992px，以查看不同效果。

4.3.2　负外边距类

在 Scss 源码文件 scss/_variables.scss 中，有一个 Scss 变量$enable-negative-margins，（变量含义：负边距是否可用），其默认值为 false。所以在默认情况下，负外边距类不可用。将变量的值改为 true 后，重新编译 Scss 源码文件，就可以使用负外边距类了（具体修改方式请参考附录 A）。负外边距类的格式与边距类格式类似，只是需要在 size 前面加字母 "n" 即可，例如，.mt-n1 用于设置顶部外边距为-0.25rem。生成的样式代码如下。

```
.mt-n1 {
  margin-top: -0.25rem ! important;
}
```

4.3.3　gap 类

Bootstrap5 中新增了 gap 类。当容器的 display 属性为 grid 或 flex，可以在容器上使用 gap 类来设置子元素之间的间距。gap 类有以下三种。

行列间距：.gap-{size}。

列间距：.column-gap-{size}。

行间距：.row-gap-{size}。

这里，size 取 0～5，其值意义与内边距、外边距的值意义一致。

【实例 4-7】 文件（space-gap.html）

95

```
<!DOCTYPE html>
<html>
 <head>
    <meta charset="utf-8" />
    <meta name="viewport" content="width=device-width, initial-scale=1">
    <title>Gap边距</title>
    <link rel="stylesheet" href="css/bootstrap.min.css" />
 </head>
<style>
    .d-grid {
        grid-template-columns: repeat(12, 1fr);
    }
    .g-col-6 {
        grid-column: auto/span 6;
    }
    [class*="g-col-"] {
        background-color: aliceblue;
        border: 1px solid skyblue;
    }
</style>
<body>
    <div class="container pt-3">
        <div class="row">
            <div class="col d-grid column-gap-2 row-gap-3">
                <div class="p-2 g-col-6">Grid item </div>
                ......省略 3 行，内容同上行
            </div>
        </div>
        <div class="row mt-4">
            <div class="col">
                <div class="d-flex  flex-wrap gap-2">
                    <div class="p-2 g-col-f">flex item </div>
                    ......省略 8 行，内容同上行
                </div>
            </div>
        </div>
    </div>
</body>
</html>
```

以上代码在 Chrome 浏览器中的运行效果如图 4-7 所示。

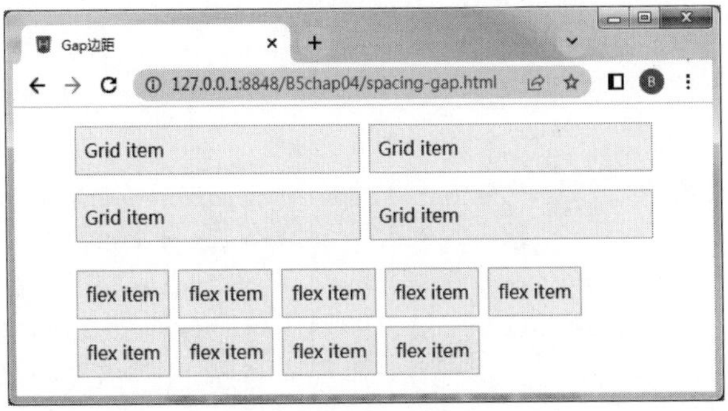

图 4-7 gap 间距示例效果

【实例 4-7】在第 1 个 row 中的 col 上使用了.d-grid，栅格之间列间距 2 为 8px，行间距 3 为 16px。第 2 个 row 中的容器使用了.d-flex 和.flex-wrap，flex 子元素之间的行列间距均为 2，即 8px。

4.4　尺寸

Bootstrap 中定义了样式类.w-*、.h-*，用来改变元素的宽度和高度。这里*的取值为 25、50、75、100、auto，分别代表了 25%、50%、75%、100%、auto。

4.4.1　宽度

【实例 4-8】（文件 sizing-width.html）

```html
<div class="w-25 p-2" style="background-color:#eee;">Width 25%</div>
<div class="w-50 p-2" style="background-color:#eee;">Width 50%</div>
<div class="w-75 p-2" style="background-color:#eee;">Width 75%</div>
<div class="w-100 p-2" style="background-color:#eee;">Width 100%</div>
<div class="w-auto p-2" style="background-color:#eee;">Width auto</div>
```

以上代码在 Chrome 浏览器中的运行效果如图 4-8 所示。

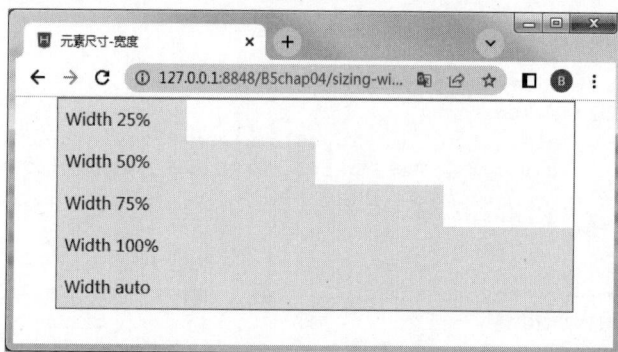

图 4-8　设置元素宽度的示例效果

4.4.2　高度

【实例 4-9】（文件 sizing-height.html）

```html
<style>
 .wdiv{
        width:70px;
        background-color:rgba(0,0,255,.1);
}
</style>
<body>
    <div class="container">
        <div class="row">
            <div class="col">
                <div style="height:100px; background-color:rgba(255,0,0,0.1);">
                    <div class="wdiv h-25 d-inline-block">高 25%</div>
                    <div class="wdiv h-50 d-inline-block">高 50%</div>
                    <div class="wdiv h-75 d-inline-block">高 75%</div>
                    <div class="wdiv h-100 d-inline-block">高 100%</div>
                    <div class="wdiv h-auto d-inline-block">高 auto</div>
```

```
                </div>
            </div>
        </div>
    </div>
</body>
```

以上代码在 Chrome 浏览器中的运行效果如图 4-9 所示。

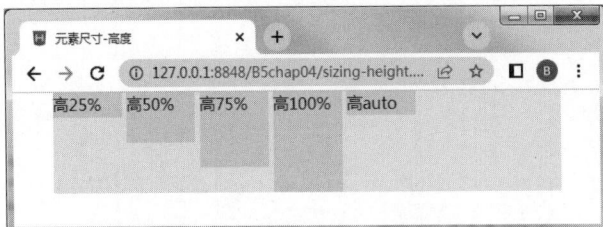

图 4-9　设置元素高度的示例效果

说明："d-inline-block"表示将 div 元素的 display 属性设置为 inline-block。

4.4.3　最大宽度或高度

mw-100：最大宽度 100%。mh-100：最大高度 100%。

【实例 4-10】（文件 sizing-max.html）

```
<div style="height:60px;background-color:#2F92CA;" class="p-2">
    <img src="./img/logo.png" class="mh-100 float-start" alt="Logo">
    <div class="float-end" style="width:40px;">
        <img src="img/flower.jpg" class="mw-100"/>
    </div>
</div>
```

以上代码在 Chrome 浏览器中的运行效果如图 4-10 所示。

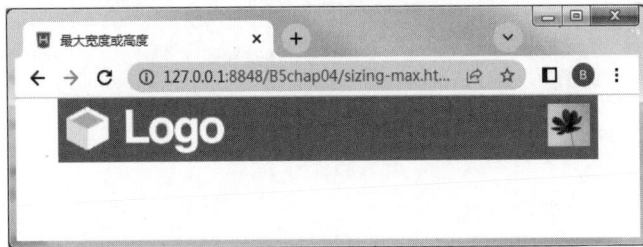

图 4-10　设置最大宽度或高度的示例效果

除此之外，我们还可以使用.min-vw-100 和.min-vh-100 来设置 min-width 和 min-height 的值相对于窗口为 100%；使用.vw-100 和.vh-100 来设置尺寸相对于窗口为 100%。

4.5　浮动

4.5.1　浮动属性

通过给任意元素应用样式类.float -start、.float -end 或 float-none，设置元素的浮动属性，从而使元素向左、向右浮动或者不浮动。

浮动样式的定义如下。

```
.float-start{
  float:left !important;
```

```
    }
    .float-end{
        float:right !important;
    }
    .float-none{
        float:none !important;
    }
```

【实例 4-11】（文件 float.html）

```html
<!DOCTYPE html>
<html>
 <head>
     <meta charset="utf-8"/>
     <meta name="viewport" content="width=device-width,initial-scale=1">
     <title>浮动</title>
     <link rel="stylesheet" href="css/bootstrap.min.css"/>
 </head>
 <style>
     .wh{
         width:50px;
         height:50px;
         background-color:#ffaa7f; /* 橙色 */
         margin:5px;
     }
 </style>
 <body>
     <div class="container">
         <div class="row">
             <div class="col">
                 <div class="bg-info">
                     <div class="wh float-start">Left</div>
                     <div class="wh float-end">Right</div>
                         <!--<div style="clear:both;"></div>-->
                     <div class="wh float-none">none</div>
                 </div>
             </div>
         </div>
     </div>
 </body>
</html>
```

以上代码在 Chrome 浏览器中的运行效果如图 4-11 所示。

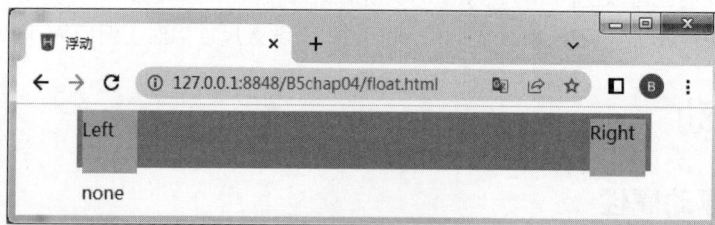

图 4-11　元素浮动的示例效果

第 3 个 div 元素设置了.float-none，不浮动。但是因为前面两个 div 元素设置了浮动，导致这里的显示不正常。我们可以在第 2 个 div 元素的后面添加以下代码来清除浮动。

```html
<div style="clear:both;"></div>
```

添加清除浮动代码后的显示效果如图 4-12 所示。

图 4-12 清除浮动的示例效果

在 Bootstrap 中，除了上面的浮动类 .float-start、.float-end、.float-none，还定义了.float-*-start、.float-*-end、.float-*-none（其中*为 sm、md、lg、xl、xxl）等响应式类，这些类设置的浮动只在某些屏幕宽度的设备上生效。比如.float-md-start，只有当设备的屏幕宽度达到 768px 时，才会浮动。读者可以将上述例子进行修改，然后在不同屏幕宽度的设备上浏览页面效果。

4.5.2 清除浮动

Bootstrap 定义了.clearfix 来清除浮动。为父级元素添加.clearfix，可清除内部元素的浮动。

【实例 4-12】（float-clear.html）

```
<div class="bg-info clearfix">
    <button type="button" class="btn btn-secondary float-start">向左浮动按钮</button>
    <button type="button" class="btn btn-secondary float-end">向右浮动按钮</button>
</div>
```

以上代码在 Chrome 浏览器中的运行效果如图 4-13 所示。

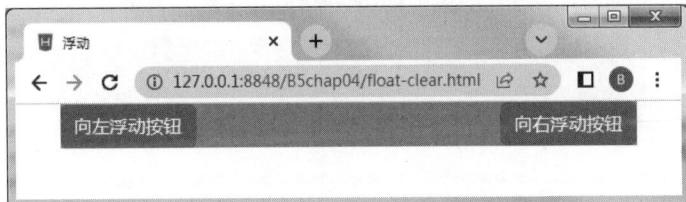

图 4-13 清除浮动的示例效果

说明：如果父元素 div 没有用.clearfix，则该 div 元素无法覆盖这两个按钮，从而破坏了布局。前面提到的【实例 4-11】，我们也可以使用以下代码来清除浮动。

```
<div class="clearfix">
    <div class="wh float-start">Left</div>
    <div class="wh float-end">Right</div>
</div>
<div class="wh float-none">none</div>
```

4.6 定义 display

Bootstrap5 中定义了.d-{value}或.d-*-{value}，这两个类用来改变元素 display 属性的值。value 的取值为 none、inline、inline-block、block、table、table-cell、table-row、flex、inline-flex，

常用的是 none、inline、inline-block、block、flex。这些值在 scss_utilities.scss 文件中进行了定义，定制化 Bootstrap 时，可以对取值进行修改。*为屏幕宽度 sm、md、lg、xl 和 xxl。

其中部分取值含义如下。

.d-none：元素不显示。

.d-inline：内联显示，元素会成为行内元素，前后无换行，不能设置元素宽度和高度。

.d-inline-block：内联块显示，显示在一行，但是可以设置元素宽度和高度。

.d-block：块级显示，元素会换行显示，可以设置元素的宽度和高度。

100

【**实例 4-13**】（文件 display.html）

```
<div class="container">
    <div class="row">
        <div class="col py-3">
            <div class="d-inline p-2 border">将块级元素改为行内元素</div>
            <div class="d-inline p-2 border">将块级元素改为行内元素</div>
        </div>
    </div>
    <div class="row">
        <div class="col">
            <span class="d-block p-2 bg-warning">行内元素变为块级元素</span>
            <span class="d-block p-2 bg-info">行内元素变为块级元素</span>
        </div>
    </div>
</div>
```

以上代码在 Chrome 浏览器中的运行效果如图 4-14 所示。

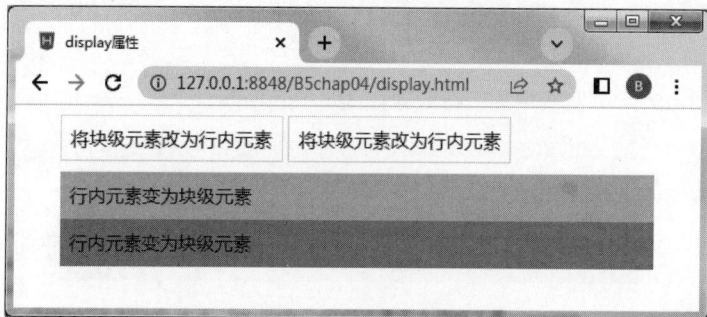

图 4-14　设置 display 属性的示例效果

我们利用响应式的 display 类，可以让页面在不同设备上显示不一样的效果。使用.d-none 或.d-{sm|md|lg|xl|xxl}-none 中的一个和其他 display 类搭配使用，可以使元素只在相应宽度的设备上显示。表 4-3 中列举了各种情况。

表 4-3　display 类搭配使用

类	显示效果
.d-none	在所有设备上都不显示
.d-none、.d-sm-block	只在 xs 设备上隐藏
.d-sm-none、.d-md-block	只在 sm 设备上隐藏
.d-md-none、.d-lg-block	只在 md 设备上隐藏
.d-lg-none、.d-xl-block	只在 lg 设备上隐藏

类	显示效果
.d-xl-none、.d-xxl-block	只在 xl 设备上隐藏
.d-xxl-none	只在 xxl 设备上隐藏
.d-block	在所有设备上都可见
.d-block、.d-sm-none	只在 xs 设备上可见
.d-none、.d-sm-block、.d-md-none	只在 sm 设备上可见
.d-none、.d-md-block、.d-lg-none	只在 md 设备上可见
.d-none、.d-lg-block、.d-xl-none	只在 lg 设备上可见
.d-none、.d-xl-block、.d-xxl-none	只在 xl 设备上可见
.d-none、.d-xxl-block	只在 xxl 设备上可见

【实例 4-14】（文件 display-responsive.html）

```html
<div class="container">
    <div class="row">
        <div class="col-lg-3 col-md-4">
            <img src="img/1.jpg" class="img-thumbnail"/>
        </div>
        <div class="col-lg-3 col-md-4">
            <img src="img/2.jpg" class="img-thumbnail"/>
        </div>
        <div class="col-lg-3 col-md-4">
            <img src="img/3.jpg" class="img-thumbnail"/>
        </div>
        <div class="col-lg-3 d-none d-lg-block">
            <img src="img/4.jpg" class="img-thumbnail"/>
        </div>
    </div>
</div>
```

以上代码在 Chrome 浏览器中的运行效果如图 4-15 和图 4-16 所示。

图 4-15　lg 设备显示的示例效果

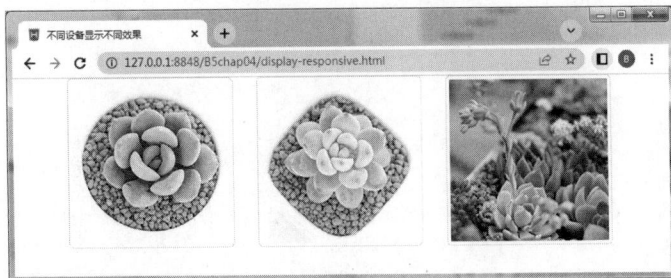

图 4-16　md 设备显示的示例效果

Bootstrap 除了定义以上 display 类，还定义了.d-print-{value}，它可以结合 display 类，用来设置元素在屏幕上的显示效果，但不打印，或只打印不显示，或有条件地显示但总是打印，等等。

【实例 4-15】（文件 display-print.html）

```
<div class="container">
    <div class="row">
      <div class="col py-3">
          <div class="d-print-none">屏幕显示(不打印)</div>
          <div class="d-none d-print-block">仅打印(屏幕不显示)</div>
          <div class="d-none d-lg-block d-print-block">只在 lg、xl 设备上显
示，总是打印</div>
      </div>
    </div>
</div>
```

以上代码在 Chrome 浏览器中的运行效果如图 4-17 所示。

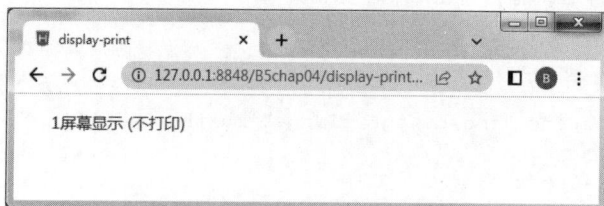

图 4-17　多种显示和打印的设置示例效果

第 2 个 div 元素没有显示，第 3 个 div 元素在 lg、xl 设备上显示，所以图 4-17 中没有显示，读者可以调整设备宽度，查看效果。

4.7　定位

Bootstrap 中定义了一系列的定位元素的类，方便用户快速设置元素位置。

4.7.1　边缘定位类

使用边缘定位工具可以轻松排列元素。类名由属性和位置值构成：.{属性}-{位置}。属性取值：top、start、bottom、end，位置取值：0、50、100（如需要更多值，可以修改 Scss 变量 $position-values）。

【实例 4-16】（文件 position-edge.html）

```
<style>
    .wh {
        width: 50px;
        height: 50px;
        background-color: yellow;
        }
</style>
......
<div class="row p-5">
<div class=" col p-0 border bg-primary-subtle">
    <div class="position-relative text-center" style="height: 400px;">
        <div class="wh position-absolute top-0 start-0">1</div>
        <div class=" wh position-absolute top-0 end-0">2</div>
        <div class="wh position-absolute top-50 start-50">3</div>
```

```
        <div class="wh position-absolute bottom-50 end-50">4</div>
        <div class="wh position-absolute bottom-0 start-0">5</div>
        <div class="wh position-absolute bottom-0 end-0">6</div>
    </div>
  </div>
</div>
```

以上代码在 Chrome 浏览器中的运行效果如图 4-18 所示。

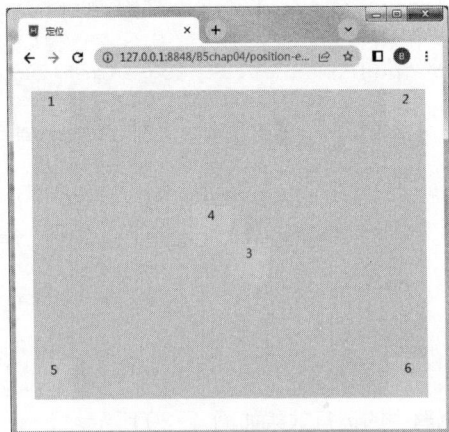

图 4-18　排列元素的示例效果

除此之外，Bootstrap5 还定义了变换工具类中的平移工具类：.translate-middle、.translate-middle-x、.translate-middle-y。

.translate-middle：元素向左移动自身宽度的 50%，向上移动自身高度的 50%。

.translate-middle-x：元素向左移动自身宽度的 50%。

.translate-middle-y：元素向上移动自身高度的 50%。

在【实例 4-16】中的第 1 个 div 元素上应用 .translate-middle，则该 div 元素会向上、向左移动自身高度和宽度的 50%，如图 4-19 所示。

```
<div class="wh position-absolute top-0 start-0 translate-middle">1</div>
```

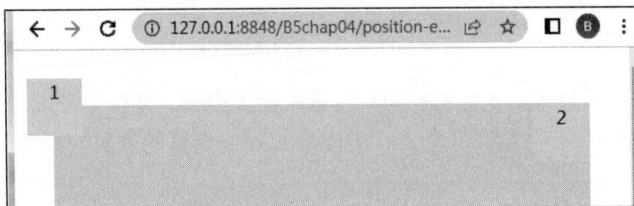

图 4-19　元素转换的示例效果

4.7.2　position 类

position 类由属性名 position 和属性值构成。例如，.position-static，.position-relative 等类。.position-*类可快速设置元素的 position 属性值。这里，*的取值为 position 的属性值：static、relative、absolute、fixed、sticky。

【实例 4-17】（文件 position.html）

```
<div class="container">
    <div class="row">
        <div class=" col p-0 position-relative bg-primary-subtle border"
        style="height: 800px;">
```

```
            <div class="position-static bg-light border border-success p-2">
              static: 正常文档流
             </div>
            <div class="position-relative bg-light border border-success p-2"
              style="left:100px">relative: 相对正常位置右移 100px
             </div>
             <div class="position-fixed bg-light border border-success p-2"
              style="top: 150px; left: 150px;">fixed: 相对浏览器定位
            </div>
            <div class="position-sticky bg-light border  border-success p-2
top-0">
              sticky: 滚动窗口时，粘在顶部、底部、左边或者右边，这里在顶部
            </div>
            <div class="position-absolute bg-light border border-success p-2"
               style="top: 200px; left: 50px;">absolute:相对已定位的父级元素,
绝对定位，离顶部 200px，离左边 50px
              </div>
          </div>
        </div>
      </div>
```

以上代码在 Chrome 浏览器中的运行效果如图 4-20 所示。

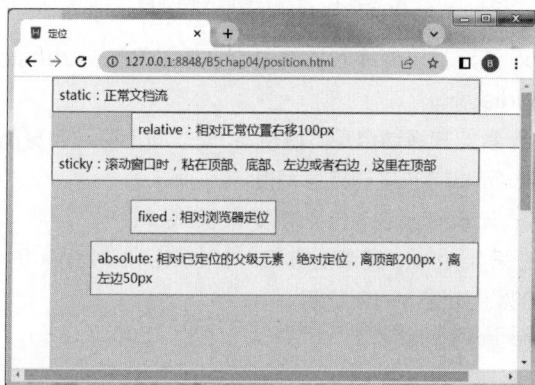

图 4-20　元素定位的示例效果 1

说明：（1）为了演示效果，对定位的 div 元素设置了边框、背景和宽度。滚动右边的滚动条，在查看页面底部的内容时，可以看到，fixed 定位和 sticky 定位的效果，如图 4-21 所示。

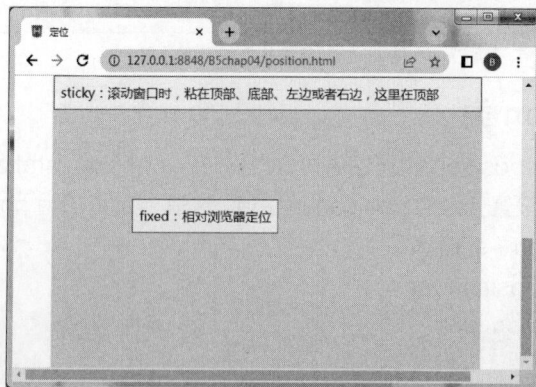

图 4-21　元素定位的示例效果 2

（2）可以使用.sticky-top 实现 sticky 顶部粘连。

4.7.3 顶部和底部定位

.fixed-top、.fix-bottom 可以将一个元素固定在可见区域的顶部或底部，宽度 100%。固定时，如果遮挡了其他元素，需要配合自定义的 CSS。

使用.sticky-top、.sticky-bottom，当页面滚动时，将元素放置在视口的顶部或底部，从一侧边缘向另一侧边缘滚动。

【实例 4-18】（文件 position-fix-sticky.html）

```
<div class="row">
  <div class=" col p-0 bg-primary-subtle border" style="height: 800px;">
    <div class="fixed-bottom bg-light border border-success p-2" >
        .fixed-buttom: 固定在底部
    </div>
    <div class="sticky-top bg-light border border-success p-2  mt-5">
        .sticky-top: 滚动窗口时，粘在顶部
    </div>
  </div>
</div>
```

以上代码在 Chrome 浏览器中的运行效果如图 4-22 所示。

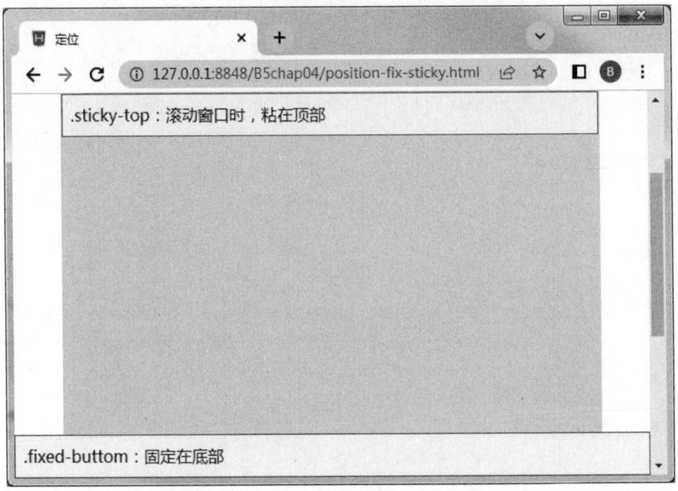

图 4-22　顶部和底部定位的示例效果

4.8 flex 布局

flex（flexible box）布局是在 CSS3 中引入的，又称为"弹性盒模型"，使用 flex 布局可以轻松地创建响应式网页布局。flex 布局改进了块模型，既不使用浮动，也不会合并弹性盒容器与其内容之间的外边距。它是一种非常灵活的布局方法，就像几个小盒子放在一个大盒子里一样，相对独立，方便设置。

弹性盒由容器、子元素和轴构成。在默认情况下，子元素的排列方向与横轴的方向是一致的，如图 4-23 所示。弹性盒可以用简单的方式满足很多常见的复杂布局需求，它的优势在于开发人员只是声明布局应该具有的行为，而不需要给出具体的实现方式。

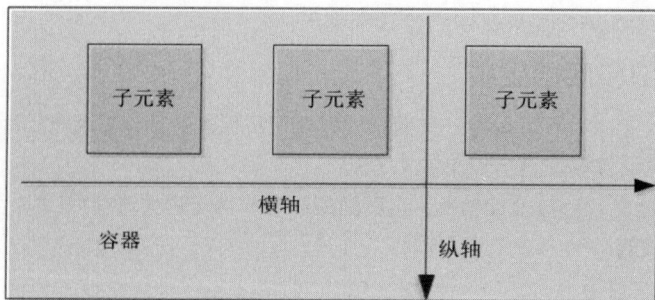

图 4-23　弹性盒的示例效果

4.8.1　display 属性

display 属性用于指定元素的类型。默认值为 inline，意味着元素会被显示为一个内联元素，在元素前后没有换行符；如果设置 display 属性的值为 flex，则表示元素为 flex 的容器；如果设置 display 属性的值为 none，则表示元素不会被显示。

Bootstrap 中定义了.d-flex、.d-inline-flex、.d-none，对应 display 属性的 3 种取值。

【实例 4-19】（文件 flex.html）

```
<div class="container p-2">
    <div class="row mb-2">
        <div class="col">
            <div class="d-flex border border-dark">
                <div class="p-2 border border-success">one</div>
                <div class="p-2 border border-success">two</div>
                <div class="p-2 border border-success">three</div>
            </div>
        </div>
    </div>
    <div class="row">
        <div class="col">
            <div class=" d-inline-flex border border-dark">
                <div class="p-2 border border-success">one</div>
                <div class="p-2 border border-success">two</div>
                <div class="p-2 border border-success">three</div>
            </div>
        </div>
    </div>
</div>
```

以上代码在 Chrome 浏览器中的运行效果如图 4-24 所示。

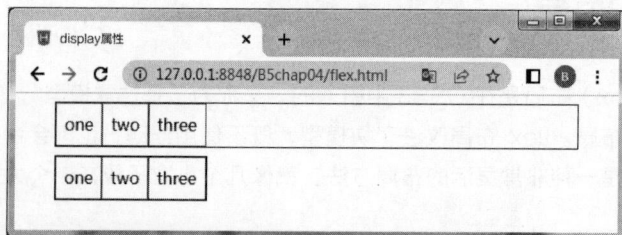

图 4-24　flex 布局中 display 属性的示例效果

4.8.2　flex-flow 属性

flex-flow 属性的值是 flex-direction 属性值和 flex-wrap 属性值的组合。

flex-direction 属性用于调整主轴的方向，可以调整为横向或者纵向。在默认情况下是横向，此时横轴为主轴，纵轴为侧轴；如果改为纵向，则纵轴为主轴，横轴为侧轴。

Bootstrap 中也定义了相应的类：.flex-{value}。flex-direction 属性的 value 取值和类如表 4-4 所示。

表 4-4　flex-direction 属性

取值	描述	类
row	弹性盒子元素按横轴方向顺序排列（默认值）	.flex-row
row-reverse	弹性盒子元素按横轴方向逆序排列	.flex-row-reverse
column	弹性盒子元素按纵轴方向顺序排列	.flex-column
column-reverse	弹性盒子元素按纵轴方向逆序排列	.flex-column-reverse

【实例 4-20】（文件 flex-direction.html）

```
<div class="container p-2">
  <div class="row mb-3 bg-info-subtle">
    <div class="col-6 d-flex  flex-row p-0 border">
        <div class="p-2 border border-success bg-light">one</div>
        <div class="p-2 border border-success bg-light">two</div>
        <div class="p-2 border border-success bg-light">three</div>
    </div>
    <div class="col-6 d-flex  flex-row-reverse p-0 border">
        <div class="p-2 border border-success bg-light">one</div>
        <div class="p-2 border border-success bg-light">two</div>
        <div class="p-2 border border-success bg-light">three</div>
    </div>
  </div>
  <div class="row">
    <div class="col-6  d-flex  flex-column p-0 border">
        <div class="p-2 border border-success bg-light">one</div>
        <div class="p-2 border border-success bg-light">two</div>
        <div class="p-2 border border-success bg-light">three</div>
    </div>
    <div class="col-6 d-flex  flex-column-reverse p-0 border">
        <div class="p-2 border border-success bg-light">one</div>
        <div class="p-2 border border-success bg-light">two</div>
        <div class="p-2 border border-success bg-light">three</div>
    </div>
  </div>
</div>
```

以上代码在 Chrome 浏览器中的运行效果如图 4-25 所示。

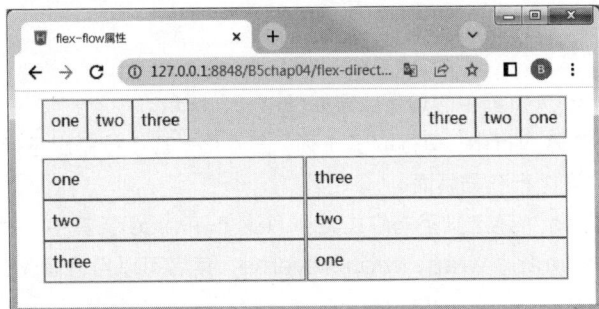

图 4-25　flex 布局的方向设置示例效果

除此之外，Bootstrap 中还定义了响应式类：.flex-*-{value}。其中，*为 sm、md、lg、xl、xxl。读者可以自行修改上述代码，然后改变设备宽度，查看效果。

flex-wrap 属性用于在必要的时候换行弹性盒元素，其取值和类如表 4-5 所示。

表 4-5　flex-wrap 属性

取值	描述	类
nowrap	容器为单行，该情况下 flex 子项可能会溢出容器。该值是默认属性值，不换行	.flex-nowrap
wrap	容器为多行，flex 子项溢出的部分会被放置到新行（换行），第一行显示在上方	.flex-wrap
wrap-reverse	反转 wrap 排列（换行），第一行显示在下方	.flex-wrap-reverse

【实例 4-21】（文件 flex-wrap.html）

```
<div class="container p-2">
  <div class="row mb-2">
    <div class="col-4 d-flex  flex-row flex-nowrap p-0 bg-primary-subtle border">
        <div class="p-2 border border-success bg-light">one</div>
        <div class="p-2 border border-success bg-light">two</div>
        <div class="p-2 border border-success bg-light">three</div>
        <div class="p-2 border border-success bg-light">four</div>
        <div class="p-2 border border-success bg-light">five</div>
    </div>
  </div>
  <div class="row mb-2">
    <div class="col-4 d-flex  flex-row flex-wrap p-0 bg-primary-subtle border">
        <div class="p-2 border border-success bg-light">one</div>
        <div class="p-2 border border-success bg-light">two</div>
        <div class="p-2 border border-success bg-light">three</div>
        <div class="p-2 border border-success bg-light">four</div>
        <div class="p-2 border border-success bg-light">five</div>
    </div>
  </div>
  <div class="row mb-2">
    <div class="col-4 d-flex  flex-row flex-wrap-reverse p-0 bg-primary-subtle border">
        <div class="p-2 border border-success bg-light">one</div>
        <div class="p-2 border border-success bg-light">two</div>
        <div class="p-2 border border-success bg-light">three</div>
        <div class="p-2 border border-success bg-light">four</div>
        <div class="p-2 border border-success bg-light">five</div>
    </div>
  </div>
</div>
```

以上代码在 Chrome 浏览器中的运行效果如图 4-26 所示。

说明：在以上代码的第 3 行中，每行取取了 1 列，占 4 格。第 1 行溢出不换行，第 2 行溢出换行，第 3 行溢出换行，但是第 1 行在最后面。

除此之外，Bootstrap 中还定义了响应式类：.flex-*-{value}。其中，*为 sm、md、lg、xl、xxl；value 的取值为 nowrap、wrap、wrap-reverse。读者可以自行修改上述代码，然后改变设备宽度，查看效果。

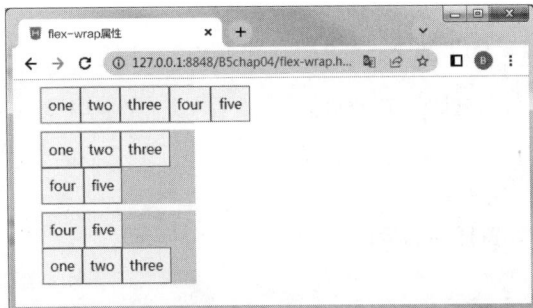

图 4-26 flex 布局中溢出的示例效果

4.8.3 justify-content 属性

justify-content 属性能够设置子元素在主轴方向的对齐方式，其取值和类如表 4-6 所示。

表 4-6 justify-content 属性

取值	描述	类
flex-start	弹性盒子元素将向行起始位置对齐（默认值）	.justify-content-start
flex-end	弹性盒子元素将向行结束位置对齐	.justify-content-end
center	弹性盒子元素将向行中间位置对齐	.justify-content-center
space-between	弹性盒子元素会平均分布在行里，第一个元素的边界与行的起始位置边界对齐，最后一个元素的边界与行结束位置的边界对齐	.justify-content-between
space-around	弹性盒子元素会平均分布在行里，两端保留子元素与子元素之间间距大小的一半	.justify-content-around
space-evenly	弹性盒子元素会平均分布在行里，两端保留子元素与子元素之间间距大小	.justify-content-evenly

【实例 4-22】（文件 flex-justify-content.html）

```
<div class="container">
    <div class="row g-3">
<div class="col-12 p-0 d-flex bg-primary-subtle border justify-content-start">
        <div class=" p-2 border border-success bg-light">flex item1</div>
        <div class=" p-2 border border-success bg-light">flex item2</div>
        <div class=" p-2 border border-success bg-light">flex item3</div>
</div>
    <div class="col-12 p-0 d-flex bg-primary-subtle border justify-content-end">
            ......省略，与前面相同

    </div>
    <div class="col-12 p-0 d-flex bg-primary-subtle border justify-content-
center">
            ......省略，与前面相同

    </div>
    <div class="col-12 p-0 d-flex bg-primary-subtle border justify-content-
between">
            ......省略，与前面相同

    </div>
    <div class="col-12 p-0 d-flex bg-primary-subtle border justify-content-
around">
            ......省略，与前面相同
```

```
        </div>
    <div class="col-12 p-0 d-flex bg-primary-subtle border justify-content-
evenly">
                ......省略，与前面相同
        </div>
    </div>
</div>
```

以上代码在 Chrome 浏览器中的运行效果如图 4-27 所示。

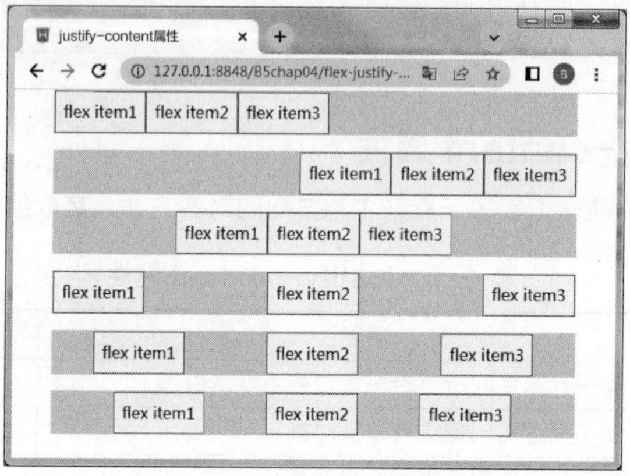

图 4-27　主轴对齐方式的示例效果

除此之外，Bootstrap 中还定义了响应式类：.justify-content-*-{value}。其中，*为 sm、md、lg、xl、xxl；value 的取值为 start、end、center、between、around、evenly。读者可以自行修改上述代码，然后改变设备宽度，查看效果。

4.8.4　align-items 属性

align-items 属性用于定义子元素在侧轴上的对齐方式，其取值如表 4-7 所示。

表 4-7　align-items 属性

取值	描述	类
flex-start	弹性盒子元素向侧轴上的起始位置对齐	.align-items-start
flex-end	弹性盒子元素向侧轴上的结束位置对齐	.align-items-end
center	弹性盒子元素向侧轴上的中间位置对齐	.align-items-center
baseline	如果弹性盒子元素的行内轴（页面中文字的排列方向）与侧轴方向一致，则该值与 flex-start 等效。其他情况下，该值将与基线对齐	.align-items-baseline
stretch	默认值。如果指定侧轴大小的属性值为 auto，则其值会使项目的边距盒的尺寸尽可能接近所在行的尺寸，但同时会遵照 min/max-width/height 属性的限制	.align-items-stretch

【实例 4-23】（文件 flex-align-items.html）

```
<div class="container">
    <div class="row mb-3">
        <div class="col p-0 d-flex align-items-start  bg-primary-subtle
border" style="height: 100px;">
            <div class="p-2 border border-success bg-light">flex item
</div>
            <div class="p-2 border border-success bg-light">flex item
</div>
            <div class="p-2 border border-success bg-light">flex item
```

```
</div>
            </div>
        </div>
        <div class="row mb-3">
            <div class="col p-0 d-flex align-items-end     bg-primary-subtle
border" style="height: 100px;">
                ......省略，与前面相同
            </div>
        </div>
        <div class="row mb-3">
            <div class="col p-0 d-flex align-items-center bg-primary-subtle
border" style="height: 100px;">
                ......省略，与前面相同
            </div>
        </div>
        <div class="row mb-3">
            <div class="col p-0 d-flex align-items-baseline bg-primary-subtle
border" style="height: 100px;">
                ......省略，与前面相同
            </div>
        </div>
        <div class="row mb-3">
            <div class="col p-0 d-flex align-items-stretch bg-primary-subtle
border" style="height: 100px;">
                ......省略，与前面相同
            </div>
        </div>
    </div>
```

以上代码在 Chrome 浏览器中的运行效果如图 4-28 所示。

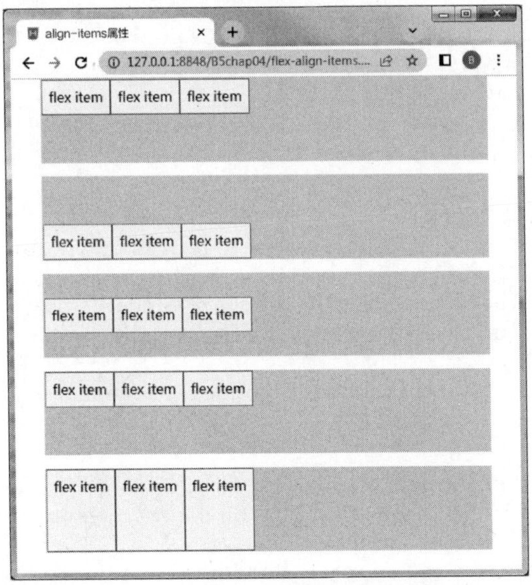

图 4-28　侧轴轴对齐方式的示例效果

除此之外，Bootstrap 中还定义了响应式类：.align-items -*-{value}。其中，*为 sm、md、lg、xl、xxl；value 的取值为 start、end、center、baseline、stretch。读者可以自行修改上述代码，然后改变设备宽度，查看效果。

4.8.5 align-self 属性

flex 布局可以使用 align-self 属性设置单个子元素在侧轴上的对齐方式。align-self 属性的取值有 auto、flex-start、flex-end、center、baseline、stretch，每个值的意义与 align-items 属性的取值类似。Bootstrap 中对应的类名为.align-self-{value}。value 的取值为 start、end、center、baseline、stretch。

【实例 4-24】（文件 flex-align-self.html）

```html
<!DOCTYPE html>
<div class="container">
    <div class="row mb-3">
        <div class="col p-0 d-flex bg-primary-subtle border" style="height:
100px;">
            <div class="p-2 border border-success bg-light">flex item</div>
            <div class="p-2 border border-success bg-light align-self-
start">flex item</div>
            <div class="p-2 border border-success bg-light">flex item</div>
        </div>
    </div>
    <div class="row  mb-3">
        <div class="col p-0 d-flex bg-primary-subtle border" style="height:
100px;">
            <div class="p-2 border border-success bg-light">flex item</div>
            <div class="p-2 border border-success bg-light align-
self-end">flex item</div>
            <div class="p-2 border border-success bg-light">flex item</div>
        </div>
    </div>
    <div class="row mb-3">
        <div class="col p-0 d-flex bg-primary-subtle border" style="height:
100px;">
            <div class="p-2 border border-success bg-light">flex item</div>
            <div class="p-2 border border-success bg-light align-
self-center">flex item</div>
            <div class="p-2 border border-success bg-light">flex item</div>
        </div>
    </div>
    <div class="row mb-3">
        <div class="col p-0 d-flex bg-primary-subtle border" style=
"height: 100px;">
            <div class="p-2 border border-success bg-light">flex item</div>
            <div class="p-2 border border-success bg-light align-self-
baseline">flex item</div>
            <div class="p-2 border border-success bg-light">flex item</div>
        </div>
    </div>
    <div class="row mb-3">
        <div class="col p-0 d-flex bg-primary-subtle border" style=
"height: 100px;">
            <div class="p-2 border border-success bg-light">flex item</div>
            <div class="p-2 border border-success bg-light align-
self-stretch">flex item</div>
            <div class="p-2 border border-success bg-light">flex item</div>
        </div>
    </div>
</div>
```

以上代码在 Chrome 浏览器中的运行效果如图 4-29 所示。

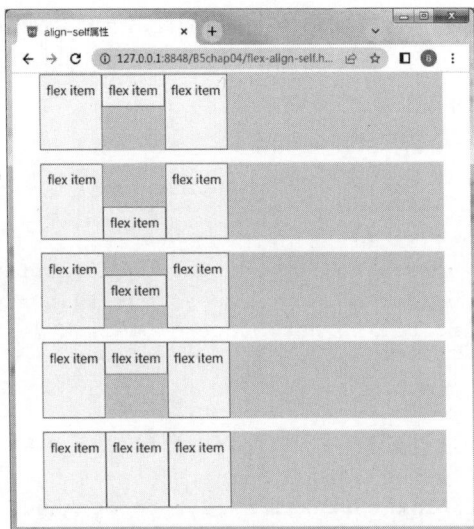

图 4-29　单个子元素在侧轴上对齐方式的示例效果

说明：这里将 col 的 height 设置为 100px。

除此之外，Bootstrap 中还定义了响应式类：.align-self -*-{value}。其中，*为 sm、md、lg、xl、xxl；value 的取值为 start、end、center、baseline、stretch。读者可以自行修改上述代码，然后改变设备宽度，查看效果。

4.8.6　order 属性

order 属性用于设置子元素出现的排列顺序。其数值越小，排列顺序越靠前，默认值为 0。在 Bootstrap 中还可以定义类.order-*和.order-{sm、md、lg、xl、xxl}-*。其中，*的取值为 0~5 和 first（-1）、last（6）。

【实例 4-25】（文件 flex-order.html）

```
<div class="container p-2">
    <div class="row">
        <div class="col d-flex  flex-row p-0  bg-primary-subtle border">
            <div class="p-2 border border-success bg-light order-2">one
</div>
            <div class="p-2 border border-success bg-light order-3">two
</div>
            <div class="p-2 border border-success bg-light order-1">three
</div>
        </div>
    </div>
</div>
```

以上代码在 Chrome 浏览器中的运行效果如图 4-30 所示。

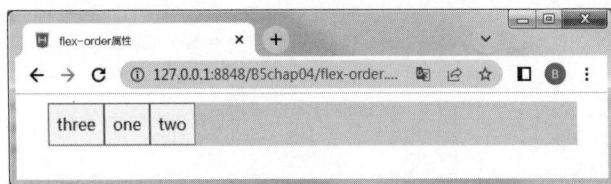

图 4-30　子元素排列顺序的示例效果

4.8.7　flex-grow 属性和 flex-shrink 属性

flex-grow 属性用于设置扩展比率，flex-shrink 属性用于设置收缩比率。在 Bootstrap 中可定义类.flex-grow-0、.flex-grow-1、.flex-shrink-0、.flex-shrink-1；也定义响应式的类.flex-{sm、md、lg、xl、xxl}-{grow| shrink}-{0|1}。

【实例 4-26】（文件 flex-grow-shrink.html）

```html
<div class="container p-2">
 <div class="row mb-3">
  <div class="col d-flex flex-row p-0">
   <div class="p-2 border border-success bg-light flex-grow-1">one</div>
   <div class="p-2 border border-success bg-light">two</div>
   <div class="p-2 border border-success bg-light">three</div>
  </div>
 </div>
 <div class="row">
  <div class="col d-flex flex-row p-0">
   <div class="p-2 w-100 border border-success bg-light">Flex item</div>
   <div class="p-2 flex-shrink-1 border border-success bg-light">
    Flex item
   </div>
  </div>
 </div>
</div>
```

以上代码在 Chrome 浏览器中的运行效果如图 4-31 所示。

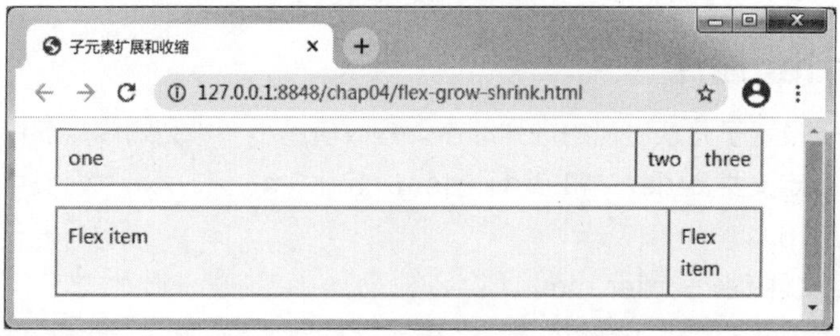

图 4-31　子元素扩展和收缩的示例效果

4.8.8　.flex-fill 类

Bootstrap 中定义了类.flex-fill、.flex-{sm、md、lg、xl、xxl}-fill。.flex-fill 强制让每个元素项目占据相等的水平宽度，同时占据所有可用的水平空间。如果多个项目同时设置了.flex-fill，则它们等比例分割宽度，以适合导航项目；如果其中一个或两个没有设置.flex-fill，则会被其他已设置的填充宽度。

.flex-fill 的定义如下。

```css
.flex-fill{
  flex:1 1 auto !important;
}
```

其中，flex 属性的 3 个值分别代表 flex-grow:1、flex-shrink:1、flex-basis:auto。

【实例 4-27】（文件 flex-fill.html）

```html
<div class="container p-2">
    <div class="row">
        <div class="col d-flex flex-row p-0 bg-primary-subtle">
            <div class="p-2 flex-fill border border-success">Flex item 内
```

容较多的情况</div>
```
                <div class="p-2 flex-fill border border-success">Flex item
</div>
                <div class="p-2 flex-fill border border-success">Flex item
</div>
            </div>
        </div>
    </div>
```

以上代码在 Chrome 浏览器中的运行效果如图 4-32 所示。

图 4-32　子元素等宽的示例效果

4.8.9　自动外边距

如果用户将 flex 布局与 auto margin 混用，flex 布局也能正常运行。

水平方向上，使用.me-auto，可以将后面的子元素右移；使用.ms-auto，将从自己开始的子元素右移。

垂直方向上，使用.mb-auto，可以将后面的子元素下移；使用.mt-auto，将从自己开始的子元素下移。

【实例 4-28】（文件 flex-auto-margin.html）

```
<div class="container p-2">
  <div class="row mb-3">
    <div class="col d-flex flex-row p-0 bg-primary-subtle border">
      <div class="me-auto p-2 border border-success bg-light">Flex item1</div>
      <div class="p-2 border border-success bg-light">Flex item2</div>
      <div class="p-2 border border-success bg-light">Flex item3</div>
    </div>
  </div>
  <div class="row  mb-3">
    <div class="col d-flex flex-row p-0 bg-primary-subtle border">
      <div class="p-2 border border-success bg-light">Flex item1</div>
      <div class="p-2 border border-success bg-light">Flex item2</div>
      <div class="ms-auto p-2 border border-success bg-light">Flex item3</div>
    </div>
  </div>
  <div class="row mb-3">
    <div class="col d-flex align-itmes-start flex-column p-0 bg-primary-
subtle border" style="height:150px;">
      <div class="mb-auto p-2 border border-success bg-light w-25">
        Flex item1
      </div>
      <div class="p-2 border border-success bg-light w-25">Flex item2 </div>
      <div class="p-2 border border-success bg-light w-25">Flex item3</div>
    </div>
  </div>
  <div class="row mb-3">
```

```
    <div class="col d-flex flex-column p-0 bg-primary-subtle border" style=
"height:150px;">
      <div class="p-2 border border-success bg-light w-25">Flex item1</div>
      <div class="p-2 border border-success bg-light w-25">Flex item2</div>
      <div class="mt-auto p-2 border border-success bg-light w-25">
          Flex item3
      </div>
    </div>
  </div>
</div>
```

116

以上代码在 Chrome 浏览器中的运行效果如图 4-33 所示。

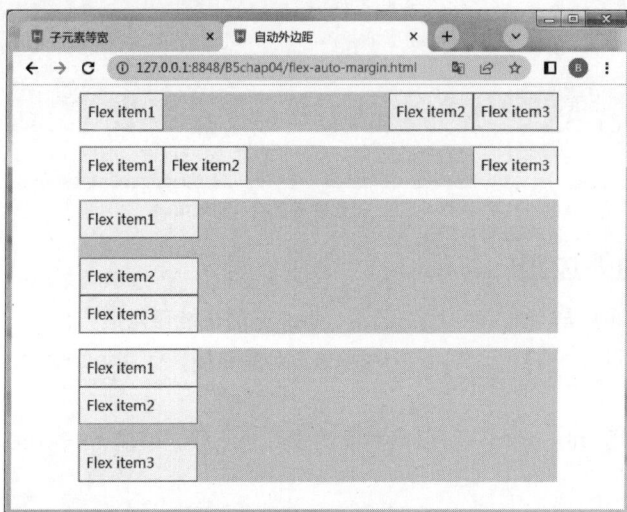

图 4-33　自动外边距的示例效果

在【实例 4-28】中，第 1 行，第 1 个子元素上用了.me-auto，后面两个子元素右移；第 2 行，第 3 个子元素上用了.ms-auto，自己右移；第 3 行，第 1 个子元素上用了.mb-auto，后两个子元素下移；第 4 行，第 3 个子元素上用了.mt-auto，自己下移。

4.9　阴影

使用.shadow 或.shadow-*实现元素的阴影效果。其中，*的取值为 none、lg、sm。在 bootstrap.css 文件中，先在:root 中定义 CSS 变量--bs-box-shadow。

```
--bs-box-shadow: 0 0.5rem 1rem rgba(0, 0, 0, 0.15);
```

后面定义.shadow 时，会用到该变量。变量中参数的含义：0 为水平阴影的位置，表示无偏移，正值，向右偏移，负值，向左偏移。0.5rem 为垂直阴影的位置，如为 0 表示无偏移，正值，向下偏移，负值，向上偏移。1rem 为模糊半径，正值表示阴影扩大。rgba，阴影颜色。

以下代码为.shadow 的定义。

```
.shadow {
  box-shadow: var(--bs-box-shadow) !important;
}
```

.shadow-sm 和.shadow-lg 的定义与.shadow 类似。

【实例 4-29】（文件 shadow.html）

```
<div class="col">
```

```
        <div class="shadow-none p-3 bg-light rounded">无阴影</div>
    </div>
    <div class="col">
        <div class="shadow-sm p-3 bg-white rounded">小阴影</div>
    </div>
    <div class="col">
        <div class="shadow p-3 bg-white rounded">常规阴影</div>
    </div>
    <div class="col">
        <div class="shadow p-3  bg-white rounded"
           style="--bs-box-shadow: 0 0.5rem 1rem rgba(74, 96, 236, 0.5);">
           个性化常规阴影
        </div>
    </div>
    <div class="col">
        <div class="shadow-lg p-3 bg-white rounded">大阴影</div>
    </div>
```

以上代码在 Chrome 浏览器中的运行效果如图 4-34 所示。

图 4-34　阴影效果

其中，第 4 个 div 中，修改了--bs-box-shadow 的值，呈现出个性化的阴影效果。

4.10　垂直对齐

vertical-align 是一个 CSS 属性，用于指定行内元素或表格单元格中内容的垂直对齐方式。它可以应用于行内元素、表格单元格或表格单元格中的内容。

Bootstrap 中定义了垂直对齐类.align-*，使用这些类可设置元素在垂直方向上的对齐方式。其中，*的取值为 baseline、top、text-top、middle、bottom、text-bottom，如表 4-8 所示。注意：垂直对齐仅影响内联 inline、内联块 inline-block、内联表 inline-table、表格单元格 table cell。

表 4-8　垂直对齐类

类	描述
.align-baseline	默认。元素放置在父元素的基线上
.align-top	将元素的顶端与行中最高元素的顶端对齐
.align-text-top	将元素的顶端与父元素字体的顶端对齐
.align-middle	将此元素放置在父元素的中部
.align-bottom	将元素的顶端与行中最低的元素的顶端对齐
.align-text-bottom	将元素的底端与父元素字体的底端对齐

【实例 4-30】（文件 align.html）

```
<table class="table table-bordered" style="height:100px;">
    <tbody>
        <tr>
            <td class="align-baseline">baseline</td>
            <td class="align-top">top</td>
            <td class="align-middle">middle</td>
            <td class="align-bottom">bottom</td>
            <td class="align-text-top">text-top</td>
            <td class="align-text-bottom">text-bottom</td>
        </tr>
    </tbody>
</table>
```

以上代码在 Chrome 浏览器中的运行效果如图 4-35 所示。

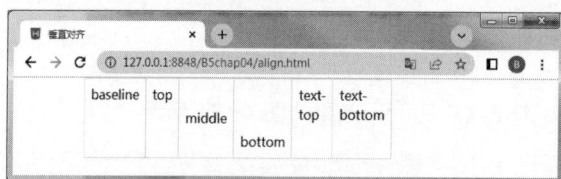

图 4-35 垂直对齐的示例效果

4.11 视觉隐藏

视觉隐藏有两个类：.visually-hidden 和.visually-hidden-focusable。其中.visually-hidden 可以在视觉上隐藏元素，但辅助技术（如屏幕阅读器）可以访问这些元素。.visually-hidden-focusable 可以在默认情况下视觉上隐藏元素，但在元素或者其子元素得到焦点时显示元素。

【实例 4-31】（文件 visually-hidden.html）

```
<div class="container">
    <p> .visually-hidden 除了屏幕阅读器，其他设备上都隐藏元素。</p>
    <a class="visually-hidden" href="#">跳转到主要内容</a>
    <p>.visually-hidden-focusable 默认隐藏,获取焦点时显示(如:键盘操作的用户)。</p>
    <a class="visually-hidden-focusable" href="#">跳转到主要内容</a>
    <div class="visually-hidden-focusable">在容器里面的 a 标签 <a href="#">跳转
到主要内容</a>.</div>
</div>
```

在 Chrome 浏览器中浏览页面，然后按 Tab 键，使第 2 个 a 元素得到焦点，则该 a 元素会显示。以上代码的运行效果如图 4-36 所示。

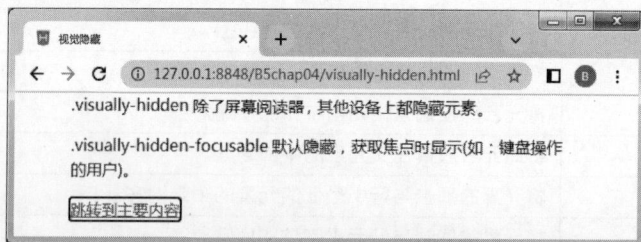

图 4-36 视觉隐藏的示例效果

4.12 可见性

使用.visible 和.invisible 可控制 HTML 元素的可见性，并且不会修改 display 属性的设置，也不会对布局产生影响，设置.invisible 的 HTML 元素仍然占据页面空间。

【实例 4-32】（文件 visible.html）

```
<div class="row">
  <div class="col border border-primary-subtle" >
    <img src="img/1.jpg" class="img-fluid invisible"  style="width: 100px;"/>
    <img src="img/2.jpg" class="img-fluid  visible" style="width: 100px;" />
  </div>
</div>
```

以上代码在 Chrome 浏览器中的运行效果如图 4-37 所示。

图 4-37　.visible 和.invisible 的示例效果

4.13 交互

Bootstrap5 提供了文本选择和指针事件工具类。

文本选择类：.user-select-all，全选；.user-select-auto，默认的选择行为；.user-select-none，不可选。

指针事件类：.pe-none，阻止交互行为；.pe-auto，添加交互行为。

【实例 4-33】（文件 interaction.html）

```
<div class="row">
  <div class="col">
  <p class="user-select-all">北国风光，千里冰封，万里雪飘。</p>
  <p class="user-select-auto">望长城内外，惟余莽莽；大河上下，顿失滔滔。</p>
  <p class="user-select-none">山舞银蛇，原驰蜡象，欲与天公试比高。</p>
  <p>须晴日，看红装素裹，<a href="#" class="pe-none" >分外妖娆</a>。</p>
  <p>江山如此多娇，引无数英雄竞<a href="#" class="pe-auto">折腰</a> 。</p>
  <p class="pe-none">惜秦
    <a href="#" >皇汉武</a>，略输文采；
    <a href="#" class="pe-auto">唐宗宋祖</a>，稍逊风骚。
  </p>
  <p class="text-end">
      <a href="#" class="link-danger link-offset-2" >查看全文</a>
  </p>
  </div>
</div>
```

以上代码在 Chrome 浏览器中的运行效果如图 4-38 所示。

图 4-38　交互的示例效果

其中，单击第 1 行文字时会全选，无法选中第 3 行文本。第 4 行的"分外妖娆"和第 6 行的"皇汉武"无链接行为。

4.14　溢出

Bootstrap5 中定义三组溢出类，.overflow-*，.overflow-x-*，.overflow-y-*。*的取值为 auto、hidden、visible、scroll。溢出类用来设置 overflow 属性。.overflow-x-*表示水平方向，.overflow-y*表示垂直方向。具体的溢出效果见【实例 4-34】。

【实例 4-34】（文件 overflow.html）

```
<div class="col">
    <div class="overflow-auto" style="max-height:100px;">层叠样式表（英文全
称：…</div>
</div>
<div class="col">
    <div class="overflow-hidden" style="max-height:100px;">层叠样式表（英文
全称：…</div>
<div class="col">
    <div class="overflow-visible" style="max-height:100px;">层叠样式表（英文
全称：…</div>
<div class="col">
    <div class="overflow-scroll" style="max-height:100px;">层叠样式表（英文
全称：…</div>

</div>
```

以上代码在 Chrome 浏览器中的运行效果如图 4-39 所示。

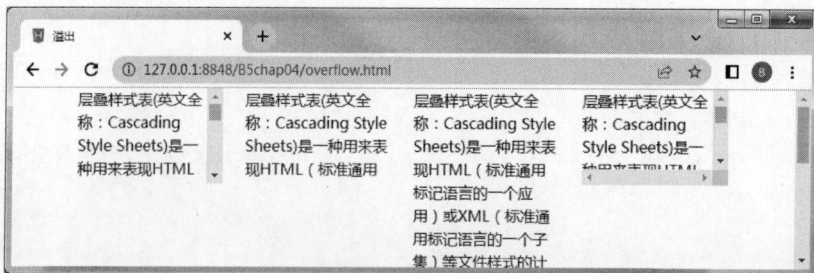

图 4-39　溢出的示例效果

4.15 比例助手

Bootstrap5 定义了比例助手类：基本类.ratio 和纵横比类.ratio-1x1、.ratio-16x9、.ratio-21x9、.ratio-4x3。使用比率助手可以管理外部内容（如 iframe、embed、video 和 object 元素）的纵横比。这些类也可以用于任何标准 HTML 子元素（例如 div 或 img 元素）。将任何嵌入部分（如 iframe）包裹在一个具有.ratio 和纵横比的父元素中，直接子元素会自动调整大小。

【实例 4-35】（文件 visible.html）

```
<div class="row">
 <div class="col">
<div class="ratio ratio-1x1 bg-info-subtle d-inline-block" style="width: 100px">
        <div>1x1</div>
    </div>
<div class="ratio ratio-4x3 bg-warning d-inline-block" style="width: 100px">
        <div>4x3</div>
    </div>
<div class="ratio ratio-16x9 bg-success text-white d-inline-block" style="width:
100px">
        <div>16x9</div>
    </div>
<div class="ratio ratio-21x9 bg-success-subtle text-white d-inline-block"
style="width: 100px">
        <div>21x9</div>
    </div>
 </div>
  </div>
 </div>
```

以上代码在 Chrome 浏览器中的运行效果如图 4-40 所示。

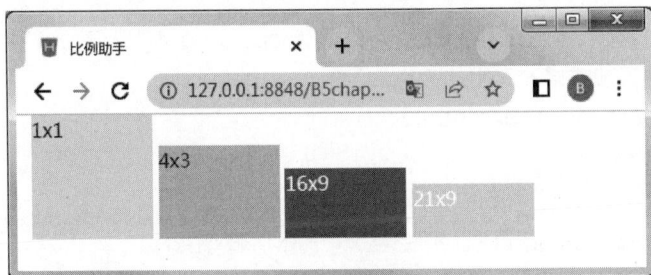

图 4-40 比例助手的示例效果

4.16 延伸链接

使用样式类.stretched-link 可以将链接单击行为扩充到父元素上。因为.stretched-link 的定义中使用了绝对定位（position: absolute;），父元素往往需要设置定位方式，即 position: relative;。

【实例 4-36】（文件 stretched.html）

```
<div class="d-flex bg-light border border-secondary p-3 position-relative">
  <div class="flex-shrink-0">
     <img src="./img/photo01.png">
</div>

  <div class="flex-grow-1 ms-3">
```

```
        <h6 class="mt-0">张珊</h6>
        <p class="mb-1">今天老师布置的作业中......</p>
        <a href="#answer" class="btn btn-success btn-sm stretched-link">查看解
决方案</a>
    </div>
  </div>
```

以上代码在 Chrome 浏览器中的运行效果如图 4-41 所示。可以看到在矩形区域内都具有链接点击行为。

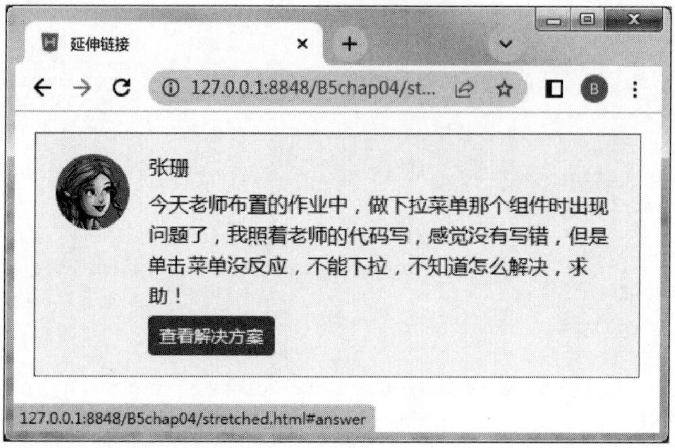

图 4-41　延伸链接的示例效果

4.17　焦点环

Bootstrap5 中定义了焦点环类.focus-ring 和.focus-ring-*(*取值为 8 种主题色）。使用焦点环类可以让用户方便添加或修改元素的焦点演示。

【实例 4-37】（文件 focus-ring.html）

```
<div class="row">
  <div class="col border border-primary-subtle" >
    <a href="#" class="d-inline-flex  py-1 px-2 text-decoration-none border
rounded focus-ring focus-ring-danger">　添加焦点环
    </a>
  </div>
</div>
```

以上代码在 Chrome 浏览器中的运行效果如图 4-42 所示。

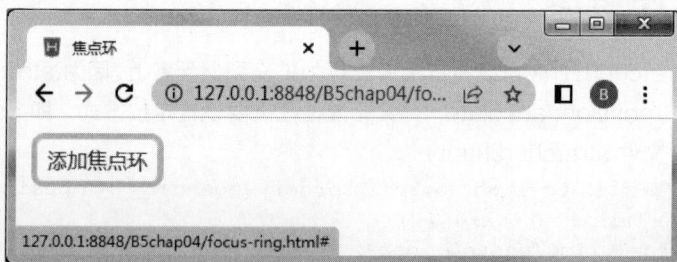

图 4-42　焦点环的示例效果

在 bootstrap.css 中定义了全局 CSS 变量--bs-focus-ring-*，*的取值为 color、width、 opacity，不同取值可以改变环的颜色、宽度、透明度。同时，在.focus-ring 中还有--bs-focus-ring-x、--bs-focus-ring-y、--bs-focus-ring-blur 等 CSS 变量。通过设置这些 CSS 变量的值，可以改变个性化焦点环。在【实例 4-37】中添加如下代码。

```
<a href="#" class="d-inline-flex focus-ring py-1 px-2 text-decoration-none
border rounded-2" style="--bs-focus-ring-x: 10px; --bs-focus-ring-y: 10px;
--bs-focus-ring-blur: 4px;--bs-focus-ring-color: #20c997;"> 模糊焦点环</a>
```

在 Chrome 浏览器中的运行效果如图 4-43 所示。

图 4-43 个性化焦点环的示例效果

4.18 案例："学习电台"页面

本案例将制作"学习强国"网站中的"学习电台"页面，效果如图 4-44 所示。这个案例综合应用了前几章及本章部分知识点，比如栅格系统、段落、标题、列表、图片、表格等，以及各种工具类。

（1）在 HBuilderX 中新建一个 Web 项目，将 bootstrap.min.css 复制到 CSS 文件夹下，并在 CSS 文件夹下新建一个文件 main.css，然后在<head>元素中引用。本案例中需要使用 Bootstrap 图标。在 Bootstrap 官网下载 Bootstrap 图标的 ZIP 文件。然后将 font 文件夹复制到项目根目录下。有关 Bootstrap 图标可参考第 6 章的图标部分。

案例视频 4

图 4-44 "学习电台"页面

123

具体代码如下。

```
<head>
    <meta charset="utf-8"/>
    <meta name="viewport" content="width=device-width,initial-scale=1,
shrink-to-fit=no">
    <title>学习电台</title>
    <link href="css/bootstrap.min.css" rel="stylesheet"/>
    <link rel="stylesheet" href="font/bootstrap-icons.css">
    <link href="css/main.css" rel="stylesheet" />
</head>
```

（2）该页面一共有 5 行，先搭建总体结构。具体代码如下。

```
<body>
    <div class="container">
        <div class="row"><!--页首-->
            <div class="col"></div>
        </div>
        <div class="row"><!--导航-->
            <div class="col"></div>
        </div>
        <div class="row"><!--内容 1-->
            <div class="col"></div>
        </div>
        <div class="row"><!--内容 2-->
            <div class="col"></div>
        </div>
        <div class="row"><!--页尾-->
            <div class="col"></div>
        </div>
    </div>
</body>
```

（3）完成页首部分。这里横线用 hr 元素实现。具体代码如下。

```
<div class="col text-center">
    <hr  class="d-inline-block w-25 align-middle border-2 border-danger
opacity-100" />
    <img src="img/xxdt.JPG"/>
    <hr  class="d-inline-block w-25 align-middle border-2 border-danger
opacity-100" />
</div>
```

（4）完成第 2 行——导航部分。该行侧重于灵活运用 flex 布局。设置 ul 元素的布局为 flex 布局，li 元素使用.flex-fill，让每个导航项等宽。设置 li 元素的内边距为 0，导航用内联列表实现，li 元素应用.mx-1，这样导航项就有间距。具体代码如下。

```
<div class="row">
 <div class="col">
  <ul class=" d-flex list-unstyled text-center mynav">
   <li class="flex-fill  bg-light mx-1">
    <a href="#" class="link-dark p-4 text-decoration-none">听原著</a>
   </li>
   <li class="flex-fill bg-light mx-1">
    <a href="#" class="link-dark p-4 text-decoration-none">听法律</a>
   </li>
```

```
    <li class="flex-fill bg-light mx-1">
        <a href="#" class="link-dark p-4 text-decoration-none">听党规</a>
    </li>
    <li class="flex-fill bg-light mx-1">
        <a href="#" class="link-dark p-4 text-decoration-none">听科技</a>
    </li>
    <li class="flex-fill bg-light mx-1">
        <a href="#" class="link-dark p-4 text-decoration-none">听健康</a>
    </li>
    <li class="flex-fill bg-light mx-1">
        <a href="#" class="link-dark p-4 text-decoration-none">听文化</a>
    </li>
  </ul>
 </div>
</div>
```

在 main.css 中添加 CSS 代码，主要是为了设置导航项中 a 元素的文字间距、外边距，鼠标指针滑过时，背景变红色、文字变白色。li 元素的内边距为 0。具体代码如下。

```
.mynav a{
    letter-spacing:0.5rem;
    display:block;
    margin:0;
}
.mynav li{
    padding:0rem;
}
.mynav li a:hover{
    text-decoration:none;
    background-color:#bc050a;
    color:#F7F7F7 !important;
}
```

（5）第 3 行分为两列，每个大屏下的内容占 6 个栅格。在台式机显示器、平板电脑或手机下，垂直显示。

左边为一张图片，占 6 个栅格，<img>应用.img-fluid 和.w-100，成为响应式图片；因为.col 有内边距，导致左右两列内容间隔太大，故使用.pe-lg-1 修改左边列的内边距。为避免垂直显示时图片太高，设置列的宽度为 320px，溢出时隐藏。左边列的代码如下。

```
<div class="col-lg-6 pe-lg-1 overflow-hidden" style="height: 320px;">
    <a href="#"><img src="img/mrdb.JPG" class="img-fluid w-100" /></a>
</div>
```

右边大屏占 6 个栅格，左边内边距设置为.ps-lg-1。右边列中放一个 div 元素，并设置其为 flex 布局，主轴为垂直方向，边框为灰色。第 1 行是图片，居中显示；第 2 行是段落，p 元素内有个 a 元素，设置其为右浮动；第 3 行是表格，在表格中使用内联<i class="bi bi-volume-up ">，显示一个声音字体图标。右边列的代码如下。

```
<div class="col-lg-6 ps-lg-1">
<div class="border border-secondary pt-1 px-2 d-flex flex-column">
   <div class="text-center">
       <img src="img/mrdb2.JPG" />
   </div>
   <div class="pb-2 mb-2" style="border-bottom: 1px dotted;">
       <p class="">
```

```
                    <strong>今日关注点: </strong>
                    1.《人民日报》加强改进乡村治理，创新探索特色举措；
                    2.《光明日报》守护中石油双湖加油站；
                    3.《中国纪检监察报》正心以为本，修身以为基；
                    4.《工人日报》2021 年全国先进女职工集体和个人表彰大会在京举行；
                    5.《中国妇女报》注重乡村妇女实用技能培训；
                    <a href="#" class="btn btn-outline-danger btn-sm float-end">
【点击详情】</a>
                </p>
            </div>
        </div>
        <table class="table table-borderless w-100 table-sm text-center">
            <tr class="table-primary">
                <td>
                    <a href="#" class="link-underline-primary  link-offset-2
link-underline-opacity-0 link-underline-opacity-100-hover">
                        <i class="bi bi-volume-up me-1"></i>每日读报|4月19日</a>
                </td>
                <td>
                    <a href="#" class="link-underline-primary  link-offset-2
link-underline-opacity-0 link-underline-opacity-100-hover">
                        <i class="bi bi-volume-up me-1"></i>每日读报|4月16日</a>
                </td>
            </tr>
            ......省略两个 tr, 代码与上面<tr></tr>一致
        </table>
    </div>
    </div>
```

（6）第 4 行，在 md、lg、xl 和 xxl 设备上设置屏幕显示时，形成 6 列且每列占 2 个栅格的布局；在 sm 和 xs 设备中显示时，形成 4 列且每列 3 个栅格的布局，其中有 2 个图文框不显示。具体代码如下。

```
    <div class="row mt-3">
    <div class="col-3 col-md-2">
        <figure class="figure rounded border border-danger pb-2">
            <img src="img/1.png" class="figure-img img-fluid rounded" alt="
云学习">
            <figcaption class="figure-caption text-center fw-bold">听英语
</figcaption>
        </figure>
    </div>
    <div class="col-3 col-md-2">
        <figure class="figure rounded border border-danger pb-2">
            <img src="img/2.png" class="figure-img img-fluid rounded" alt=
"听音乐">
            <figcaption class="figure-caption text-center fw-bold">听音乐
</figcaption>
        </figure>
    </div>
    <div class="col-3 col-md-2">
        <figure class="figure rounded border border-danger pb-2">
```

```
                <img src="img/3.png" class="figure-img img-fluid rounded" alt=" 听
节目">
                <figcaption class="figure-caption text-center fw-bold">听节目
</figcaption>
            </figure>
        </div>
        <div class="col-3 col-md-2">
            <figure class="figure rounded border border-danger pb-2">
                <img src="img/4.png" class="figure-img img-fluid rounded" alt=" 听
游记">
                <figcaption class="figure-caption text-center fw-bold">听游记
</figcaption>
            </figure>
        </div>
        <div class="col-md-2 d-none d-md-block">
            <figure class="figure rounded border border-danger pb-2">
                <img src="img/5.png" class="figure-img img-fluid rounded" alt=" 听
小说">
                <figcaption class="figure-caption text-center fw-bold">听歌曲
</figcaption>
            </figure>
        </div>
        <div class="col-md-2 d-none d-md-block">
            <figure class="figure rounded border border-danger pb-2">
                <img src="img/6.png" class="figure-img img-fluid rounded" alt=" 听
小说">
                <figcaption class="figure-caption text-center fw-bold">听小说
</figcaption>
            </figure>
        </div>
    </div>
```

（7）页尾部分。具体代码如下。

```
<div class="row">
  <div class="col bg-light p-2 text-center">
    <p class="mb-0">ICP 备案/许可证编号: 京 ICP 备****** 京公网安备 1104010****号
</p>
    <p class="small mb-0 text-secondary">Copyright© 2021-2024 by www.******
.edu.cn all rights reserved</p>
  </div>
</div>
```

说明：本案例中大量使用本章的各种工具样式类。这些类的使用可以大大提高开发人员的工作效率。

本章小结

本章通过具体实例介绍了Bootstrap中透明度、边框、定位、阴影等工具样式类。

实训项目

制作个人简历网页（一）

完成一个个人简历网页制作，最终效果如图 4-45 所示（其中，图标内容参考第 6 章的图标部分）。

图 4-45　个人简历网页

实训拓展

　　于敏、申纪兰、孙家栋、李延年、张富清、袁隆平、黄旭华、屠呦呦、钟南山是"共和国勋章"获得者，"共和国勋章"为什么颁发给他们 9 位，你了解吗？请查询相关资料，利用本章所学知识，做一个相关的介绍网页。

第 **5** 章

表单

本章将介绍Bootstrap中的表单和表单控件等内容，包括输入框、下拉框、复选框和单选按钮、表单禁用、表单验证等内容，最后通过一个具体实例来展示表单的应用。

5.1 表单布局

表单是 Web 页面中不可缺少的元素，用于和用户做数据交互。常见的表单控件包括输入框（input）、下拉框（select）、单选按钮（radio）、复选框（checkbox）、文本域（textarea）和按钮（button）等。

5.1.1 垂直表单

Bootstrap 为不同的表单控件提供了一些以".form-"开头的预定义类，使用这些类可以改变表单控件的样式。这些类基本上都应用了 display:block 和 width:100%，因此默认情况下表单将垂直堆叠。

创建垂直表单的基本要点如下。

（1）把成对的<label>标签和表单控件放在一个带有 class="mb-3"的 div 中，使用边距工具得到最佳间距（1rem）。

（2）在<label>标签上使用.form-label。可以让标签和表单控件有合适的间距（0.5rem）。

（3）文本形式的表单控件（如 input 和 textarea）使用.form-control 进行样式化，具体包括：宽度 100%、浅灰色的边框、0.375rem 的圆角、得到焦点时蓝色的边框和阴影等样式。其他形式的控件使用的类略微有所差异，在 5.2 节中会讲到。

【实例 5-1】（文件 form_basic.html）

```html
<!DOCTYPE html>
<html lang="en">
<head>
    <meta charset="UTF-8">
    <meta name="viewport" content="width=device-width, initial-scale=1.0">
    <link rel="stylesheet" type="text/css" href="css/bootstrap.css" />
    <title>垂直表单</title>
</head>

<body class="bg-secondary-subtle">
    <div class="container bg-white p-3">
        <div class="row">
            <div class="col-12">
                <form action="testhtml">
                    <div class="mb-3">
                        <label for="username" class="form-label">账号</label>
                        <input type="text" id="username" class="form-control"
placeholder="请输入你的邮箱或手机号"  name="username" />
                    </div>
                    <div class="mb-3">
                        <label for="password" class="form-label">密码</label>
                        <input type="password" id="password" class="form-control" placeholder="请输入你的密码"      name="password" />
    </div>
                    <button type="submit" class="btn btn-primary">注册</button>
                </form>
            </div>
        </div>
    </div>
</body>
</html>
```

以上代码在 Chrome 浏览器中的运行效果如图 5-1 所示。

Bootstrap 提供了 3 种类型的表单布局：垂直表单（默认）、内联表单和水平表单。从图 5-1 可以看到，label 元素中的内容和输入框不在同一行，Bootstrap 中的表单控件默认是垂直的，即垂直表单。另外，建议读者为表单中需输入的表单控件都添加 name 属性。这样，在提交时，可以在地址栏看到页面提交的内容。如果无 name 属性，则对应的表单控件不提交值。

图 5-1 垂直表单的示例效果

5.1.2 水平表单

水平表单的呈现形式是一组标签和表单控件水平放置，不同组的标签和表单控件垂直放置。创建水平表单的要点如下。

（1）把一组标签和表单控件放在一个带有 class="mb-3 row "的 div 元素中。

（2）为每个 label 元素添加 class="col-form-label"，为文本形式的表单控件添加 class= "form-control"。

（3）在每个表单控件的外层加一个 div 元素。

（4）通过.col-xx-xx 栅格的方式为左侧的 label 元素和右侧的 div 元素分配宽度比例。

【实例 5-2】（文件 form_horiziontal.html）

```html
<form action="testhtml">
  <div class="mb-3 row">
    <label for="username" class="col-form-label col-md-3 text-md-end">账号
</label>
    <div class="col-md-6">
        <input type="text" id="username" class="form-control" placeholder="
请输入你的邮箱或手机号" name="username" />
    </div>

  </div>
  <div class="mb-3 row">
    <label for="password" class="col-form-label col-md-3  text-md-end">密
码</label>
    <div class="col-md-6">
        <input    type="password"    id="password"    class="form-control"
placeholder="请输入你的密码" name="password" />
    </div>
  </div>
  <div class="mb-3 row">
    <div class="col-md-6 offset-md-3">
        <button type="submit" class="btn btn-primary">注册</button>
    </div>
  </div>
</form>
```

以上代码在 Chrome 浏览器中的运行效果如图 5-2 所示。

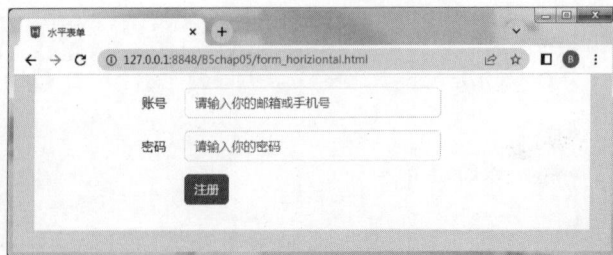

图 5-2　水平表单的示例效果

　　从上面的代码可以看出，每一组标签和表单控件都放在一个带有 class="mb-3 row"的 div 元素中，label 元素和表单控件就相当于栅格系统里一行中的两个 col。由于 input 使用了.form-control 样式，具有 100%的宽度，需要在外层套一个 div 元素，然后在 div 元素上添加.col-xx-xx 栅格属性，才能实现两列并排放的效果。label 元素中的文本内容与 input 隔得太远，故在 label 元素上添加类.text-md-end，让文本内容靠右显示。

　　因为"注册"按钮左边没有标签，但又需要与上方的控件对齐，所以左侧需要添加与标签同宽的偏移量。label 元素使用的是.col-md-3，故按钮需要加上.offset-md-3 的偏移量。

　　使用栅格系统可以实现更复杂、更多样的表单。本章 5.8 节中的案例就是用栅格系统布局表单的。

5.1.3　内联表单

　　如果我们需要在一行中显示一系列标签、表单控件、按钮，可以在栅格系统中实现。

1．使用.col-auto

　　用栅格系统中的.col-auto 将每个输入项设置为自动宽度。用间距类.g-{value}来设置列之间间距。对 label 元素使用.visually-hidden，进行视觉隐藏。

　　【实例 5-3】（文件 form_inline.html）

```html
<form role="form" class="row g-3 align-items-center">
    <div class="col-auto">
        <label for="username" class="visually-hidden">账号: </label>
        <input type="text" class="form-control" id="username" placeholder="
请输入用户名"    name="username" />
    </div>
    <div class="col-auto">
        <label for="password" class="visually-hidden">密码: </label>
        <input   type="password"   class="form-control"   id="password"
placeholder="请输入密码" name="password" />
    </div>
    <div class="col-auto">
        <button type="submint" class="btn btn-primary">登录</button>
    </div>
</form>
```

以上代码在 Chrome 浏览器中的运行效果如图 5-3 所示。

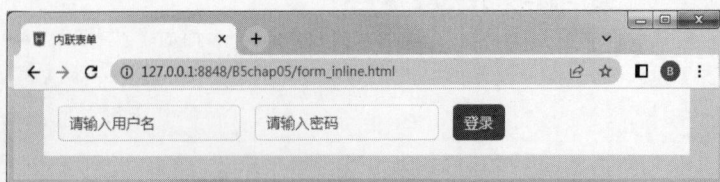

图 5-3　内联表单的示例效果 1

2. 使用.row-cols-{sm|md|lg|xl|xxl}-auto

form 元素上使用 class="row row-cols-{sm|md|lg|xl|xxl}-auto g-3"实现这一效果。成组的标签和表单控件放在使用 class="col-xx-xx"的 div 中。

【实例 5-4】(文件 form_inline2.html)

```
<form role="form" class="row row-cols-md-auto g-3 align-items-center">
    <div class="col-5">
        <label for="username" class="visually-hidden">账号: </label>
        <input type="text" class="form-control" id="username" placeholder="
请输入用户名"     name="username" />
    </div>
    <div class="col-5">
        <label for="password" class="visually-hidden">密码: </label>
        <input    type="password"    class="form-control"    id="password"
placeholder="请输入密码" name="password" />
    </div>
    <div class="col-2">
        <button type="submint" class="btn btn-primary">登录</button>
    </div>
</form>
```

这里使用 ".row-cols-md-auto" 表示在采用 md 及其以上设备的屏幕宽度时,每列为.col-auto。但是如果采用 md 以下设备的屏幕宽度,则按照后面的实际宽度.col-5、.col-5、.col-2 来布局。读者也可以将.col-*都换成.col-12,则在采用 md 以下设备的屏幕宽度时表单控件会从上往下排。

以上代码在 Chrome 浏览器中的运行效果如图 5-4 和图 5-5 所示。

133

图 5-4　内联表单的示例效果 2

图 5-5　内联表单(sm 设备显示)的示例效果 3

5.2　表单控件

Bootstrap 支持常见的表单控件,主要有 input、select、textarea、radio 和 checkbox。不同的表单控件使用的样式类会有所不同。

5.2.1　输入框

输入框(input)是常见的表单文本控件。用户可以在其中输入大多数必要的表单数据。Bootstrap

提供了对所有原生 HTML5 的输入框类型的支持，包括 text、password、datetime、datetime-local、date、month、time、week、number、email、url、search、tel 和 color。适当的 type 声明是必需的，这样才能让输入框获得完整的样式。

一般情况下，对 input 元素都使用 class="form-control"；但是当 type="color"时，使用 class="form-control form-control-color"；当 type="range"时，使用 class="form-range"。

【实例 5-5】（文件 form_input.html）

```html
<form class=" bg-white p-3">
    <div class="mb-3">
        <label for="username" class="form-label">账号</label>
        <input type="text" id="username" class="form-control-plaintext"
value="*****@163.com" readonly     name="username" />
    </div>
    <div class="mb-3">
        <label for="password" class="form-label">密码</label>
        <input   type="password"   id="password"   class="form-control"
placeholder="请输入你的密码"     name="password" />
        <div id="passwordHelpBlock" class="form-text">
                您的密码长度必须为 8～20 个字符，包含字母、数字、特殊字符中的两种
        </div>
    </div>
    <div class="mb-3">
        <label for="usertype" class="form-label">用户类型</label>
        <input type="text" id="usertype" class="form-control" placeholder="
请选择"  list="datalistOptions" name="usertype" />
            <datalist id="datalistOptions">
                <option value="超级管理员">
                <option value="一般管理员">
                <option value="教师用户">
                <option value="学生用户">
            </datalist>
    </div>
  <div class="mb-3">
        <label for="upfile" class="form-label">上传文件</label>
        <input type="file" class="form-control" id="upfile" name=
"filename" multiple />
    </div>
    <div class="mb-3">
        <label for="color" class="form-label">设置颜色值</label>
        <input   type="color"   class="form-control   form-control-color"
id="color" value="#563d7c"     name="color" />
    </div>
    <div class="mb-3">
        <label for="setpercent" class="form-label">设置百分比</label>
        <input type="range" class="form-range" id="setpercent" name=
"percent" min="0" max="100"  step="10" value="20"/>
    </div>
    <button type="submit" class="btn btn-primary">提交</button>
</form>
```

以上代码在 Chrome 浏览器中的运行效果如图 5-6 所示。

图 5-6　输入框的示例效果

说明：

（1）对上面的 6 个 input 元素分别设置其 type 为 text、password、text、file、color、range。

（2）只读文本：第 1 个 input 元素设置了 readonly，以防止修改输入的值。只读输入的意义就是禁用输入，但保留标准光标。如果要将<input readonly>表单中的元素设置为纯文本样式，就使用.form-control-plaintext 代替.form-control，该类将删除默认的表单字段样式并保留正确的边距和填充。

（3）帮助文本：密码框下面有一段帮助文本应用了.form-text。使用.form-text 会得到字号更小一点、颜色更浅一点、顶部外边距为 0.5rem 的文本。

（4）个性化表单控件：如果要改变表单控件得到焦点时的边框颜色。在类"<link rel="stylesheet" type="text/css" href="css/bootstrap.css" />"后面添加如下代码，可以将得到焦点时的边框颜色改为红色。

```
<style>
  .form-control:focus {
    border-color: #c70b18;
    box-shadow: 0 0 0 0.25rem rgba(199, 11, 24, 0.25);
  }
</style>
```

5.2.2　下拉框

下拉框（select）也是表单中的基本控件，允许用户从多个选项中进行选择。Bootstrap 中的下拉菜单在使用时需要在 select 元素中添加 class="form-select"。使用 select 元素可以展示列表选项，在默认情况下，只能选择一个选项，如果需要实现复选，可以设置属性 multiple="multiple"。【实例 5-6】的代码定义了两个 select 元素，第一个是单选，第二个是复选。

【**实例 5-6**】（文件 form_select.html）

```
<form class="border bg-light p-3">
```

```
        <div class="mb-3">
            <label class="form-label">入学年份</label>
            <select class="form-select  form-select-sm">
                <option value="2022">2022</option>
                <option value="2023">2023</option>
                <option value="2024">2024</option>
                <option value="2025">2025</option>
            </select>
        </div>
        <div class="mb-3">
            <label class="form-label">选修课程</label>
            <select class="form-select" multiple="multiple">
                <option value="handwriting">书法</option>
                <option value="vocal">声乐</option>
                <option value="volleyball">排球</option>
                <option value="english">职业英语</option>
            </select>
        </div>
    </form>
```

以上代码在 Chrome 浏览器中的运行效果如图 5-7 所示。

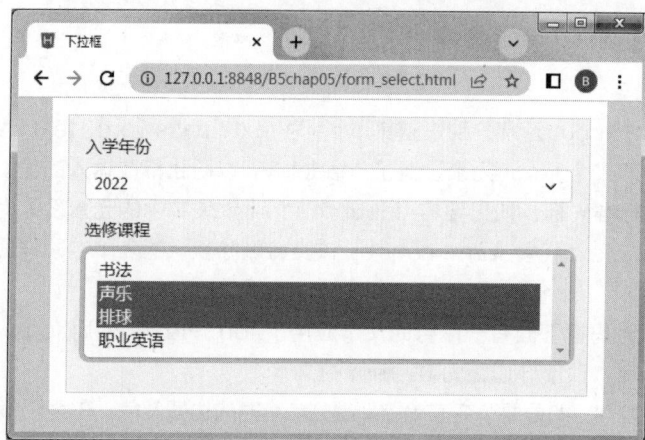

图 5-7　下拉框的示例效果

5.2.3　文本域

文本域（textarea）的使用方式和 HTML 的默认用法一致，当需要进行多行输入时，则可以使用文本框。在样式修饰上也是使用 class="form-control"，如果使用了该样式，则无须使用 cols 属性。

【实例 5-7】（文件 form_select.html）

```
<form class="border bg-light p-3">
    <div class="form-group">
        <label for="comment">发表评论</label>
        <textarea id="comment" class="form-control" rows="4"></textarea>
    </div>
</form>
```

以上代码在 Chrome 浏览器中的运行效果如图 5-8 所示。

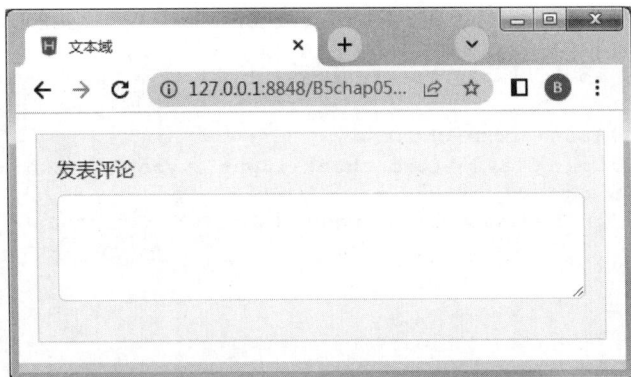

图 5-8 文本域的示例效果

5.2.4 单选按钮和复选框

1. 基本样式

单选按钮和复选框用于让用户在一系列预设置的选项中进行选择。在创建表单时，如果允许用户选择若干个选项，就使用复选框；如果用户只能选择一个选项，就使用单选按钮。

将一组标签与选项放入一个使用了 class="form-check"的 div 元素中，为 label 元素添加 class="form-check-label"，为单选按钮或复选框添加 class="form-check-input"，为选中的项添加 checked 属性。

【实例 5-8】（文件 form_radio_checkbox.html）

```
<div class="row">
  <div class="col-6">
  <form class="border bg-light p-3">
     <div class="mb-3">
        <label class="form-label">性别: </label>
        <div class="form-check">
           <input  class="form-check-input"  type="radio"  name="gender"
id="genderm" value="male" checked />
           <label class="form-check-label" for="genderm">男</label>
        </div>
        <div class="form-check">
           <input  class="form-check-input"  type="radio"  name="gender"
id="genderf" value="female" />
           <label class="form-check-label" for="genderf">女</label>
        </div>

     </div>
  </form>
  </div>
  <div class="col-6">
  <form class="border bg-light p-3">
     <div class="mb-3">
        <label class="form-label">专业课: </label>
        <div class="form-check">
           <input class="form-check-input" type="checkbox" name="courses"
id="js" value="javascript" />
           <label class="form-check-label" for="js">JavaScript</label>
        </div>
        <div class="form-check">
```

```
                <input class="form-check-input" type="checkbox" name="courses"
id="sql" value="mysql" checked />
                <label class="form-check-label" for="sql">MySQL</label>
        </div>
        <div class="form-check">
                <input class="form-check-input" type="checkbox" name="courses"
id="bs" value="bootstrap" />
                <label class="form-check-label" for="bs">Bootstrap</label>
        </div>
    </div>
  </form>
  </div>
</div>
```

在默认情况下，同级任意数量的单选按钮和复选框是垂直堆叠的。以上代码在 Chrome 浏览器中的运行效果如图 5-9 所示。

图 5-9　单选按钮和复选框的示例效果

2．内联样式

如果需要将一组单选按钮或复选框水平堆叠，在.form-check 之后再添加.form-check-inline即可。

【实例 5-9】（文件 form_radio_checkbox_inline.html）

```
<div class="form-check form-check-inline">
        <input class="form-check-input" type="radio" name="gender" id="gende
rm" value="male"/>
        <label class="form-check-label" for="genderm">男</label>
</div>
```

这里只列举了一项，对其他项也都添加.form-check-inline。

以上代码在 Chrome 浏览器中的运行效果如图 5-10 所示。

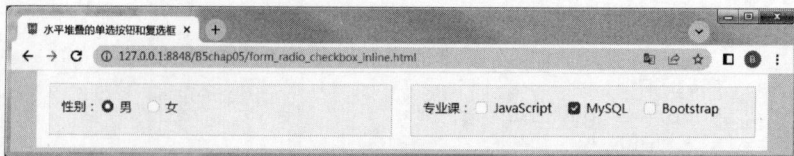

图 5-10　水平堆叠的单选按钮和复选框的示例效果

在前面的例子里面，单选按钮和复选框都有对应的文本信息与之关联。单选按钮或复选框在没有文本时，需要对其添加诸如 aria-label="..."的属性，方便辅助设备读取。

3．开关样式

使用.form-switch 可以让复选框呈现开关样式。

【实例 5-10】（文件 form_radio_checkbox_switch.html）

```html
<form class="border bg-light p-3">
<div class="mb-3">
    <label class="control-label">打开或关闭</label>
    <div class="form-check form-switch">
        <input  class="form-check-input"  type="checkbox"  name="voice"
id="voice" value="voice" checked />
        <label class="form-check-label" for="voice">播放声音</label>
    </div>
    <div class="form-check form-switch">
        <input class="form-check-input  " type="checkbox" name="beauty"
id="beauty" value="nobeauty" disabled />
        <label class="form-check-label" for="beauty">基础美颜</label>
    </div>
</div>
</form>
```

以上代码在 Chrome 浏览器中的运行效果如图 5-11 所示。

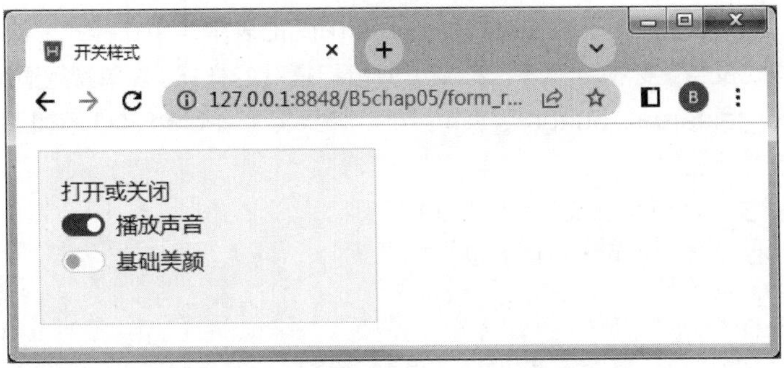

图 5-11　开关样式的复选框示例效果

4．按钮样式

单选和复选也可以是按钮的样式。对 input 使用样式类.btn-check，并设置 id 属性；将 label 元素放置在 input 后面，用 for 属性建立两者的关联。

```html
<input type="radio" class="btn-check" name="role" id="teacher" checked>
<label class="btn btn-outline-danger" for="teacher">教师</label>
```

如果是复选框，则将 type="radio"改为 type="checkbox"。

【实例 5-11】（文件 form_radio_checkbox_button.html）

```html
<form class="border bg-light p-5">
   <h3 class="text-danger">用户角色</h3>
   <input type="radio" class="btn-check" name="role"  id="teacher" checked>
   <label class="btn btn-outline-danger" for="teacher" >教师</label>

   <input type="radio" class="btn-check" name="role" id="student" >
   <label class="btn btn-outline-danger" for="student">学生</label>

   <input type="radio" class="btn-check" name="role" id="manager" >
   <label class="btn btn-outline-danger" for="manager">管理人员</label>
</form>
```

以上代码在 Chrome 浏览器中的运行效果如图 5-12 所示。

图 5-12　按钮样式的单选示例效果

5.3　表单禁用

在 Bootstrap 中，表单控件的禁用和普通 HTML 元素禁用一样，只需要添加 disabled="disabled"属性，该表单控件就不能被单击。Bootstrap 的表单禁用在样式上做了一定的处理，会改变表单控件的样式及当鼠标指针悬停在框架上时鼠标指针的样式。表单禁用适用于 input、select、radio、checkbox、textarea、button 等表单控件。如果将 disabled 属性添加到 fieldset 元素上，则禁用其中的所有表单控件。

【实例 5-12】（文件 form_disabled.html）

```
<form class="border bg-light p-3">
    <fieldset>
        <div class="mb-3">
            <input type="text" class="form-control" placeholder="文本框禁用
状态下的效果" disabled="disabled" />
        </div>
        <div class="mb-3">
            <label>禁用的下拉框</label>
            <select class="form-select" disabled>
                <option value="2021">2021</option>
                <option value="2022">2022</option>
                <option value="2023">2023</option>
                <option value="2024">2024</option>
            </select>
        </div>
        <div class="mb-3">
            <label>单选按钮: </label>
            <div class="form-check form-check-inline">
                <input class="form-check-input" type="radio" />
                <label class="form-check-label">正常的</label>
            </div>
            <div class="form-check form-check-inline">
                <input class="form-check-input" type="radio" disabled />
                <label class="form-check-label">禁用的</label>
            </div>

        </div>
        <div class="mb-3">
```

```
                <div class="form-check form-check-inline form-switch">
                    <input class="form-check-input" type="checkbox" disabled />
                    <label class="form-check-label">禁用的开关</label>
                </div>
            </div>
            <div class="mb-3">
                <label>复选框: </label>
                <div class="form-check form-check-inline">
                    <input class="form-check-input" type="checkbox" />
                    <label class="form-check-label">正常的</label>
                </div>
                <div class="form-check form-check-inline">
                    <input class="form-check-input" type="checkbox" disabled=
"disabled" />
                    <label class="form-check-label">禁用的</label>
                </div>
            </div>
            <div class="mb-3">
                <label for="comment">文本域</label>
                <textarea id="comment" class="form-control" rows="3" disabled=
"disabled"></textarea>
            </div>
            <div class="mb-3">
                <div>
                    <button type="button" class="btn btn-primary" disabled=
"disabled">按钮禁用</button>
                </div>
            </div>
        </fieldset>
    </form>
```

以上代码在 Chrome 浏览器中的运行效果如图 5-13 所示。

图 5-13　表单控件的禁用状态示例效果

5.4 表单控件和标签的大小

前面使用的表单控件都是默认正常的大小，Bootstrap 提供了两个类来改变表单控件及标签的大小：.form-control-lg、.form-control-sm。

这两个样式适用于表单控件 input、textarea，主要在默认大小的基础上增大或减小了表单控件中 height、padding、font-size、border-radius 的值，从而达到整体变大或变小的效果。对于表单控件 select 提供了.form-select-lg、.form-select-sm。

Bootstrap 还提供了另外两个类：.col-form-label-lg 和.col-form-label-sm，用来改变 label 元素的大小。

【实例 5-13】（文件 form_size_height.html）

```
<form>
    <div class="mb-3 row">
        <label for="username" class="col-form-label col-form-label-lg
col-md-3 text-md-right">大号标签：</label>
        <div class="col-md-6">
            <input class="form-control form-control-lg" type="text"
placeholder="较高的控件框">
        </div>
    </div>
    <div class="mb-3 row">
        <label for="username" class="col-form-label col-md-3 text-md-
right">默认标签：</label>
        <div class="col-md-6">
            <input class="form-control form-control" type="text"
placeholder="默认大小的控件框">
        </div>
    </div>
    <div class="mb-3 row">
        <label for="username" class="col-form-label col-form-label-sm
col-md-3 text-md-right">小号标签：</label>
        <div class="col-md-6">
            <input class="form-control form-control-sm" type="text"
placeholder="较矮的控件框">
        </div>
    </div>
</form>
```

以上代码在 Chrome 浏览器中的运行效果如图 5-14 所示。

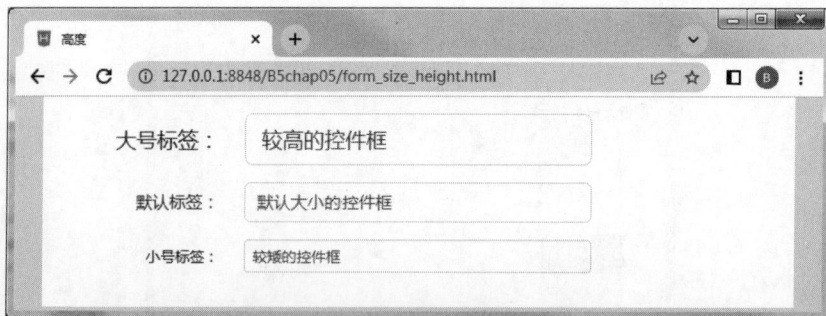

图 5-14 表单控件和标签高度的示例效果

5.5 浮动标签

在默认情况下，标签内容一般显示在输入框的上方。Bootstrap5 中通过类.form-floating 将标签插入到输入框中。当单击输入框时，标签会往上浮动。从而实现浮动标签的效果。

将标签和表单控件放入.form-floating 的容器中，即可实现浮动标签。浮动标签可用于表单控件 input、textarea、select。

【实例 5-14】（文件 form_floatinglabel.html）

```html
<form class="border bg-light p-3">
    <div class="form-floating mb-3">
        <input type="email" id="user" class="form-control" placeholder=
"name@example.com" name="user" />
        <label for="user">input email</label>
    </div>
        <div class="form-floating mb-3">
        <input type="text" id="city" class="form-control" placeholder="输入你
所在的城市" value="武汉" name="city" />
        <label for="city">from city</label>
     </div>
    <div class="form-floating mb-3">
        <textarea id="comment" class="form-control" style="height: 100px;"
            placeholder="Leave a comment here"></textarea>
        <label for="comment">发表评论</label>
    </div>
    <div class="form-floating">
        <select class="form-select" id="floatingSelect">
            <option value="1">金融</option>
            <option value="2">会计</option>
            <option value="3">计算机</option>
        </select>
        <label for="floatingSelect">选择你的行业（不支持 multiple）</label>
    </div>
</form>
```

以上代码在 Chrome 浏览器中的运行效果如图 5-15 所示。

图 5-15　浮动标签的示例效果

说明：

（1）单击第 1 个 input，则标签内容"input email"会浮动到上方，类似第 2 个 input 的效果。

（2）在第 2 个 input 中设置 value="武汉"，标签自动浮动到上方。

（3）input 和 textarea 需设置 placeholder 属性来占位，如果没有设置 placeholder 属性的值，则标签会自动浮动到上方。

（4）使用浮动标签后，textarea 的 rows 属性无效，需要设置 height 属性。

（5）select 使用浮动标签时，标签会自动浮动到上方。

5.6 表单验证

在表单向网站提交数据时，通常要按一定的格式对数据进行校验。在 HTML5 中 input 为 email、tel、range 等类型时，提交表单，浏览器会对其进行验证，如不合法会给出相应提示信息。

使用 Bootstrap 可以定制自己的验证提示。Bootstrap 对 HTML 表单验证是通过 CSS 的两个伪类——:invalid 和:valid 来实现的，这适用于 input、select、textarea、radio 和 checkbox 等表单控件。当在 form 元素上添加 class="was-validated"时，会去验证表单内容是否符合要求。若符合，显示:valid 的外观样式；若不符合，则显示:invalid 的外观样式。

文本框、下拉框的:valid 样式呈现效果是框体绿色边框，右侧有绿色"√"图标；单选按钮与复选框的:valid 样式呈现效果是标签文字为绿色。

文本框、下拉框的:invalid 样式呈现效果是框体红色边框，右侧有红色警告图标；单选按钮与复选框的:invalid 样式呈现效果是标签文字为红色；所有表单控件在:invalid 状态时都会在下方显示红色反馈文字。

实现表单验证功能的要点如下。

（1）在 form 元素上添加 class="was-validated"。

（2）为了实现验证功能，要在需要用户填写或选中的表单控件上加上 required 属性，对用户输入的值有格式要求的控件还需要加上 pattern 属性，属性值为相应的正则表达式。

（3）在控件下方要加上用于反馈信息的 div 元素，如为其添加反馈信息类.invalid-feedback、.invalid-tooltip、.valid-feedback 或者.valid-tooltip。使用.{invalid|valid}-tooltip 时，需要在父元素上设置"position:relative;"。

如果添加的是类.invalid-feedback 或.invalid-tooltip，则当该表单控件不符合验证要求时，会出现红色的反馈信息。

如果添加的是类.valid-feedback 或.valid-tooltip，则当该表单控件符合验证要求时，会出现绿色的反馈信息。

如果不添加带有反馈错误信息的 div 元素，则为默认的浏览器效果。

【实例 5-15】（文件 form_validation1.html）

```
<form class="border bg-light p-3 mb-3 was-validated">
    <div class="form-group">
        <label for="email">邮箱</label>
        <input type="email" class="form-control" required="required">
        <div class="invalid-feedback">请输入正确格式的邮箱</div>
        <div class="valid-feedback">邮箱格式正确</div>
    </div>
    <div class="form-group">
```

```
            <label for="password">密码</label>
            <input type="password" class="form-control" pattern="[A-Za-z0-9]
{6,30}" required="required">
            <div class="invalid-feedback">密码长度至少为 6 位,只能是大小写字母或数
字</div>
        </div>
        <div class="form-group">
            <div class="form-check">
                <input class="form-check-input" type="checkbox" id="protocol"
value="" required="required">
                <label for="protocol" class="form-check-label">
                    同意遵守协议条款
                </label>
                <div class="invalid-feedback">
                    必须选中此项
                </div>
            </div>
        </div>
        <button type="submit" class="btn btn-primary">注册</button>
    </form>
```

以上代码在 Chrome 浏览器中的运行效果如图 5-16 所示。错误提示为提示框的样式。

图 5-16　表单验证的示例效果 1

【实例 5-15】直接将.was-validated 加到 form 元素上,打开页面未点提交按钮时就进行了验证。如果需要点击提交按钮时才显示无效字段的提示信息,则需要一些 JavaScript 代码来达到效果。

对【实例 5-15】中的 form 元素做如下修改(部分代码),其中 novalidate 属性用于关闭浏览器的默认验证;.needs-validation 为一个自定义类,用于在 JavaScript 代码中选择 form 元素。另外,这里将.invalid-feedback 换为.valid-tooltip,将.invalid-feedback 换为.valid-tooltip。

【实例 5-16】(文件 form_validation2.html)

```
<form class="border bg-light p-3 mb-3 needs-validation" novalidate>
    <div class="mb-3 position-relative">
        <label for="email">邮箱</label>
        <input type="email" class="form-control" required="required">
```

```
            <div class="invalid-tooltip">请输入正确格式的邮箱</div>
            <div class="valid-tooltip">邮箱格式正确</div>
    </div>
......其他省略
```

然后添加以下 JavaScript 代码。

```
<script>
    // 如果验证不通过禁止提交表单
    (function() {
      'use strict';
      window.addEventListener('load', function() {
        // 获取表单验证样式
        var forms = document.getElementsByClassName('needs-validation');
        // 循环并禁止提交
        var validation = Array.prototype.filter.call(forms, function(form) {
          form.addEventListener('submit', function(event) {
            if (form.checkValidity() === false) {
              event.preventDefault();
              event.stopPropagation();
            }
            form.classList.add('was-validated');
          }, false);
        });
      }, false);
    })();
</script>
```

以上代码在 Chrome 浏览器中运行，输入相关信息，然后单击"注册"按钮，页面会弹出提示信息。在这个实例中，反馈提示使用的是.invalid-tooltip 和.valid-tooltip。运行效果如图 5-17 所示。

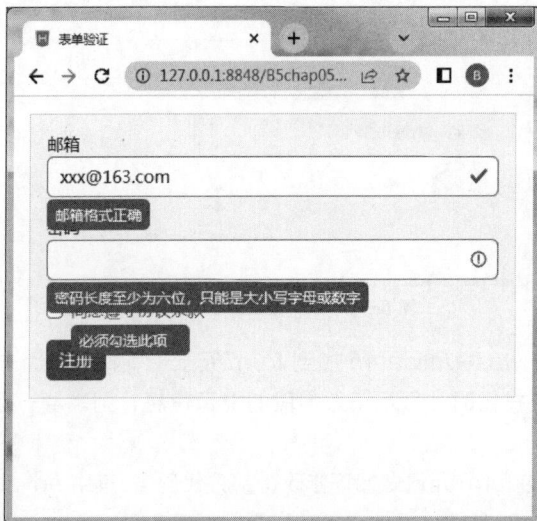

图 5-17　表单验证示例效果 2

5.7　输入框组

在文本框的左侧、右侧或两侧加上文字、按钮、下拉菜单等附加控件，形成一个表单控件的组合效果，我们称之为输入框组，例如图 5-18 所示的百度搜索框。

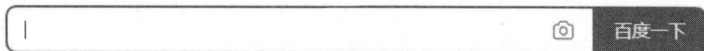

图 5-18　百度搜索框

输入框组左侧或右侧的附加控件可以是文本、按钮、带下拉菜单的按钮、单选按钮、复选框等。输入框可以是 input、select 等元素。

输入框组的制作步骤如下。

（1）将输入框、左侧或右侧的附加控件放入一个父元素 div 中，并为该 div 元素添加 class="input-group"。

（2）左侧附加控件放在输入框的前面，右侧附加控件放在输入框的后面。

① 如果附加控件中的内容是文本，使用.input-group-text。

```
<span class="input-group-text">附加组件中的文字</span>
```

② 如果附加控件中的内容是单选按钮、复选框，则将 span 改为 div，然后在 div 元素中写单选按钮、复选框等的代码。

```
<div class="input-group-text">
  <input class="form-check-input mt-0" type="checkbox" value="" >
</div>
```

③ 如果附加控件的内容为按钮或带下拉菜单的按钮，则直接将按钮及其下拉菜单放在输入框的前面或者后面。

【实例 5-17】（文件 input_group.html）

```
<form>
  <div class="row g-3">
    <div class="col-6">
      <div class="input-group">
        <span class="input-group-text">@</span>
        <input type="text" class="form-control" placeholder="微博账号" />
      </div>
    </div>
    <div class="col-6">
      <div class="input-group">
        <input type="text" class="form-control" placeholder="邮箱" />
        <span class="input-group-text">@qq.com</span>
      </div>
    </div>
    <div class="col-6">
      <div class="input-group">
        <span class="input-group-text">http://</span>
        <input type="text" class="form-control" placeholder="URL" />
        <button type="button" class="btn btn-secondary">前往</button>
      </div>
    </div>
    <div class="col-6">
      <div class="input-group">
        <div class="input-group-text">
          <input class="form-check-input" type="checkbox" value="">
        </div>
        <input type="text" class="form-control" />
      </div>
```

```
      </div>
    </div>
  </form>
```

以上代码在 Chrome 浏览器中的运行效果如图 5-19 所示。

图 5-19　输入框组的示例效果 1

附加控件可以同时有多个。比如右侧同时有多个内容，参见【实例 5-18】。这里第 2 个输入框用到了下拉菜单，请在文件中引用 JS 文件。

```
<script src="js/bootstrap.bundle.js"></script>
```

【实例 5-18】（文件 input_group2.html）

```
<form>
  <div class="input-group my-3">
    <input type="text" class="form-control" placeholder="搜索商品、品牌" />
    <button class="btn btn-primary">搜商城</button>
    <button class="btn btn-secondary">搜本店</button>
  </div>
  <div class="input-group">
    <button class="btn btn-outline-warning dropdown-toggle" type="button"
data-bs-toggle="dropdown">新闻</button>
    <ul class="dropdown-menu">
        <li><a class="dropdown-item" href="#">新闻</a></li>
        <li><a class="dropdown-item" href="#">微博</a></li>
        <li><a class="dropdown-item" href="#">图片</a></li>
        <li><a class="dropdown-item" href="#">视频</a></li>
    </ul>
    <input type="text" class="form-control" placeholder="请输入关键字">
    <button class="btn btn-warning text-white"><i class="bi bi-search">
</i></button>
  </div>
</form>
```

以上代码在 Chrome 浏览器中的运行效果如图 5-20 所示。

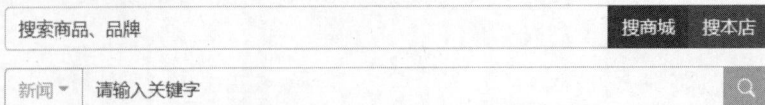

图 5-20　输入框组的示例效果 2

与设置表单控件大小类似，输入框组的大小可以通过.input-group-sm 和.input-group-lg 来控制。

【实例 5-19】（文件 input_group_size.html）

```
<form>
    <div class="input-group input-group-sm my-2">
        <span class="input-group-text">小号输入框组</span>
        <input type="text" class="form-control" />
    </div>
    <div class="input-group my-2">
        <span class="input-group-text">默认输入框组</span>
        <input type="text" class="form-control" />
    </div>
    <div class="input-group input-group-lg my-2">
        <span class="input-group-text">大号输入框组</span>
        <input type="text" class="form-control" />
    </div>
</form>
```

以上代码在 Chrome 浏览器中的运行效果如图 5-21 所示。

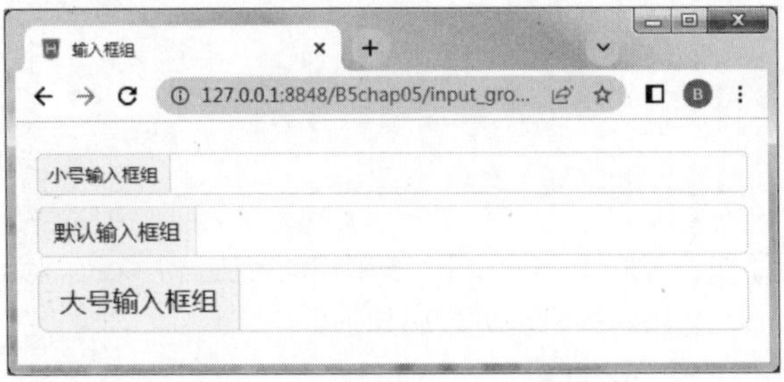

图 5-21　输入框组大小的示例效果

5.8　案例：创建"注册新账号"页面

　　本案例将创建一个账号注册页面，效果如图 5-22 所示。这个案例综合应用了本章及前面章节的知识点，比如表单的布局方式、表单控件类型、表单验证等，也用到了第 2 章栅格系统的知识点，以及第 4 章的一些工具类，比如颜色、间距等。

案例视频 5

图 5-22　"注册新账号"页面

具体操作步骤如下。

（1）在 HBuilderX 中新建一个 Web 项目，将 Bootstrap 的 CSS 文件复制到项目的 CSS 目录中，然后在 head 元素中引用该文件。具体代码如下。

```
<head>
    <meta charset="UTF-8">
    <meta name="viewport" content="width=device-width,initial-scale=1.0">
    <link rel="stylesheet" type="text/css" href="css/bootstrap.css"/>
    <title>实例 —— 一个表单页面</title>
</head>
```

（2）为页面添加背景颜色、间距等样式，添加标题与表单（form 元素）。具体代码如下。

```
<body class="bg-secondary-subtle">
    <div class="container bg-white p-5">
        <div class="row">
            <div class="col">
                <h1 class="text-info text-center"> 注册新账号 </h1>
        <!--表单-->
        <form>

        </form>
    </div>
</body>
```

（3）在 form 中逐行添加表单控件。每一行的表单控件装在一个<div class="col-*">中，在 form 元素上添加 class="row gy-2 gx-3 "，具体代码如下。

```
<form class="row gy-2 gx-3">
  <div class="col-6">
    <label class="form-label" for="email">账号: </label>
    <input type="email" class="form-control" id="email" placeholder="请输入邮箱" name="email" />
    <div class="invalid-feedback">请输入正确格式的邮箱地址</div>
  </div>
  <div class="col-6">
    <label class="form-label" for="password">密码: </label>
    <input type="text" class="form-control" pattern="[A-Za-z0-9]{6,18}" id="password" name="password" placeholder="请输入密码" />
    <div class="invalid-feedback">密码长度为 6～18 位，包含字母或数字</div>
  </div>
  <div class="col-12">
    <label class="form-label">地址: </label>
    <input type="text" class="form-control" id="address" name="address" placeholder="街道 小区 单元" />
    <div class="invalid-feedback">请输入详细地址</div>
  </div>
  <div class="col-6">
    <label class="form-label" for="province">省份: </label>
    <select class="form-select" id="province" name="province">
        <option value="">-省份-</option>
        <option value="1">湖北省</option>
        <option value="2">浙江省</option>
```

```
            <option value="3">广东省</option>
      </select>
      <div class="invalid-feedback">请选择省份</div>
   </div>
   <div class="col-4">
      <label class="form-label" for="city">城市</label>
      <input   type="text"   class="form-control"   id="city"   name="city"
placeholder="城市" required />
      <div class="invalid-feedback">请输入城市</div>
   </div>
   <div class="col-2">
      <label class="form-label" for="code">邮编</label>
      <input   type="text"   class="form-control"   id="code"   name="code"
placeholder="邮编" required />
      <div class="invalid-feedback">请输入邮编</div>
   </div>
   <div class="col-12">
      <div class="form-check">
          <input   type="checkbox"   class="form-check-input"   name="news"
id="news" value="yes" required />
          <label class="form-check-label" for="news">接受最新推送</label>
      </div>
   </div>
   <div class="col-12">
      <button type="submit" class="btn btn-info">提交注册</button>
   </div>
</form>
```

（4）添加表单验证，在 form 上添加 needs-validation 自定义样式和 novalidate 属性，在需要用户填写或选中的表单控件上加上 required 属性，对用户输入的值有格式要求的控件，例如在密码输入框上，还要添加相应的正则表达式。具体代码如下。

```
<form class="row gy-2 gx-3 needs-validation " novalidate >
    <div class="col-6">
        <label class="form-label" for="email">账号: </label>
            <input type="email" class="form-control" id="email" placeholder=
"请输入邮箱" name="email"    required />
            <div class="invalid-feedback">请输入正确格式的邮箱地址</div>
    </div>
......其他表单控件依次类推，添加 required 属性
</form>
```

（5）添加【实例5-16】中的 JavaScript 代码，实现单击"提交注册"按钮时，验证表单。
完成以上步骤后，代码在浏览器中运行呈现的是图5-22所示的"注册新账号"页面的效果。

本章小结

本章通过具体实例详细介绍了表单的3种布局方式，Bootstrap常用的表单控件，以及表单禁用、表单验证、输入框组等。

实训项目

制作含表单的页面

完成图 5-23 和图 5-24 所示的页面效果。

图 5-23 "联系我们"页面

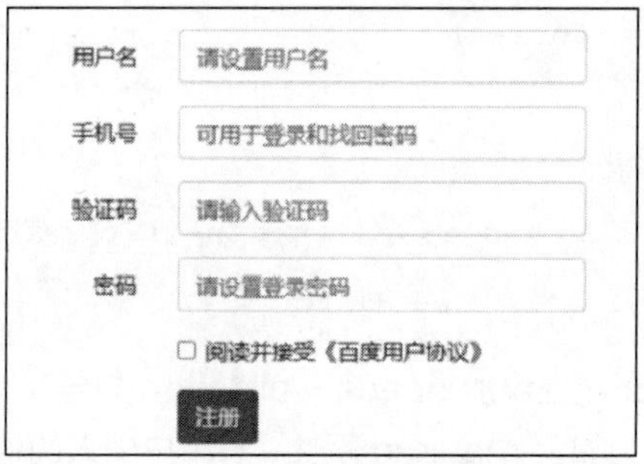

图 5-24 注册页面

实训拓展

党的二十大报告指出："国家安全是民族复兴的根基，社会稳定是国家强盛的前提。必须坚定不移贯彻总体国家安全观，把维护国家安全贯穿党和国家工作各方面全过程，确保国家安全和社会稳定。"对于 Web 应用，表单数据有效性验证尤为重要，严谨的表单验证为系统安全提供保证。请查询相关资料，为本章的实训项目提供数据验证。

第 **6** 章

CSS组件

本章导读

　　Bootstrap为用户提供了很多组件。组件是由多个基础HTML元素组合而成的，我们可以将其看成一个封装好的具有一定特效及功能的元素。使用Bootstrap，我们能够快速地开发Web页面，其中必不可少的就是这些组件。本章将一一介绍这些组件的使用方法，其中包括下拉菜单、导航、导航条、徽章、分页导航、列表组、进度条、卡片、旋转图标、图标及按钮组等。

6.1 下拉菜单

下拉菜单是可切换的、以列表格式显示链接的上/下文菜单。

6.1.1 下拉菜单的基本用法

一个基本下拉菜单由触发按钮和下拉列表构成，创建方法如下。

（1）所有下拉菜单内容必须放在一个容器 div 元素中，并给它添加.dropdown。若设置为.dropup、.dropstart、.dropend，则可以让菜单向上、向左、向右弹出。

（2）在该 div 元素中放入一个 button 元素作为触发按钮，给 button 元素添加.dropdown- toggle 以及 data-bs-toggle="dropdown"属性。

（3）在按钮 button 元素的下面添加 ul 列表创建一个下拉列表，给 ul 元素添加.dropdown-menu，给 li 元素中的超链接 a 元素添加.dropdown-item。

（4）由于下拉展开是一个动态效果，需要 JavaScript 来实现，在代码的最下方引入 Bootstrap. bundle.js 文件。

【实例 6-1】（文件 dropdown_basic.html）

```html
<!DOCTYPE html>
<html>
<head>
    <meta charset="UTF-8">
    <meta name="viewport" content="width=device-width, initial-scale=1.0">
    <link rel="stylesheet" type="text/css" href="css/bootstrap.css" />
    <title>下拉菜单的基本用法</title>
</head>

<body>
    <div class="container p-3">
        <div class="row">
            <div class="col-12">
                <div class="dropdown">
                    <!-- 触发的按钮 .dropdown-toggle -->
                    <button type="button" class="btn btn-outline-primary
dropdown-toggle " data-bs-toggle="dropdown">系统设置</button>

                    <!-- 展开的菜单 .dropdown-menu -->
                    <ul class="dropdown-menu">
                        <!-- 菜单项 .dropdown-item -->
                        <li><a href="#" class="dropdown-item">画面设置</a>
</li>
                        <li><a href="#" class="dropdown-item">声音设置</a>
</li>
                        <li><a href="#" class="dropdown-item">网络设置</a>
</li>
                        <li><a href="#" class="dropdown-item">高级</a></li>
                    </ul>
                </div>
            </div>
        </div>
```

```
        </div>
        <script src="js/bootstrap.bundle.js" type="text/javascript"></script>
    </body>
</html>
```

以上代码在 Chrome 浏览器中的运行效果如图 6-1 所示。

图 6-1　下拉菜单的基本用法示例效果

说明：读者可以将 div 元素中 class="dropdown"中的 dropdown 改为 dropup、dropstart、dropend，然后查看菜单弹出方向。除此之外，还有.dropdown-center 和.dropup-center，将其应用在 div 元素上，可以让菜单弹出列表显示在容器的中心位置，代码示例如下。

```
<div class="dropdown-center">
......
</div>
```

以上代码的运行效果如图 6-2 所示。

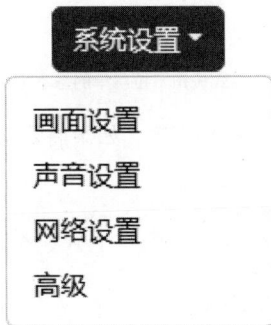

图 6-2　下拉菜单居中的效果

如果要菜单向上居中弹出，则使用 class="dropup-center dropup"。

将【实例 6-1】中的 button 替换为 a，也能设置下拉菜单效果。修改代码如下。

```
<div class="dropdown">
    <!-- 触发的按钮 .dropdown-toggle -->
    <a class="btn btn-outline-primary dropdown-toggle" href="#" role=
"button" data-bs-toggle="dropdown" aria-expanded="false">
    系统设置
    </a>
    ......
</div>
```

修改代码后在 Chrome 浏览器中的运行效果与使用 button 元素一样，如图 6-1 所示。

6.1.2 分裂式按钮下拉菜单

分裂式按钮下拉菜单是将按钮内容分为左/右两部分，左边是按钮的原始内容，右边是触发下拉菜单的切换按钮。下拉菜单的外层 div 元素使用.btn-group，右边按钮使用.dropdown-toggle-split，即可实现分裂式按钮下列菜单的效果。

【实例 6-2】（文件 dropdown_splitmenu.html）

```
<div class="btn-group">
    <button  type="button"  class="btn  btn-outline-primary   " >系统设置
</button>
    <button type="button" class="btn btn-outline-primary dropdown-toggle
dropdown-toggle-split" data-bs-toggle="dropdown" ></button>
    <ul class="dropdown-menu">
    ......<!-- 菜单项省略，与【实例 6-1】相同
    </ul>
</div>
```

以上代码在 Chrome 浏览器中的运行效果如图 6-3 所示。

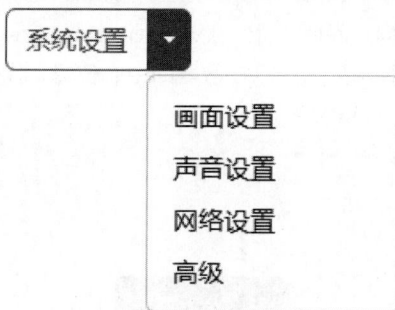

图 6-3 分裂式按钮下拉菜单的基本用法示例效果

说明：默认情况下拉菜单与第 2 个按钮对齐，如果需要与第 1 个按钮对齐，在触发按钮上设置属性 data-bs-reference="parent"。

```
<button  type="button"  class="btn  btn-outline-primary  dropdown-toggle
dropdown-toggle-split" data-bs-toggle="dropdown" data-bs-reference="parent">
</button>
```

修改后的下拉菜单效果如图 6-4 所示。

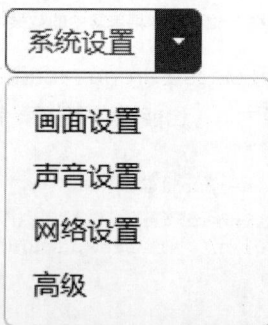

图 6-4 分裂式按钮下拉菜单的对齐示例效果

6.1.3　菜单内容

下拉菜单中除了有菜单项，还可以设置分割线、菜单分组标题、文本信息、表单等内容。

1．分割线

给下拉菜单中 li 元素添加.dropdown-divider，可以在菜单项中添加分割线，实现菜单项分组的效果。

2．菜单分组标题

给下拉菜单中的 li 元素添加.dropdown-header，可以在菜单项中添加分组标题，标题默认样式比菜单项字号略小、颜色略浅。

【实例 6-3】（文件 dropdown_header_divider.html）

```html
<div class="dropdown">
 <button type="button" class="btn btn-outline-primary dropdown-toggle"
data-bs-toggle="dropdown">系统设置</button>
 <ul class="dropdown-menu">
    <li class="dropdown-header">基础设置</li>
    <li><a href="#" class="dropdown-item">画面设置</a></li>
    <li><a href="#" class="dropdown-item">声音设置</a></li>
    <li class="dropdown-divider"></li>
    <li class="dropdown-header">高级设置</li>
    <li><a href="#" class="dropdown-item">网络设置</a></li>
    <li><a href="#" class="dropdown-item">高级</a></li>
 </ul>
</div>
```

以上代码在 Chrome 浏览器中的运行效果如图 6-5 所示。

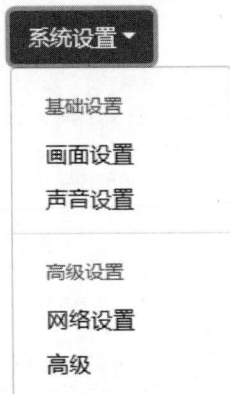

图 6-5　下拉菜单分割线、标题的示例效果

3．内容为文本信息

将【实例 6-3】中的 ul 换为 div，文本信息放在.dropdown-menu 的 div 元素中，即可在下拉菜单中显示文本信息。

【实例 6-4】（文件 dropdown_text.html）

```html
<div class="dropdown">
    <button type="button" class="btn btn-outline-primary dropdown-toggle"
data-bs-toggle="dropdown">信息安全保护</button>
    <div class="dropdown-menu p-4 text-muted">
```

157

```
            <p>
                信息安全保护要求：
            </p>
            <p class="mb-0">
                不使用非涉密信息设备存储、处理、传输国家秘密。同时，加强对涉密信息设备的
保护，防止被非法入侵或窃取。
            </p>
        </div>
    </div>
```

158

以上代码在 Chrome 浏览器中的运行效果如图 6-6 所示。

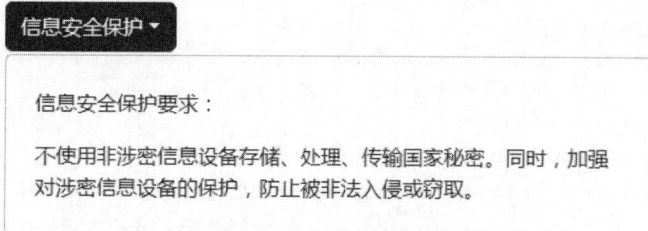

信息安全保护 ▾

信息安全保护要求：

不使用非涉密信息设备存储、处理、传输国家秘密。同时，加强对涉密信息设备的保护，防止被非法入侵或窃取。

图 6-6　下拉内容为文本的示例效果

4．内容为表单

下拉菜单内容为表单的实例如下。

【实例 6-5】（文件 dropdown_form.html ）

```
<div class="dropdown">
    <button type="button" class="btn btn-outline-primary dropdown-toggle"
data-bs-toggle="dropdown">用户登录</button>
    <div class="dropdown-menu p-3">
        <form>
            <div class="mb-3">
                <label for="username" class="form-label">账号</label>
                <input type="text" id="username" class="form-control"
placeholder="email or phone" name="username" />
            </div>
            <div class="mb-3">
                <label for="password" class="form-label">密码</label>
                <input type="password" id="password" class="form-control"
placeholder="password" name="password" />
                <div id="passwordHelpBlock" class="form-text">
                    至少要有数字、小写字母、大写字母、符号等中的三种。
                </div>
            </div>
            <button type="submit" class="btn btn-primary">登录</button>
        </form>
        <div class="dropdown-divider"></div>
        <a class="dropdown-item" href="#">新用户注册？ </a>
        <a class="dropdown-item" href="#">忘记密码?</a>
    </div>
</div>
```

以上代码在 Chrome 浏览器中的运行效果如图 6-7 所示。

图 6-7 下拉内容含表单的示例效果

6.1.4 对齐方式

在默认情况下，展开的下拉菜单会自动沿着触发按钮的左侧对齐（.dropdown-menu-start）。为下拉列表 ul 元素添加.dropdown-menu-end，可以让菜单沿着触发按钮的右侧对齐。

【实例 6-6】（文件 dropdown_align.html）

```
<div class="dropdown">
    <button type="button" class="btn btn-outline-primary dropdown-toggle"
    data-bs-toggle="dropdown">系统设置</button>
    <ul class="dropdown-menu dropdown-menu-end">
        <li class="dropdown-header">基础设置</li>
        <li><a href="#" class="dropdown-item">画面设置</a></li>
        <li><a href="#" class="dropdown-item">声音设置</a></li>
        <li class="dropdown-divider"></li>
        <li class="dropdown-header">高级设置</li>
        <li><a href="#" class="dropdown-item">网络设置</a></li>
        <li><a href="#" class="dropdown-item">高级</a></li>
    </ul>
</div>
```

以上代码在 Chrome 浏览器中的运行效果如图 6-8 所示。

如果想使用响应式对齐，可通过在 dropdown 上添加 data-bs-display="static"属性禁用动态定位，并使用响应式变体类。例如，【实例 6-6】在.dropdown-menu-end 之后再添加.dropdown-menu-lg-end，实现的效果是菜单靠右对齐，但当屏幕宽度大于 992px 时，菜单靠左对齐。

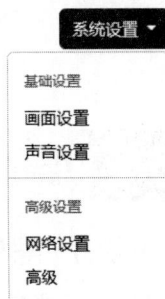

图 6-8 下拉菜单的对齐方式

6.1.5 选中和禁用菜单项

在菜单项中的超链接 a 元素上添加.active，表示选中该菜单项，添加.disabled，可将该项设为禁用。

【实例 6-7】（文件 dropdown_active_disabled.html）

```
<div class="dropdown">
```

```
<button type="button" class="btn btn-outline-primary dropdown-toggle"
data-bs-toggle="dropdown">系统设置</button>
<ul class="dropdown-menu">
    <li class="dropdown-header">基础设置</li>
    <li><a href="#" class="dropdown-item disabled" >画面设置</a></li>
    <li><a href="#" class="dropdown-item">声音设置</a></li>
    <li class="dropdown-divider"></li>
    <li class="dropdown-header">高级设置</li>
    <li><a href="#" class="dropdown-item active">网络设置</a></li>
    <li><a href="#" class="dropdown-item">高级</a></li>
</ul>
</div>
```

以上代码在 Chrome 浏览器中的运行效果如图 6-9 所示。

6.1.6　深色菜单项

在<ul class="dropdown-menu">上添加.dropdown-menu-dark，选择较暗的下拉菜单以匹配深色导航栏或自定义样式。

注意，从 Bootstrap5.3.0 开始，随着颜色模式的引入，组件的深色变体被弃用，而通过在根元素、父元素或组件本身上设置 data-bs-theme="dark"实现。

【实例 6-8】（文件 dropdown_dark.html）

```
<div class="dropdown" data-bs-theme="dark">
......
</div>
```

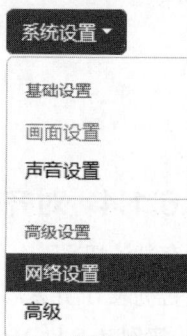

图 6-9　菜单项的选中和禁用状态

以上代码在 Chrome 浏览器中的运行效果如图 6-10 所示。

图 6-10　深色菜单项的示例效果

6.2　导航

6.2.1　导航基础样式

给 ul 元素或 nav 元素添加一个.nav，可以创建一个导航组件。在超链接 a 元素上需添加.nav-link，在 li 元素上需添加.nav-item。

.nav 设置 display 属性为 flex，list-style 属性为 none。

【**实例 6-9**】（文件 nav_basic.html）

```html
<div class="row">
    <div class="col-12">
        <h5 class="text-danger">导航写法 1: 使用列表+超链接</h5>
        <ul class="nav">
            <li class="nav-item"><a href="#" class="nav-link">HTML</a>
</li>
            <li class="nav-item"><a href="#" class="nav-link">CSS</a><
/li>
            <li class="nav-item"><a href="#" class="nav-link">JavaScript
</a></li>
            <li class="nav-item"><a href="#" class="nav-link">jQuery
</a></li>
            <li class="nav-item"><a href="#" class="nav-link">Bootstrap
</a></li>
        </ul>
    </div>
</div>
<div class="row mt-3">
    <div class="col-12">
        <h5 class="text-danger">导航写法 2: nav+超链接</h5>
        <nav class="nav">
            <a href="#" class="nav-link">HTML</a>
            <a href="#" class="nav-link">CSS</a>
            <a href="#" class="nav-link">JavaScript</a>
            <a href="#" class="nav-link">jQuery</a>
            <a href="#" class="nav-link">Bootstrap</a>
        </nav>
    </div>
</div>
```

以上代码在 Chrome 浏览器中的运行效果如图 6-11 所示。无论是用列表+超链接的方式，还是用 nav+超链接的方式，呈现的效果都是一样的。

图 6-11　导航基础样式

.nav 是一个基类，在基类的基础上添加一个修饰类.nav-tabs 或.nav-pills，可以改变导航的样式，衍生为选项卡导航和 Pills 导航。

6.2.2　选项卡导航

在 ul 元素或 nav 元素上，除添加一个基类.nav 外，再添加一个.nav-tabs，可以创建选项卡导航。在超链接 a 元素上添加.active，表示该链接是激活状态，可以让该链接获得选项卡导航特有的突出效果。接下来以 nav+超链接的方式为例展开介绍。本节内容只是展示选项卡的外观，选项卡的动态效果参见第 7 章 7.13 节。

【实例 6-10】（文件 nav_tabs.html）

```
<nav class="nav nav-tabs">
    <a href="#" class="nav-link active">HTML</a>
    <a href="#" class="nav-link">CSS</a>
    <a href="#" class="nav-link">JavaScript</a>
    <a href="#" class="nav-link">jQuery</a>
    <a href="#" class="nav-link">Bootstrap</a>
</nav>
```

以上代码在 Chrome 浏览器中的运行效果如图 6-12 所示。

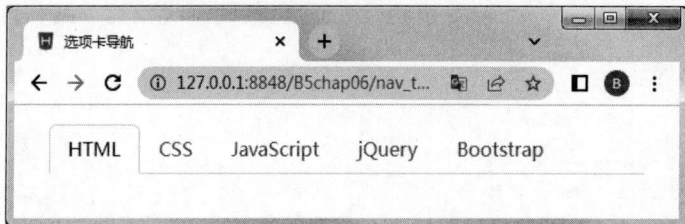

图 6-12　选项卡导航的示例效果

6.2.3　Pills 导航

在 ul 元素或 nav 元素上，除添加一个基类.nav 外，再添加一个.nav-pills，可以创建 Pills 导航。在超链接 a 元素上添加.active，表示该链接是激活状态，可以让该链接获得 Pills 导航特有的突出效果。接下来以 nav+超链接的方式为例进行介绍。

【实例 6-11】（文件 nav_pills.html）

```
<nav class="nav nav-pills">
        <a href="#" class="nav-link active">HTML</a>
        <a href="#" class="nav-link">CSS</a>
        <a href="#" class="nav-link">JavaScript</a>
        <a href="#" class="nav-link">jQuery</a>
        <a href="#" class="nav-link">Bootstrap</a>
</nav>
```

以上代码在 Chrome 浏览器中的运行效果如图 6-13 所示。

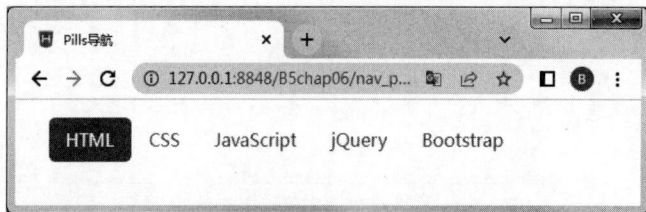

图 6-13　Pills 导航的示例效果

6.2.4　垂直导航

在 ul 元素或 nav 元素上添加.flex-column，导航可垂直显示。如果选项卡导航使用了.active，则其将无法在垂直显示时获得良好的外观，因此一般只将基础导航或 Pills 导航设为垂直导航。并且会为导航添加栅格系统属性，让其作为侧边栏导航使用。如果要禁用导航中的选项，在 a 元素上添加.disabled 即可。

【实例 6-12】（文件 nav_flex_colomn.html）

```
<div class="col-3">
    <nav class="nav nav-pills flex-column">
        <a href="#" class="nav-link active">HTML</a>
        <a href="#" class="nav-link">CSS</a>
        <a href="#" class="nav-link disabled">JavaScript</a>
        <a href="#" class="nav-link">jQuery</a>
        <a href="#" class="nav-link">Bootstrap</a>
    </nav>
</div>
```

以上代码在 Chrome 浏览器中的运行效果如图 6-14 所示。

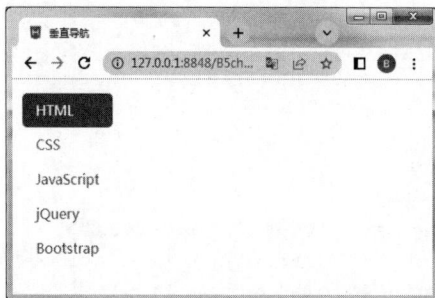

图 6-14　垂直导航的示例效果

6.2.5　导航对齐方式

.nav 定义 display 属性为 flex。导航的对齐就是使用 4.8.3 节的 flex 工具类.justify-content-*
进行排列。默认对齐方式为.justify-content-start，即居左对齐，在 ul 元素或 nav 元素上添
加.justify-content-center 或.justify-content-end，可以实现居中对齐或居右对齐。

【实例 6-13】（文件 nav_align1.html）

```
<h5 class="text-danger ">导航居中对齐</h5>
<nav class="nav nav-tabs justify-content-center">
    <a href="#" class="nav-link active">HTML</a>
    <a href="#" class="nav-link">CSS</a>
    <a href="#" class="nav-link">JavaScript</a>
</nav>
<h5 class="text-danger my-3">导航居右对齐</h5>
<nav class="nav nav-tabs justify-content-end">
    <a href="#" class="nav-link active">HTML</a>
    <a href="#" class="nav-link">CSS</a>
    <a href="#" class="nav-link">JavaScript</a>
</nav>
```

以上代码在 Chrome 浏览器中的运行效果如图 6-15 所示。

图 6-15　导航居中/居右对齐的示例效果

除此之外，还定义了.nav-justified 和.nav-fill，可以让导航项占据所有的空间。

若在 ul 元素或 nav 元素上添加.nav-justified，所有的水平宽度都将被导航占用，每个导航元素会均分宽度，并且随着窗口大小的变化，响应式地变化。

如果将.nav-justified 换为.nav-fill，导航也会占据整个水平宽度，但并不是每个导航项等宽。而是每个导航项的左右空白一致。

【实例 6-14】（文件 nav_align2.html）

```html
<div class="col-12">
    <nav class="nav nav-pills nav-justified">
        <a href="#" class="nav-link active">HTML</a>
        <a href="#" class="nav-link">CSS</a>
        <a href="#" class="nav-link active">JavaScript</a>
        <a href="#" class="nav-link">jQuery</a>
        <a href="#" class="nav-link">Bootstrap</a>
    </nav>
</div>
<div class="row py-3">
    <div class="col-12">
        <nav class="nav nav-pills nav-fill">
            <a href="#" class="nav-link active">HTML</a>
            <a href="#" class="nav-link">CSS</a>
            <a href="#" class="nav-link active">JavaScript 程序设计基础
</a>
            <a href="#" class="nav-link">jQuery</a>
            <a href="#" class="nav-link">Bootstrap</a>
        </nav>
    </div>
</div>
```

以上代码在 Chrome 浏览器中的运行效果如图 6-16 所示。这里为了查看方便，每个导航中有两项添加了.active。

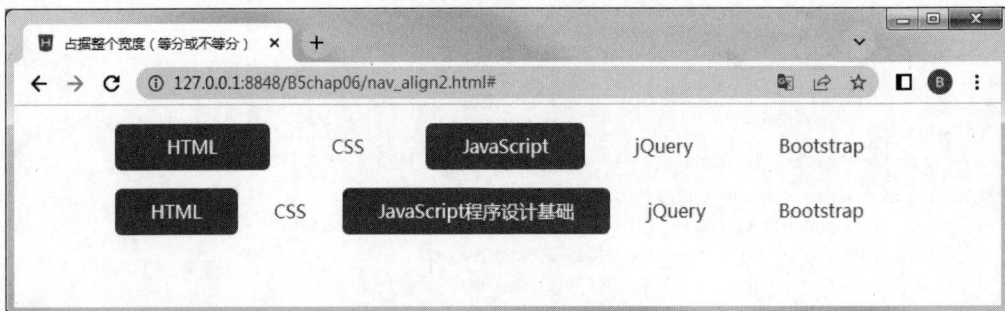

图 6-16　导航占据整个宽度

6.2.6　导航二级菜单

向导航元素中嵌套下拉菜单，即可实现导航二级菜单效果。

无论是使用列表+超链接，还是 nav+超链接的方式去制作导航，均可以实现导航二级菜单的效果。【实例 6-15】将分别以列表+超链接、nav+超链接的方式，演示实现导航的二级菜单。

【实例 6-15】（文件 nav_dropdown.html）

```html
<div class="row">
    <div class="col-12">
```

```
                <h4 class="text-danger">导航写法 1：使用列表+超链接</h4>
            <ul class="nav ">
                <li class="nav-item"><a href="#" class="nav-link">HTML</a>
</li>
                <li class="nav-item"><a href="#" class="nav-link">CSS</a>
</li>
                <li class="nav-item"><a href="#" class="nav-link">JavaScript
</a></li>
                <li class="nav-item"><a class="nav-link" href="#">jQuery
</a></li>
                <li class="nav-item dropdown">
                    <a class="nav-link dropdown-toggle" data-bs-toggle=
"dropdown" href="#">Bootstrap</a>
                        <ul class="dropdown-menu">
                            <li><a href="#" class="dropdown-item">栅格系统</a>
</li>
                            <li><a href="#" class="dropdown-item">CSS 布局</a>
</li>
                            <li><a href="#" class="dropdown-item">组件</a>
</li>
                            <li><a href="#" class="dropdown-item">JavaScript 插
件</a></li>
                        </ul>
                </li>
            </ul>
        </div>
    </div>
    <div class="row mt-3">
        <div class="col-12">
            <h4 class="text-danger">导航写法 2：使用 nav+超链接</h4>
            <nav class="nav ">
                <a href="#" class="nav-link">HTML</a>
                <a href="#" class="nav-link">CSS</a>
                <a href="#" class="nav-link">JavaScript</a>
                <a href="#" class="nav-link">jQuery</a>
                <div class=" dropdown">
                    <a class="nav-link dropdown-toggle" data-bs-toggle=
"dropdown" href="#">Bootstrap</a>
                        <ul class="dropdown-menu">
                            <li><a href="#" class="dropdown-item">栅格系统
</a></li>
                            <li><a href="#" class="dropdown-item">CSS 布局</a>
</li>
                            <li><a href="#" class="dropdown-item">组件</a>
</li>
                            <li><a href="#" class="dropdown-item">JavaScript
插件</a></li>
                        </ul>
                </div>
            </nav>
        </div>
    </div>
```

以上代码在 Chrome 浏览器中的运行效果如图 6-17 所示。

图 6-17　导航二级菜单的示例效果

6.2.7　面包屑导航

Bootstrap 中的面包屑导航是一个简单的带有.breadcrumb 的无序列表。默认样式的导航具有灰色背景颜色，导航链接之间默认用"/"分隔。在导航 nav 元素中通过设置 style 属性，修改--bs-breadcrumb-divider 变量的值，可以自定义面包屑导航分隔符。【实例 6-16】中指定了一个面包屑导航分隔符为">"形式。

【**实例 6-16**】（文件 breadcrumb.html）

```html
<nav aria-label="breadcrumb">
    <ul class="breadcrumb">
        <li class="breadcrumb-item"><a href="#">HTML</a></li>
        <li class="breadcrumb-item "><a href="#">CSS</a></li>
        <li class="breadcrumb-item"><a href="#">JavaScript</a></li>
        <li class="breadcrumb-item"><a href="#">jQuery</a></li>
        <li class="breadcrumb-item
          active" aria-current="page">Bootstrap</li>
    </ul>
</nav>
<nav aria-label="breadcrumb" style="--bs-breadcrumb-divider: '>';">
    <ul class="breadcrumb">
        ......省略，与上面一致
    </ul>
</nav>
```

以上代码在 Chrome 浏览器中的运行效果如图 6-18 所示。

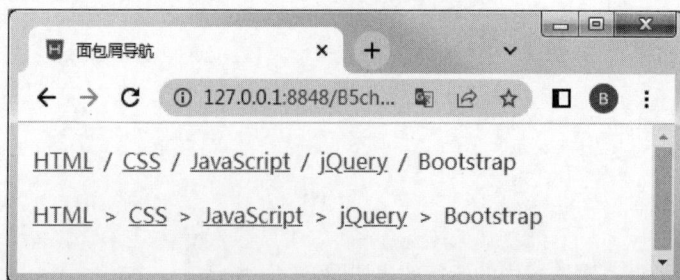

图 6-18　面包屑导航的示例效果

6.3 导航条

6.3.1 导航条的基本用法

我们可以通过在 nav 元素上添加.navbar 来创建一个标准的导航条，后面紧跟.navbar-expand-
{sm|md|lg|xl|xxl}来创建响应式的导航条。即，设备宽度达到响应宽度时，导航条水平铺开；设备宽度
小于响应宽度时，导航条垂直展开。在此基础上通过添加折叠，让其折叠显示。而.navbar-expand 则
表示任何宽度都是水平展开。

在 nav 元素中添加一个带有.navbar-brand 的超链接 a 元素作为导航条的头部。在导航条中
还可以添加超链接（导航）、表单、文本等内容。

下面的【实例 6-17】将提前使用部分元素做一个完整响应式导航条的展示，用到了 7.8 节的
折叠。

【实例 6-17】（文件 navbar_basic.html）

```
<!DOCTYPE html>
<html >
<head>
    <meta charset="UTF-8">
    <meta name="viewport" content="width=device-width, initial-scale=1.0">
    <link rel="stylesheet" type="text/css" href="css/bootstrap.css" />
    <script src="js/bootstrap.bundle.js"></script>
    <title>导航条的用法</title>
</head>
<body>
    <div class="container">
        <nav class="navbar navbar-expand-md bg-primary-subtle ">
            <div class="container">
                <!-- 导航条的头部 -->
                <a href="#" class="navbar-brand">Bootstrap5</a>
                <button class="navbar-toggler" type="button" data-bs-
toggle="collapse" data-bs-target="#collnav">
                    <span class="navbar-toggler-icon"></span>
                </button>
                <!-- 导航条中的链接 -->
                <div class="collapse  navbar-collapse" id="collnav">
                    <ul class="navbar-nav me-auto">
                        <li class="nav-item"><a href="#" class="nav-link
active">布局</a></li>
                        <li class="nav-item"><a href="#" class="nav-link">
样式</a></li>
                        <li class="nav-item"><a href="#" class="nav-link">
组件 </a></li>
                        <li class="nav-item"><a href="#" class="nav-link">
工具</a></li>
                    </ul>
                    <!-- 导航条中的表单 -->
                    <form class="d-flex">
                        <input class="form-control me-2 w-75" type="search"
placeholder="Search"
                            aria-label="Search">
```

```
                      <button class="btn btn-primary" type="submit">搜索
</button>
                   </form>
              </div>
          </div>
        </nav>
     </div>
  </body>
</html>
```

以上代码在 Chrome 浏览器中的运行效果如图 6-19 所示。

（a）md 及其以上设备的导航条效果

（b）md 以下设备的导航条效果

图 6-19　导航条的示例效果

说明：

（1）实现 Bootstrap5 中的导航条，需要在<nav class="navbar">中放置<div class="container">、<div class="container-fluid">或者<div class="container-*">容器（这里*为 sm、md、lg、xl、xxl）。

（2）默认情况下，导航条采用 data-bs-theme="light"模式，文字颜色为深色。

（3）<nav class="navbar">的外层有<div class="container">容器，删掉外层容器，则可以得到 100%宽度的导航条。

6.3.2　品牌图标

在 nav 元素中添加一个带有.navbar-brand 的元素作为导航条的头部。这个元素可以是超链接 a 元素、div 元素或者其他大多数元素。其中，用超链接 a 元素的效果最好。在导航条的头部可以使用文本或图像，或者两者一起使用，实现品牌图标。如果将图像添加到导航条的头部，可根据需要通过自定义样式或使用一些工具类来正确调整图像大小。

【实例 6-18】（文件 navbar_brand.html）

```
<body>
    <nav class="navbar navbar-expand-md bg-primary-subtle ">
        <div class="container">
            <a class="navbar-brand" href="#">
                <img src="img/bootstrap-logo.svg" alt="" width="30" height=
"24"
                   class="d-inline-block align-text-top">
                Bootstrap5
```

```
        </a>
      </div>
    </nav>
</body>
```

以上代码在 Chrome 浏览器中的运行效果如图 6-20 所示。

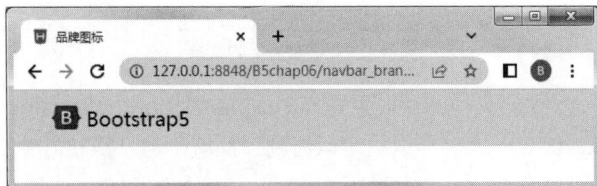

图 6-20 品牌图标的示例效果

说明：这里将导航条<nav class="navbar">作为 body 元素的直接子元素，故导航条宽度为100%。

6.3.3 导航条上的链接

导航条上的链接或者说导航条上的导航元素，与 6.2 节的导航用法一致。将<nav class="nav ">换成<nav class="navbar-nav ">，然后将其放入导航条容器中。

在设置链接格式时，为链接应用.nav-link。要设置某个链接为激活状态，添加.active；要设置某个链接为禁用状态，添加.disabled。链接同样可以包含二级菜单。

【实例 6-19】（文件 navbar_link.html）

```
<body>
<nav class="navbar navbar-expand-md bg-primary-subtle">
    <div class="container">
        <!-- 导航条的头部 -->
        <a href="#" class="navbar-brand"><img src="img/bootstrap-logo.svg"
width="30" class="d-inline-block align-text-top"></a>
        <!-- 导航条上的链接 -->
        <nav class="navbar-nav ">
            <a href="#" class="nav-link active">布局</a>
            <a href="#" class="nav-link">样式</a>
            <div class="dropdown">
                <a href="#" class="nav-link dropdown-toggle " data-bs-
toggle="dropdown">组件</a>
                <ul class="dropdown-menu">
                    <li><a href="#" class="dropdown-item">下拉菜单</a></li>
                    <li><a href="#" class="dropdown-item">导航</a></li>
                    <li><a href="#" class="dropdown-item">导航条</a></li>
                </ul>
            </div>
            <a href="#" class="nav-link disabled">工具</a>
        </nav>
    </div>
</nav>
<script src="js/bootstrap.bundle.js"></script>
</body>
```

以上代码在 Chrome 浏览器中的运行效果如图 6-21 所示。以上代码在导航条上添加了一组链接，其中，"布局"设置了激活状态，"组件"设置了下拉菜单，"工具"设置了禁用状态。

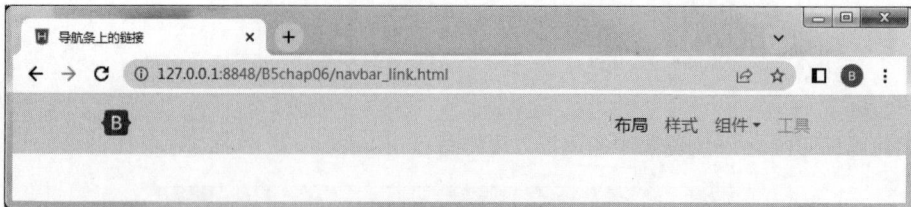

图 6-21　导航条上的链接

说明：在 Bootstrap5 中定义.navbar 中的.container、.container-fluid 等容器为 flex 布局，并且主轴排列为 space-between。所以，可以看到"品牌"与"链接"分别显示在左右两侧。如果需要都靠左显示，则可以在<nav class="navbar-nav ">上添加.me-auto。以下为导航条中容器的定义代码。

```
.navbar > .container,
.navbar > .container-fluid,
.navbar > .container-sm,
.navbar > .container-md,
.navbar > .container-lg,
.navbar > .container-xl,
.navbar > .container-xxl {
  display: flex;
  flex-wrap: inherit;
  align-items: center;
  justify-content: space-between;
}
```

6.3.4　导航条上的表单

如果要将各种表单控件或输入框组放在导航条中，可以在表单 form 元素上添加.d-flex，设置 form 元素为 flex 布局。默认情况下，导航条的.container 容器为 flex，水平排列方式为 space-between，所以导航条中的各项平均分布在导航条上。在<nav class="navbar-nav ">上添加.me-auto，让导航条的链接居左，表单居右显示。

【实例 6-20】（文件 navbar_form.html）

```
<nav class="navbar navbar-expand-md bg-primary-subtle">
    <div class="container">
        <a href="#" class="navbar-brand"><img src="img/bootstrap-logo.svg"
width="30"  class="d-inline-block align-text-top"></a>
        <nav class="navbar-nav me-auto">
            <a href="#" class="nav-link">布局</a>
            <a href="#" class="nav-link">样式</a>
            <a href="#" class="nav-link">工具</a>
        </nav>
        <!-- 导航条上的表单 -->
        <form class="d-flex">
            <!-- 此处用输入框组的形式展现表单 -->
            <div class="input-group input-group-sm">
                <input type="text" class="form-control" />
                <button type="button" class="btn btn-primary">搜索</button>
            </div>
        </form>
    </div>
</nav>
```

以上代码在 Chrome 浏览器中的运行效果如图 6-22 所示。

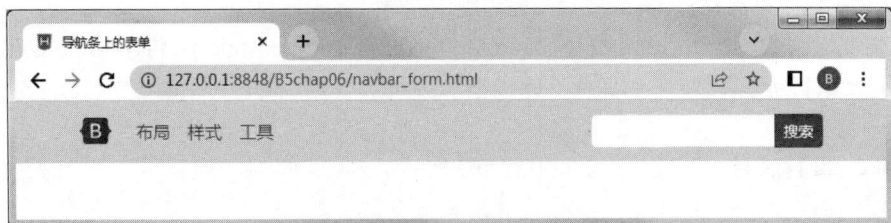

图 6-22　导航条中的表单

6.3.5　导航条上的文本

将文本内容装在使用了.navbar-text 的 span 元素中，便能在导航条中添加非链接的纯文本了。根据需要，可以与其他导航条的元素混合使用。

【实例 6-21】（文件 navbar_form.html）

```html
<nav class="navbar navbar-expand-md bg-primary-subtle">
  <div class="container">
    <a  href="#"  class="navbar-brand"><img  src="img/bootstrap-logo.svg"
width="30"      class="d-inline-block align-text-top"></a>
    <nav class="navbar-nav">
        <a href="#" class="nav-link">布局</a>
        <a href="#" class="nav-link">样式</a>
        <a href="#" class="nav-link ">工具</a>
    </nav>
    <!-- 导航条上的文本 -->
    <span class="navbar-text ms-4 me-auto">
        Bootstrap5 中文文档
    </span>
    <form class="d-flex">
        <div class="input-group input-group-sm">
            <input type="text" class="form-control" />
            <button type="button" class="btn btn-primary">搜索</button>
        </div>
    </form>
  </div>
</nav>
```

以上代码在 Chrome 浏览器中的运行效果如图 6-23 所示。

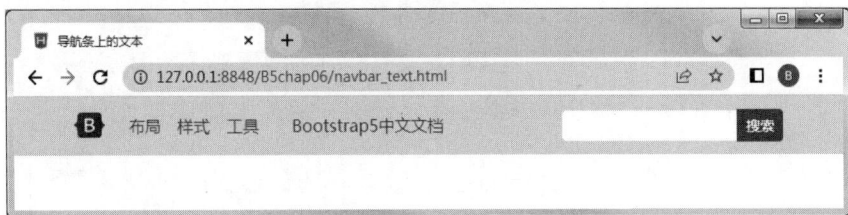

图 6-23　导航条上的文本

6.3.6　固定导航条

利用定位工具可对导航条进行定位。给导航条<nav class="navbar">添加.fixed-top 或者.fixed-bottom，将导航条固定在顶部或底部。当导航条固定在顶部或底部时，导航条脱离原来的文档流，它的宽度不再与父元素同宽，而是与浏览器窗口同宽。body 顶部的内容会被导航条遮挡，因此在添加 body 内容时，需要设置 body 元素的顶部内边距。

给导航条<nav class="navbar">添加.sticky-top 或者.sticky-bottom，将导航条粘贴到顶部（与页面一起滚动直到到达顶部，然后保持不变）或粘贴到底部（与页面一起滚动直到到达底部，然后保持不变）。

【实例 6-22】（文件 navbar_position.html）

```
<body>
 <div class="container">
    <nav class="navbar navbar-expand-md bg-primary-subtle fixed-top ">
        <div class="container-fluid">
            …<!--导航条中内容省略-->
        </div>
    </nav>
    <div class="row mt-3">
        <div class="col">
            <p>在顺境中，以善良之心待人，播撒温暖与善意，让世界因你而更加美好；在逆境中，更要温柔对待自己，给予自己鼓励与慰藉，因为你是自己最坚强的后盾，终将跨越风雨，迎接彩虹。</p>
        </div>
    </div>
 </div>
</body>
```

以上代码在 Chrome 浏览器中的运行效果如图 6-24（a）和（b）所示。从图 6-24（b）中可以看到，定位后有遮挡，因此需要给 body 添加顶部内间距。添加如下顶部内边距的代码后运行效果如图 6-24（c）所示。

```
<body style="padding-top:56px;">
......
</body>
```

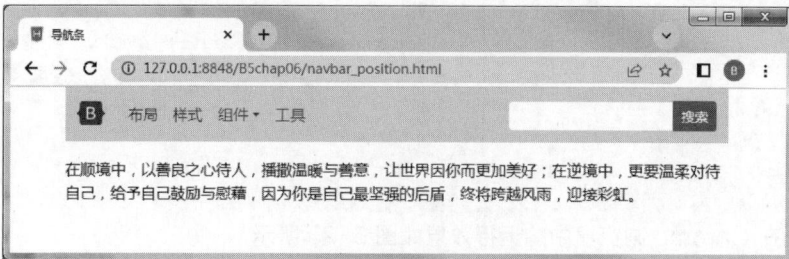

（a）未加 fixed-top 的页面效果

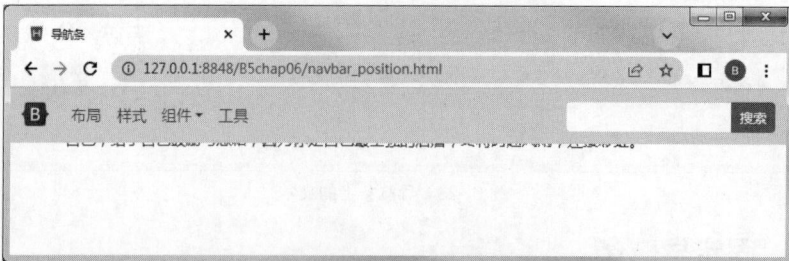

（b）设置 fixed-top 后的页面效果

图 6-24 固定导航条的示例效果

（c）设置顶部内边距定位导航条的页面效果

图 6-24　固定导航条的示例效果（续）

6.3.7　导航条配色方案

导航条本身没有设置背景颜色，需要为\<nav class="navbar"\>添加.bg-颜色词或者.bg-颜色词-subtle 来设置背景颜色。具体的背景颜色类参见第 3 章 3.2.2 节。

Bootstrap5 默认为 data-bs-theme="light"浅色模式，故文字的颜色为深色。如需要浅色文字，在\<nav class="navbar"\>中添加 data-bs-theme="dark"属性。

为 nav 元素添加.bg-{color}，可以设置导航条的背景颜色。导航条默认为深色文字，如需要设置浅色文字，可以使用.navbar-dark。

注意：

在 Bootstrap4 中提供的用来设置深色文字的.navbar-light，在 Bootstrap5.3.3 中已经弃用。默认就是深色文字。

依然可以使用设置浅色文字的.navbar-dark，但是不推荐使用，而是使用 data-bs-theme="dark"属性。

【实例 6-23】（文件 navbar_colornew.html）

```
<nav class="navbar navbar-expand-md bg-dark" data-bs-theme="dark">
  <!-- 导航条具体内容省略 -->
</nav>
<nav class="navbar navbar-expand-md bg-primary navbar-dark">
  <!-- 导航条具体内容省略 -->
</nav>
<nav class="navbar navbar-expand-md bg-info-subtle">
  <!-- 导航条具体内容省略 -->
</nav>
```

以上代码在 Chrome 浏览器中的运行效果如图 6-25 所示。

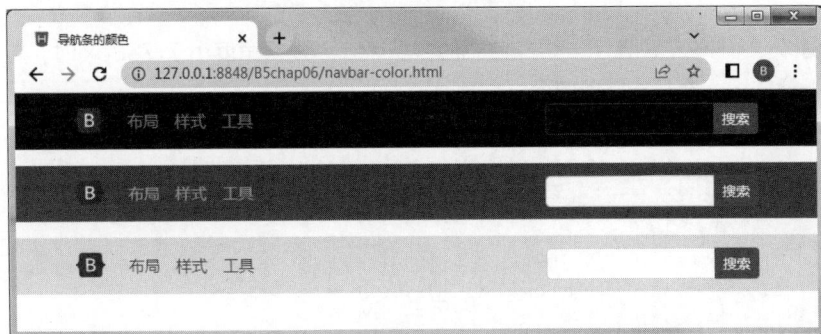

图 6-25　导航条配色方案的示例效果

6.3.8 响应式导航条

前面的【实例 6-19】，如果将浏览器宽度调整至 768px 以下，则会看到导航条中的导航元素已垂直显示，如图 6-26 所示。

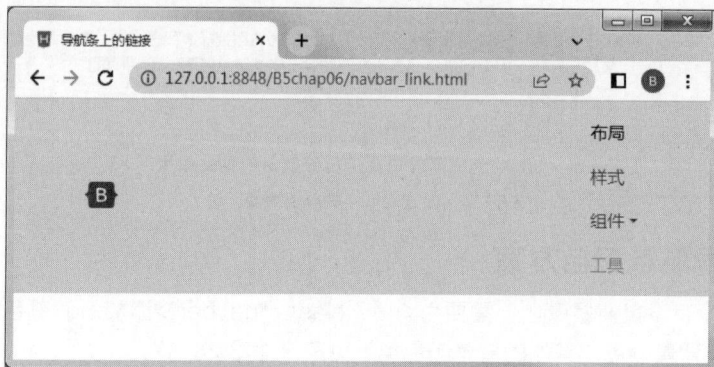

图 6-26　md 以下设备的示例效果

这是因为在前面的实例中，导航条都使用了.navbar-expand-md，表示在 md、lg、xl、xxl 设备上水平展开。在小于 md 设备宽度（小于 768px）时，导航条的导航元素会垂直展开。

将 7.8 节的折叠或将 7.10 节的 Offcanvas 与导航条结合使用，可以制作响应式导航条。而在导航条上使用.navbar-expand-{sm|md|lg|xl|xxl}，导航条在小于对应设备宽度时，将导航条上的相关元素隐藏在一个折叠菜单或者侧边栏中。

响应式导航条使用的是 JavaScript 插件，需在页面中引入 bootstrap.bundle.js 文件。

```
<script src="js/bootstrap.bundle.js" type="text/javascript"> </script>
```

1. 使用折叠

使用触发按钮来控制菜单项的显示与隐藏。响应式导航条制作要点如下。

（1）将导航条中导航和表单放在一个 div 元素中，对这个 div 元素应用.collapse、.navbar-collapse，并给这个 div 元素添加一个 ID 名。

（2）在导航条内.navbar-brand 的后面添加一个 button 元素，用于触发折叠菜单的显示与隐藏。给这个 button 元素应用.navbar-toggler，添加属性 data-bs-toggle="collapse"，data-bs-target="..."，data-bs-target 属性值对应的是前面折叠 div 元素的 class 属性值或 ID 值。button 元素的文本内容应用类.navbar-toggler-icon，这样会让折叠按钮呈现一个面包按钮的样式。

```
<button type="button" class="navbar-toggler" data-bs-toggle="collapse"
        data-bs-target="#折叠id号">
    <span class="navbar-toggler-icon"></span>
</button>
```

在【实例 6-24】中，设置了一个响应式的导航条，当设备宽度小于 768px 时，将导航条折叠起来，单击折叠按钮，展开导航条内容。

【实例 6-24】（文件 navbar_responsive.html）

```
<nav class="navbar navbar-expand-md bg-primary-subtle">
    <div class="container-fluid">
    <!-- 导航条的头部 -->
    <a  href="#"  class="navbar-brand"><img  src="img/bootstrap-logo.svg"
width="30" class="d-inline-block align-text-top"></a>
    <!-- 添加折叠按钮 -->
    <button type="button" class="navbar-toggler" data-bs-toggle="collapse"
```

```
                    data-bs-target="#sample">
                    <span class="navbar-toggler-icon"></span>
        </button>
            <!-- 需要被折叠的导航元素 -->
        <div class="collapse navbar-collapse" id="sample">
                <!-- 导航条中的导航元素（被折叠） -->
            <nav class="navbar-nav me-auto ">
                <a href="#" class="nav-link">布局</a>
                <a href="#" class="nav-link">样式</a>
                <a href="#" class="nav-link active">组件</a>
                <a href="#" class="nav-link ">工具</a>
            </nav>
                <!-- 导航条中的表单（被折叠） -->
            <form class="d-flex">
              <div class="input-group input-group-sm ">
                <input type="text" class="form-control" />
                <button type="button" class="btn btn-danger">搜索</button>
              </div>
            </form>
        </div>
        </div>
</nav>
```

以上代码在 md 以下设备的 Chrome 浏览器中的运行效果如图 6-27（a）和（b）所示。

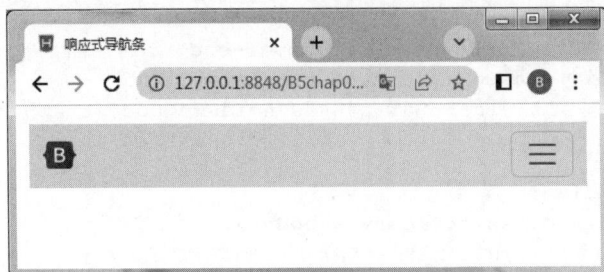

（a）md 以下设备导航条效果

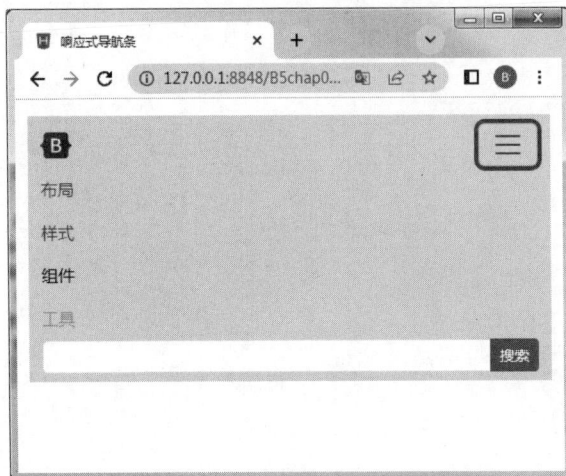

（b）单击触发按钮后的效果

图 6-27　md 以下设备响应式导航条的示例效果

2. 使用 Offcanvas

通过触发按钮来控制菜单项的显示与隐藏。响应式导航条制作要点如下。

（1）将导航条中的导航元素和表单放在一个 div 元素中，对这个 div 元素应用.offcanvas、.offcanvas-{start|end|top|bottom}，并给这个 div 元素添加一个 ID 名。

（2）在导航条内.navbar-brand 的后面添加一个 button 元素，用于触发折叠菜单的显示与隐藏。给这个 button 元素应用.navbar-toggler，添加属性 data-bs-toggle="offcanvas"，data-bs-target="..."，data-bs-target 属性值对应的是前面侧边栏 div 元素的 class 或 ID 值。为 button 元素中的文本内容应用类.navbar-toggler-icon，这样会让折叠按钮呈现一个面包按钮的样式。

```
<button type="button" class="navbar-toggler" data-bs-toggle="offcanvas"
        data-bs-target="#Offcanvas 的 id 号">
    <span class="navbar-toggler-icon"></span>
</button>
```

在【实例 6-25】中，设置了一个响应式的导航条，当设备宽度小于 768px 时，导航条中的导航元素和表单会折叠。单击触发按钮，导航条中的导航元素和表单以侧边栏的形式显示。

【实例 6-25】（文件 navbar_offcanvas.html）

```
<nav class="navbar navbar-expand-md bg-primary-subtle">
    <div class="container-fluid">
        <a href="#" class="navbar-brand"><img src="img/bootstrap-logo.svg"
width="30" class="d-inline-block align-text-top"></a>
        <button type="button" class="navbar-toggler" data-bs-toggle=
"offcanvas" data-bs-target="#sample">
            <span class="navbar-toggler-icon"></span>
        </button>
        <div class="offcanvas offcanvas-end" id="sample">
            <div class="offcanvas-header">
                <h5 class="offcanvas-header">Bootstrap5</h5>
                <button type="button" class="btn-close" data-bs-dismiss=
"offcanvas"></button>
            </div>
            <div class="offcanvas-body">
                <nav class="navbar-nav me-auto ">
                    <a href="#" class="nav-link">布局</a>
                    <a href="#" class="nav-link">样式</a>
                    <a href="#" class="nav-link active">组件</a>
                    <a href="#" class="nav-link ">工具</a>
                </nav>
                <form class="d-flex">
                    <div class="input-group input-group-sm ">
                        <input type="text" class="form-control" />
                        <button type="button" class="btn btn-danger">搜索
</button>
                    </div>
                </form>
            </div>
        </div>
    </div>
</nav>
```

以上代码在 md 以下设备的 Chrome 浏览器中的运行效果如图 6-28 所示。

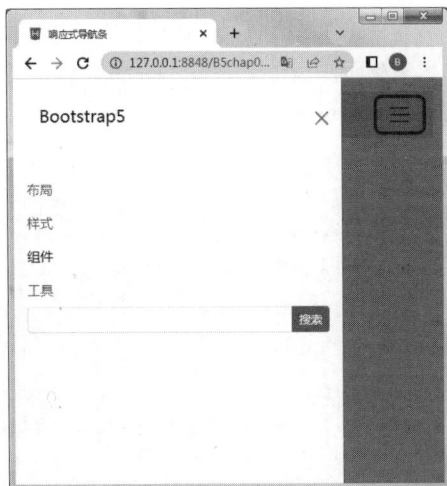

图 6-28　md 以下设备响应式导航条（单击按钮）侧边栏的效果

6.4 徽章

徽章是一个具有内间距、背景颜色、圆角等样式的简单组件，使用.badge 定义。它的外观与按钮有些相似，通常会搭配其他元素一起使用。徽章的颜色可以通过.bg-{color}系列类来选择。

为显示新出炉的新闻效果，常常将徽章与标题放在一起使用。在【实例 6-26】中添加了不同颜色效果的徽章。

【实例 6-26】（文件 badge_title.html）

```html
<div class="container p-3">
    <div class="row">
        <div class="col-12">
            <h1>一篇文章的标题 <span class="badge bg-secondary">新</span></h1>
            <h2>一篇文章的标题 <span class="badge bg-primary">新</span></h2>
            <h3>一篇文章的标题 <span class="badge bg-success">新</span></h3>
            <h4>一篇文章的标题 <span class="badge bg-warning">新</span></h4>
            <h5>一篇文章的标题 <span class="badge bg-danger">新</span></h5>
            <h6>一篇文章的标题 <span class="badge bg-info">新</span></h6>
        </div>
    </div>
</div>
```

以上代码在 Chrome 浏览器中的运行效果如图 6-29 所示。

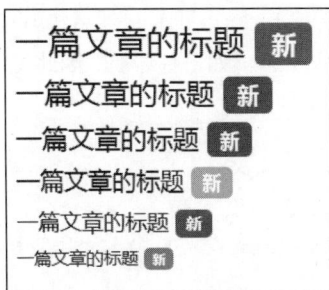

图 6-29　徽章与标题一起搭配使用的示例效果

为显示有多少条未读消息的效果，常常将徽章与按钮搭配使用。结合.rounded-*及不同的定位方式来修饰徽章，从而得到比较美观的样式。

【实例 6-27】（文件 badge_button.html）

```
<div class="container p-3">
    <div class="row">
        <div class="col-4">
            <button type="button" class="btn btn-primary">
            未读邮件 <span class="badge bg-warning rounded-pill ">12</span>
            </button>
        </div>
        <div class="col-4">
            <button type="button" class="btn btn-primary position-relative">
            未读邮件 <span class="badge bg-warning rounded-pill position-
absolute start-100 top-0  translate-middle">12+
                <span class="visually-hidden">unread messages</span></span>
            </button>
        </div>
        <div class="col-4">
            <button type="button" class="btn btn-primary position-relative">
                未读邮件<span class="badge bg-warning rounded-circle
position-absolute start-0 top-0 p-2 translate-middle border border-light">
                <span class="visually-hidden">New message</span>
                </span>
            </button>
        </div>
    </div>
</div>
```

以上代码在 Chrome 浏览器中的运行效果如图 6-30 所示。

图 6-30　修饰徽章的示例效果

6.5　分页导航

分页导航可以显示页码。这个组件使用非常方便，易点击、易缩放、点击区域大，在页面中使用频率高。

分页是使用列表 ul 元素构建的，例如在 ul 元素上添加.pagination，或在 li 元素上添加.page-item、在超链接 a 元素上添加.page-link，然后将 ul 元素放入 nav 元素中，生成一个分页导航。由于页面中可能有多个 nav 元素，如各种导航，因此建议在 nav 元素上添加描述性的内容 aria-label = "page"。

【实例 6-28】（文件 page.html）

```
<nav aria-label="page">
    <ul class="pagination">
        <li class="page-item"><a href="#" class="page-link">上一页</a>
</li>
        <li class="page-item"><a href="#" class="page-link">1</a></li>
```

```
        <li class="page-item"><a href="#" class="page-link">2</a></li>
        <li class="page-item"><a href="#" class="page-link">3</a></li>
        <li class="page-item"><a href="#" class="page-link">下一页</a>
</li>
    </ul>
</nav>
```

以上代码在 Chrome 浏览器中的运行效果如图 6-31 所示。

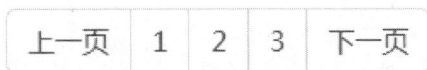

| 上一页 | 1 | 2 | 3 | 下一页 |

图 6-31　分页导航的示例效果

如果想使用图标或符号代替某些分页链接中的文本，需要使用适当的屏幕阅读器支持 aria 属性和 .visually-hidden 工具。

【实例 6-29】（文件 page2.html）

```
<nav aria-label="page">
    <ul class="pagination">
        <li class="page-item">
            <a class="page-link" href="#" aria-label="Previous">
                <span aria-hidden="true">&laquo;</span>
                <span class="visually-hidden">前一页</span>
            </a>
        </li>
        <li class="page-item"><a href="#" class="page-link">1</a></li>
        <li class="page-item"><a href="#" class="page-link">2</a></li>
        <li class="page-item"><a href="#" class="page-link">3</a></li>
        <li class="page-item">
            <a class="page-link" href="#" aria-label="Next">
            <span aria-hidden="true">&raquo;</span>
            <span class="visually-hidden">下一页</span>
            </a>
        </li>
    </ul>
</nav>
```

以上代码在 Chrome 浏览器中的运行效果如图 6-32 所示。

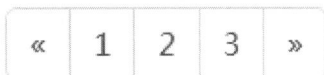

| « | 1 | 2 | 3 | » |

图 6-32　符号分页导航的示例效果

分页导航也可以通过添加 .active 设置成激活状态，通过添加 .disabled 设置成禁用状态。

添加 .pageination-lg 或者 .pageination-sm，可以设置大一点或小一点的分页导航。

另外，前面曾介绍过 flexbox 工具类 .justify-content-*，其中*取值范围为{start|center|end|between|around|evenly}，也可用该类来设置分页导航的排列位置。

【实例 6-30】（文件 page_active_disabled.html）

```
<nav aria-label="page">
    <ul class="pagination pagination-sm  justify-content-start">
        <li class="page-item"><a href="#" class="page-link">上一页</a></li>
```

```
        <li class="page-item"><a href="#" class="page-link">1</a></li>
        <li class="page-item active">
         <a href="#" class="page-link active">2</a></li>
        <li class="page-item disabled">
         <a href="#" class="page-link">3</a></li>
        <li class="page-item"><a href="#" class="page-link">下一页</a></li>
    </ul>
</nav>
<nav aria-label="page">
    <ul class="pagination pagination-lg justify-content-center">
        <li class="page-item"><a href="#" class="page-link">上一页</a></li>
        <li class="page-item"><a href="#" class="page-link">1</a></li>
        <li class="page-item active">
         <a href="#" class="page-link active">2</a></li>
        <li class="page-item disabled">
         <a href="#" class="page-link">3</a></li>
        <li class="page-item"><a href="#" class="page-link">下一页</a></li>
    </ul>
</nav>
```

以上代码在 Chrome 浏览器中的运行效果如图 6-33 所示。

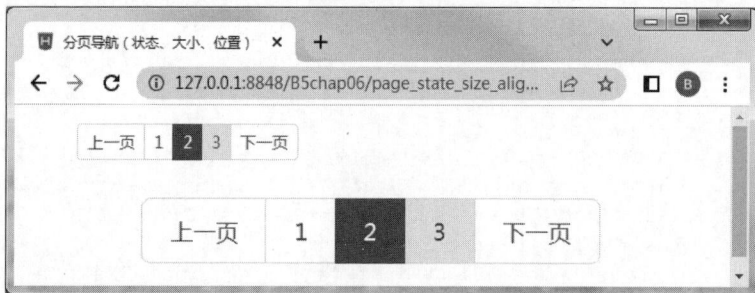

图 6-33　分页导航的状态、大小、位置的示例效果

6.6　列表组

列表组是灵活又强大的组件，不仅能用于显示一组简单的元素，还能以列表形式呈现复杂的和自定义的内容。

6.6.1　基础列表组

基础列表组仅仅是一个带有多个列表条目的无序列表。给 ul 和 li 元素分别应用.list-group和.list-group-item，即可生成一个列表组，为列表组添加.list-group-horizontal，就可以得到一个水平列表组。

【实例 6-31】（文件 list_group_basic.html）

```
<div class="container p-3">
    <div class="row">
        <div class="col-4">
            <ul class="list-group">
                <li class="list-group-item ">外套/针织衫</li>
                <li class="list-group-item ">裤装</li>
                <li class="list-group-item ">裙装</li>
```

```
                    <li class="list-group-item ">起居服</li>
                    <li class="list-group-item ">秋季新品</li>
                </ul>
            </div>
            <div class="col-8">
                <ul class="list-group list-group-horizontal">
                    <li class="list-group-item ">外套/针织衫</li>
                    <li class="list-group-item ">裤装</li>
                    <li class="list-group-item ">裙装</li>
                    <li class="list-group-item ">起居服</li>
                    <li class="list-group-item ">秋季新品</li>
                </ul>
            </div>
        </div>
    </div>
```

以上代码在 Chrome 浏览器中的运行效果如图 6-34 所示。

图 6-34　基础列表组的示例效果

6.6.2　带徽章的列表组

向列表组的任意列表项 li 元素添加徽章，即可在该列表项右侧显示徽章。结合弹性工具类 flexbox 的样式"justify-content-between"，可以让徽章右对齐显示。【实例 6-32】还使用了.align-items-start 调整徽章中文字对齐位置，使用 rounded 系列类设置徽章的圆角效果。

【实例 6-32】（文件 list_group_badge.html）

```
    <ul class="list-group">
        <li class="list-group-item d-flex justify-content-between align-items-
start">外套/针织衫
            <span class="badge bg-info  ">8</span>
        </li>
        <li class="list-group-item d-flex justify-content-between align-items-
start">裤装
            <span class="badge bg-info ">5</span>
        </li>
        <li class="list-group-item d-flex justify-content-between align-items-
start">裙装
            <span class="badge bg-info ">3</span>
        </li>
```

```
            <li class="list-group-item d-flex justify-content-between align-items-
start ">起居服
                <span class="badge bg-primary rounded-pill ">2</span>
            </li>
            <li class="list-group-item   d-flex justify-content-between align-
items-start">秋季新品
                    <span class="badge bg-primary rounded-pill">11</span>
            </li>
    </ul>
```

以上代码在 Chrome 浏览器中的运行效果如图 6-35 所示。

外套/针织衫	8
裤装	5
裙装	3
起居服	2
秋季新品	11

图 6-35　带徽章的列表组的示例效果

6.6.3　链接列表组

div 元素和超链接 a 元素可替代列表 ul 元素和列表项 li 元素。在 div 元素上添加.list-group，在 a 元素上添加.list-group-item 和.list-group-item-action，即可创建一个具有鼠标指针悬停效果的链接列表组。在 div 元素上添加.list-group-flush，可以将列表组外层边框线删除。

【实例 6-33】（文件 list_group_link.html）

```
<div class="container p-3">
<div class="row">
    <div class="col-6">
        <div class="list-group">
            <a href="#" class="list-group-item list-group-item-action">外
套/针织衫</a>
            <a href="#" class="list-group-item list-group-item-action">裤
装</a>
            <a href="#" class="list-group-item list-group-item-action">裙
装</a>
            <a href="#" class="list-group-item list-group-item-action">起
居服</a>
            <a href="#" class="list-group-item list-group-item-action">秋季新
品</a>
        </div>
    </div>
    <div class="col-6">
      <div class="list-group  list-group-flush">
            ......省略，与上面一致
      </div>
    </div>
  </div>
</div>
```

以上代码在 Chrome 浏览器中的运行效果如图 6-36 所示。

外套/针织衫	外套/针织衫
裤装	裤装
裙装	裙装
起居服	起居服
秋季新品	秋季新品

图 6-36　链接列表组的示例效果（裙装有悬停）

说明：这里 a 元素也可以换成 button 元素，但是不要使用标准的.btn，还是以列表组元素设置选项格式。示例如下，读者可以修改上述列表组代码查看效果。

```
<button type="button" class="list-group-item list-group-item-action">秋 季
新品</button>
```

6.6.4　状态设置

给列表项.list-group-item 添加.active，可以让单个列表项背景颜色突出，进入激活状态；给列表项.list-group-item 添加.disabled，可以让单个列表项文字显示为灰色，进入被禁用状态。通过 aria-current="true"属性向屏幕阅读器指定当前活动页面，可以帮助用户更好地理解和导航网站内容。

【实例 6-34】（文件 list_group_active_disabled.html）

```
<div class="card">
    <div class="card-header bg-dark text-light">
        商品分类
    </div>
    <ul class="list-group list-group-flush">
        <li class="list-group-item">外套/针织衫</li>
        <li class="list-group-item ">裤装</li>
        <li class="list-group-item">裙装</li>
        <li class="list-group-item active" aria-current="true">起居服</li>
        <li class="list-group-item disabled">秋季新品</li>
    </ul>
</div>
```

以上代码在 Chrome 浏览器中的运行效果如图 6-37 所示。

图 6-37　状态设置的示例效果

说明：当把列表放入卡片时，需要使用.list-group-flush 来去掉列表组的边框。

6.6.5　列表组主题

通过列表项.list-group-item-*添加情境类，可以使列表组元素显示不同的情景样式。需要注意的是，列表组元素背景样式也可以通过设置.bg-*来设置，两种设置方法在颜色上会有差异。例如，在【实例 6-35】中，.list-group-item-danger 和.bg-danger 呈现了两种不同红色背景。

【实例 6-35】（文件 list_group_contextual.html）

```html
<ul class="list-group">
    <li class="list-group-item list-group-item-danger">外套/针织衫</li>
        <li class="list-group-item list-group-item-primary">裤装</li>
        <li class="list-group-item list-group-item-success">裙装</li>
        <li class="list-group-item list-group-item-warning">起居服</li>
        <li class="list-group-item list-group-item-info">秋季新品</li>
        <li class="list-group-item bg-info">帽子</li>
        <li class="list-group-item bg-danger">围巾</li>
</ul>
```

以上代码在 Chrome 浏览器中的运行效果如图 6-38 所示。

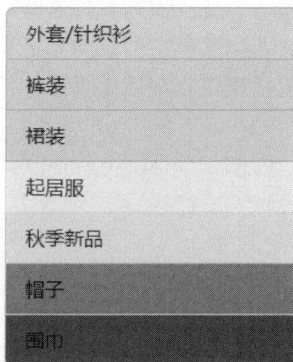

图 6-38　列表组主题的示例效果

6.6.6　其他元素的支持

列表组中每个列表项上还可以添加任意的 HTML 内容，如【实例 6-36】中元素的支持。

【实例 6-36】（文件 list_group_custom_content.html）

```html
<div class="list-group">
    <a href="#" class="list-group-item list-group-item-action active">
        <div class="d-flex w-100 justify-content-between">
            <h5 class="mb-1">评价：★ ★ ★ ★ ★</h5>
            <small>1 楼</small>
        </div>
        <p class="mb-1">课程设计严谨，视频制作精致，看得出来是用心了的。老师讲得清
晰，也有很多案例。</p>
        <small>by 匿名</small>
    </a>
    <a href="#" class="list-group-item list-group-item-action">
        ......列表项内容省略，与上面仅文字不同
```

```
        </a>
        <a href="#" class="list-group-item list-group-item-action">
                ......列表项内容省略，与上面仅文字不同
        </a>
</div>
```

以上代码在 Chrome 浏览器中的运行效果如图 6-39 所示。

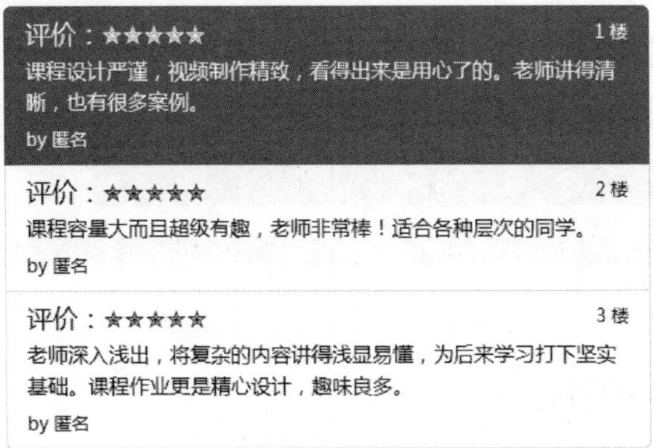

图 6-39　其他元素的支持示例效果

6.7　进度条

6.7.1　基础进度条

进度条简单、灵活，可以为当前工作流程或动作提供实时反馈。

进度条由嵌套的两个 div 元素构建，外层 div 元素上添加.progress，用作进度条的"槽"；内层 div 元素上添加.progress-bar，用来表示当前进度。进度的长短由行内样式的 width 属性来设置。如需设置高度，对外层 div 元素设置 height 属性。

【实例 6-37】（文件 progress_basic.html）

```
<div class="container p-3">
    <div class="row">
        <div class="col-12">
            <!-- 进度条 1: 25% -->
            <div class="progress my-3">
                <div class="progress-bar" style="width: 25%;">进度 25% </div>
            </div>
            <!-- 进度条 2: 50% -->
            <div class="progress my-3">
                <div class="progress-bar" style="width: 50%;">进度 50% </div>
            </div>
            <!-- 进度条 3: 75% -->
            <div class="progress my-3" style="height: 25px;">
                <div class="progress-bar" style="width: 75%;">进度 75% </div>
            </div>
            <!-- 进度条 4: 100% -->
            <div class="progress my-3">
```

```
            <div class="progress-bar" style="width: 100%;">进度100%</div>
            </div>
        </div>
    </div>
</div>
```

以上代码在 Chrome 浏览器中的运行效果如图 6-40 所示。

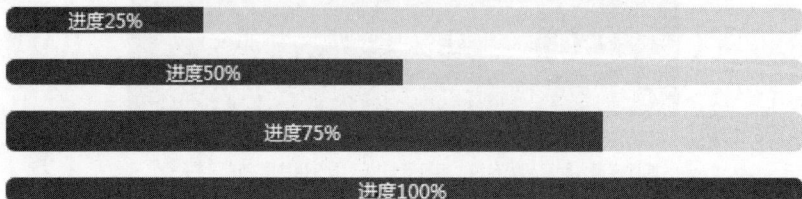

图 6-40　基础进度条的示例效果

6.7.2　进度条的颜色

进度条的颜色可以通过在进度条内层 div.progress-bar 中添加背景颜色类.bg-*的方式来设置。

【实例 6-38】（文件 progress_color.html）

```
<div class="progress my-3">
    <div class="progress-bar bg-danger" style="width:30%;">30%</div>
</div>
<div class="progress my-3">
    <div class="progress-bar bg-warning" style="width:60%;">60%</div>
</div>
<div class="progress my-3">
    <div class="progress-bar bg-success" style="width:90%;">90%</div>
</div>
```

以上代码在 Chrome 浏览器中的运行效果如图 6-41 所示。本例中依次给 3 个进度条设置了.bg-danger、.bg-warning 和.bg-success 这 3 种颜色。

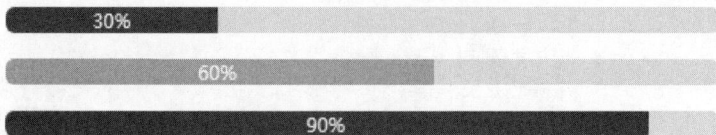

图 6-41　进度条的颜色示例效果

6.7.3　条纹进度条

将.progress-bar-striped 添加到进度条内层 div.progress-bar 上，即可通过 CSS 渐变对进度条的背景颜色加上条纹。若再添加.progress-bar-animated，则条纹会呈现动态流动的效果。

【实例 6-39】（文件 progress_striped.html）

```
<div class="progress my-3">
    <div class="progress-bar bg-danger progress-bar-striped" style="width: 30%;">30%</div>
    </div>
    <div class="progress my-3">
```

```
        <div class="progress-bar bg-warning progress-bar-striped" style=
"width: 60%;">60%</div>
    </div>
    <div class="progress my-3">
        <div class="progress-bar bg-success progress-bar-striped progress-bar-
animated"
        style="width:90%;">90%</div>
    </div>
```

以上代码在 Chrome 浏览器中的运行效果如图 6-42 所示。本例中 3 个进度条都添加了条纹效果，其中第 3 个进度条还添加了动态条纹效果。

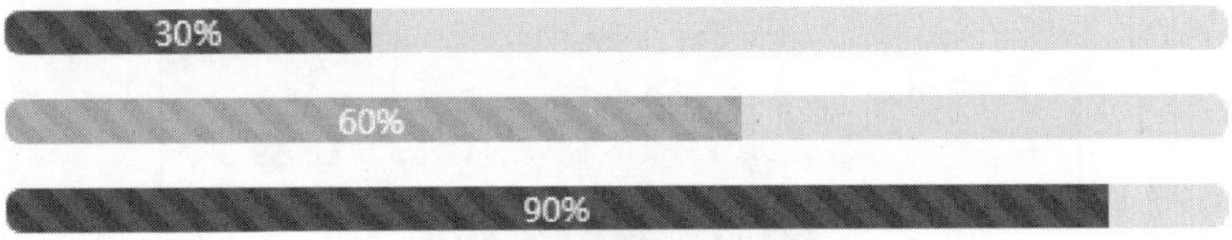

图 6-42　条纹进度条的示例效果

6.7.4　进度条堆叠效果

把多个进度条放入一个添加了.progress-stacked 的 div 中，即可使它们呈现出堆叠的效果。这时进度条的 width 设置在.progress 上。

【实例 6-40】（文件 progress_multiple.html）

```
<div class="progress-stacked">
    <div class="progress" style="width: 20%;">
        <div class="progress-bar bg-secondary" >系统文件</div>
    </div>
    <div class="progress" style="width: 20%;">
        <div class="progress-bar bg-warning" >安装程序</div>
    </div>
    <div class="progress" style="width: 35%;">
        <div class="progress-bar bg-success" >文档文件</div>
    </div>
</div>
```

以上代码在 Chrome 浏览器中的运行效果如图 6-43 所示。

图 6-43　进度条堆叠的示例效果

6.8　卡片

6.8.1　基本卡片

卡片是一个灵活可扩展的内容容器。使用卡片时，在外层 div 元素上使用.card。卡片主体是设置了.card-body 的 div 元素，容器里可以随意组合填装图片、标题、段落、超链接、按钮、列表组等多种元素。

在样式上，可以为卡片添加页眉和脚注，设置背景颜色、边框、宽度。卡片在页面布局设计中应用较多，使用卡片能够更好地丰富页面形式。

【实例 6-41】（文件 card_basic.html）

```
<div class="card">
    <imgsrc="img/card_img.jpg" class="card-img-top">
    <div class="card-body">
        <p class="card-text">丽江的玉龙雪山是国家……</p>
    </div>
</div>
```

以上代码在 Chrome 浏览器中的运行效果如图 6-44 所示。本实例是一个卡片基本结构的展示，其中定义了卡片容器中图片和卡片主体的组合。

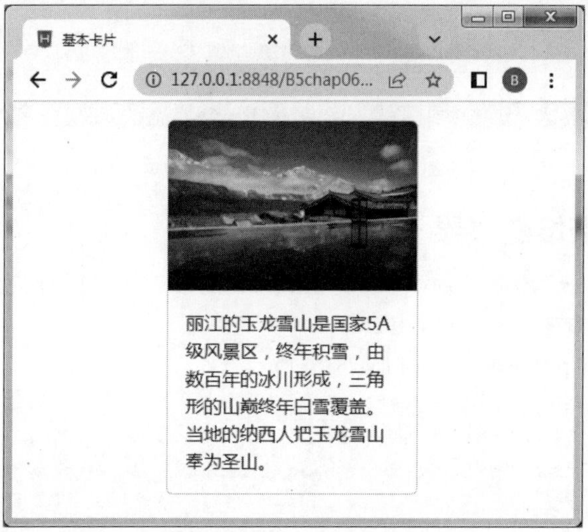

图 6-44　基本卡片的示例效果

6.8.2　卡片的内容设计

卡片支持各种内容，如图像、文本、超链接、列表组等。基本的卡片结构包括卡片主体和图片。

（1）卡片主体

卡片主体是一个添加了.card-body 的 div 元素，里面可以装入标题、段落、超链接、按钮、列表组、引用等。Bootstrap 中定义了对应的类：标题类.card-title、副标题类.card-subtitle、文本类.card-text、类链接.card-link。

（2）图片和卡片主体的组合

图片和卡片主体组合放置时，若是图片放在卡片主体上方，给 img 元素添加.card-img-top，则图片左上角与右上角会添加圆角效果；同理，若是图片放在卡片主体下方，添加.card-img-bottom，则图片左下角与右下角会添加圆角效果。如果卡片没有文字，直接使用.card-img，此时，图片的 4 个角都添加了圆角效果。

图片和卡片主体组合时，图片可以设置为卡片主体的背景。只需要在.card-body 的 div 元素里添加.card-img-overlay 即可。

【实例 6-42】（文件 card-imgbg.html）

```
<div class="card">
    <img src="img/card_img.jpg" class="card-img">
    <div class="card-body card-img-overlay text-white">
        <h5 class="card-title">玉龙雪山</h5>
```

```
            <p class="card-text">丽江的玉龙雪山是国家 5A 级风景区，终年积雪。</p>
        </div>
    </div>
```

以上代码在 Chrome 浏览器中的运行效果如图 6-45 所示。

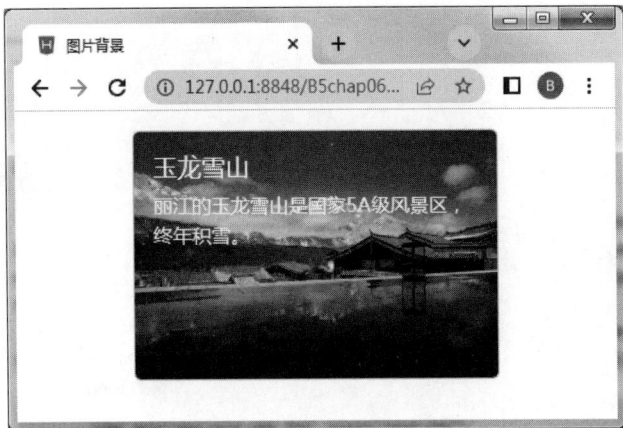

图 6-45   图片为背景的卡片示例效果

（3）卡片的大小

卡片默认为 100% 宽度。我们可以通过栅格系统、CSS 样式、宽度工具等来设定。

（4）文本的排列

文本的排列样式，可利用文本排列工具类.text-{start|end|center}来实现。在【实例 6-43】中，添加了两个卡片，使用栅格进行布局，第一个卡片设置了图片在卡片主体下方，卡片主体中文本默认左对齐，第二个卡片设置了图片在卡片主体上方，卡片主体中文本居中显示。

【实例 6-43】（文件 card_text.html）

```
<div class="row">
    <div class="col-lg-3 col-md-6">
        <div class="card h-100">
            <div class="card-body">
                <h5 class="card-title">品质生活</h5>
                <p class="card-text ">心要像伞，撑得开，收得起。</p>
                <a href="#" class="card-link">查看全文</a>
            </div>
                <img src="img/card_img1.jpg" class="card-img-bottom">
        </div>
    </div>
    <div class="col-lg-3 col-md-6">
        <div class="card h-100">
            <img src="img/card_img2.jpg" class="card-img-top">
            <div class="card-body  text-center">
                <h5 class="card-title">品质生活</h5>
                <p class="card-text">心要像伞，撑得开，收得起。</p>
                <a href="#" class="btn btn-secondary stretched-link">
查看全文</a>
            </div>
        </div>
    </div>
</div>
```

以上代码在 Chrome 浏览器中的运行效果如图 6-46 所示。

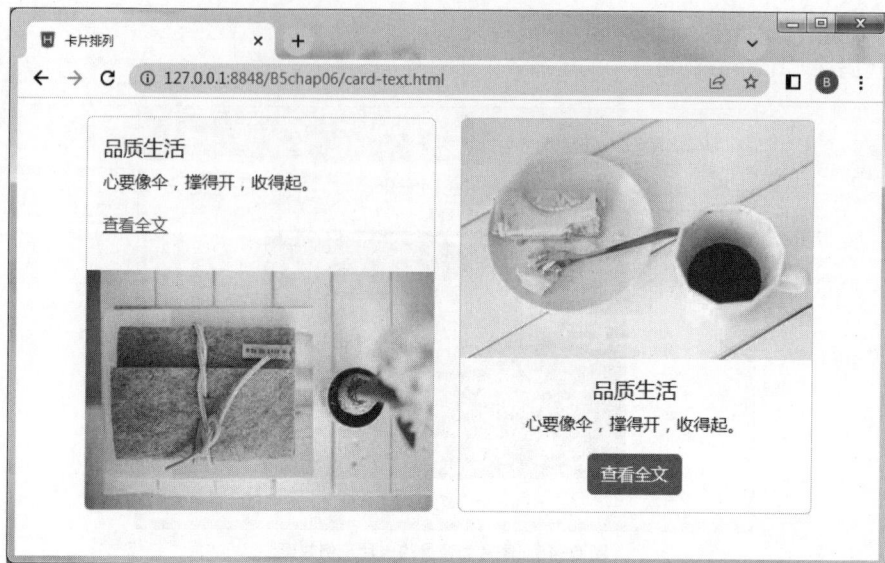

图 6-46　卡片的内容设计的示例效果

说明：

（1）为每个卡片添加.h-100 可以解决不等高的问题。

（2）可以在 a 元素上使用.stretched-link 扩展链接的单击区域，使其扩展到整个卡片。第 2 个卡片上用到了.stretched-link。

6.8.3　卡片的页眉和脚注

在设计卡片时，还可以选择性地添加页眉（.card-header）或脚注（.card-footer）。

【实例 6-44】（文件 card_header_footer.html）

```
<div class="row">
        <div class="col-lg-6">
            <div class="card mb-3">
                <div class="card-header text-center ">考证培训通知</div>
                <div class="card-body">
                    <h5 class="card-title">1+X Web 前端开发</h5>
                    <p class="card-text">初级涵盖：HTML、CSS、JavaScript、
jQuery</p>
                    <p class="card-text">中级涵盖：HTML、CSS、JavaScript、
jQuery、Bootstrap、MySQL、PHP、Laravel、Ajax</p>
                </div>
                <div class="card-footer">
                    <button type="button" class="btn btn-info btn-sm
float-end">点此报名</button>
                </div>
            </div>
        </div>
    </div>
```

以上代码在 Chrome 浏览器中的运行效果如图 6-47 所示。

图6-47　卡片的页眉和脚注设计的示例效果

6.8.4　卡片样式

更改卡片的外观，可以通过第3章和第4章介绍的文本类、背景颜色类、边框类来实现。

【实例6-45】（文件card_style.html）

```
<div class="row  g-3">
        <div class="col">
            <div class="card  bg-info  text-white">
                <div class="card-header text-center ">考证培训通知</div>
                <div class="card-body">
                    <h5 class="card-title">1+X Web前端开发</h5>
                    <p class="card-text">初级涵盖：HTML、CSS、JavaScript、
jQuery</p>
                </div>
                <div class="card-footer">
                    <button type="button" class="btn btn-light btn-sm
float-start">点此报名</button>
                </div>
            </div>
        </div>
        <div class="col ">
            <div class="card  border-info">
                <div class="card-header  text-center   ">考 证 培 训 通 知
</div>
                <div class="card-body text-info">
                    <h5 class="card-title">1+X Web前端开发</h5>
                    <p class="card-text">初级涵盖：HTML、CSS、JavaScript、
jQuery</p>
                    <p class="card-text">中 级 涵 盖： HTML 、 HTML 、 CSS 、
JavaScript、jQuery......</p>
                </div>
                <div class="card-footer">
                    <button type="button" class="btn btn-info btn-sm
float-end">点此报名</button>
                </div>
            </div>
```

```
                </div>
                <div class="col">
                    <div class="card border-info">
                        <div class="card-header text-center bg-transparent
border-info ">考证培训通知</div>
                        <div class="card-body">
                            <h5 class="card-title">1+X Web前端开发</h5>
                            <p class="card-text">初级涵盖: HTML、CSS、JavaScript、
jQuery</p>
                        </div>
                        <div class="card-footer bg-transparent border-info">
                            <button type="button" class="btn btn-info btn-sm
float-end">点此报名</button>
                        </div>
                    </div>
                </div>
            </div>
        </div>
```

以上代码在 Chrome 浏览器中的运行效果如图 6-48 所示。可以用.h-100 来设置等高。

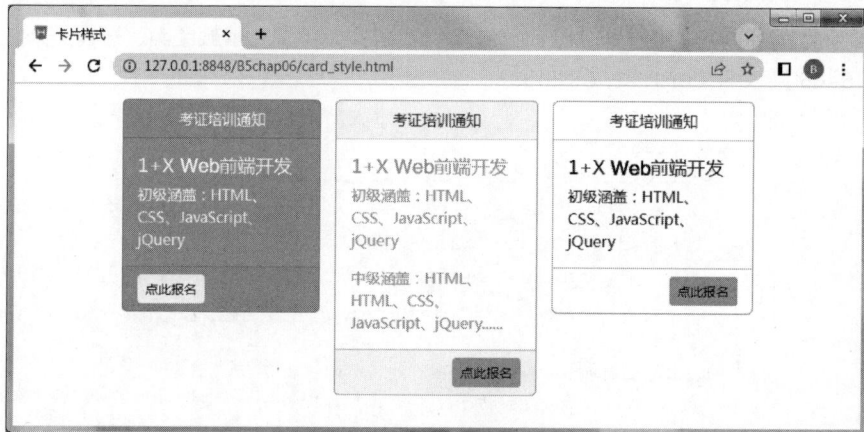

图 6-48　卡片样式的示例效果

6.8.5　水平卡片

借助栅格系统，可以将图片和文字部分水平显示。在.row 上使用.g-0，可去掉行的左/右外边距和列的内边距。【实例 6-46】展示了具体使用方法，如果多个容器高度不一致，可以添加.h-100。

【实例 6-46】（文件 card_horizontal.html）

```
<div class="card">
    <div class="row g-0">
        <div class="col-4">
            <img src="img/card_img2.jpg" class="card-img  h-100">
        </div>
        <div class="col-8">
            <div class="card-body">
                <h5 class="card-title">开心甜点屋</h5>
                <p class="card-text">伴着樱花淡淡的清香,来一口甜美的点心再惬意不过啦!
</p>
            </div>
        </div>
    </div>
</div>
```

```
    </div>
```
以上代码在 Chrome 浏览器中的运行效果如图 6-49 所示。

图 6-49　水平卡片的示例效果

6.8.6　卡片组

在【实例 6-47】中，采用栅格系统布局将多个卡片并列放置。但是当这些卡片的内容长度不一致时，并排的卡片会不等高。当然，我们可以在每个卡片上添加.h-100 实现等高。

在 Bootstrap 中，使用卡片组也可将卡片呈现为具有相等宽度和高度列的单个附加元素。卡片组类为.card-group。添加了.card-group 的卡片组的卡片之间无间隙，并等高等宽。

【实例 6-47】（文件 card_group.html）

```
<div class="card-group">
    <div class="card">
        <!--此处省略内容类似【实例 6-45】-->
    </div>
    <div class="card">
        <!--此处省略内容类似【实例 6-45】-->
    </div>
    <div class="card">
        <!--此处省略内容类似【实例 6-45】-->
    </div>
</div>
```

以上代码在 Chrome 浏览器中的运行效果如图 6-50 所示。

图 6-50　卡片组的示例效果

6.8.7　卡片布局

在使用栅格系统布局卡片时，可以使用.row-cols-*来控制每行显示的列数，其中*的取值为1～5的数字。比如，.row-cols-2 表示一行只显示两列。

本节【实例 6-48】是在【实例 6-45】的基础上做如下修改：row 上添加.row-cols-2，.col 上添加 mb-3，.card 上添加.h-100。

【实例 6-48】（文件 card_gridcard.html）

```
<div class="row row-cols-2 g-3">
    <div class="col">
        <div class="card bg-info text-white mb-3 h-100">…</div>
    </div>
    <div class="col">
        <div class="card border-info mb-3 h-100">…</div>
    </div>
    <div class="col">
        <div class="card border-info mb-3 h-100">…</div>
    </div>
</div>
```

以上代码在 Chrome 浏览器中的运行效果如图 6-51 所示。

图 6-51　卡片布局的示例效果

6.9　旋转图标

旋转图标可用于显示项目中的加载状态。

在 div 元素上添加.spinner-border，可得到一个不断旋转的带缺口的黑色圆环图标。在 div 元素中添加.spinner-grow，可得到一个由小变大闪现的黑色圆形图标。为其添加.text-{color}（color 的取值参见第 3 章 3.2.1 节），可实现自定义旋转图标的颜色。

默认情况下，旋转图标的宽度和高度都为 2rem。Bootstrap 提供了尺寸类.spinner-border-sm，可以得到小号（1rem）的旋转图标。除此之外，还可以直接设置 width 或 height 属性，也可以设置 --bs-spinner-width 和--bs-spinner-height 两个 CSS 变量的值，从而改变旋转图标的尺寸。

出于可访问性目的，每个旋转图标中最好都包含 role="status"和嵌套的<span class="visually-hidden"> Loading…</span>。

【实例 6-49】（文件 spinner_border.html）

```
<div class="row">
  <div class="col-6 d-flex justify-content-around">
    <div class="spinner-border text-primary" role="status">
        <span class="visually-hidden">Loading...</span>
    </div>
    <div class="spinner-border spinner-border-sm text-danger " role=
"status">
        <span class="visually-hidden">Loading...</span>
    </div>
    <div class="spinner-border text-success" role="status" style="width:
2.5rem;height: 2.5rem;">
        <span class="visually-hidden">Loading...</span>
    </div>
    <div class="spinner-border text-warning" role="status"
        style="--bs-spinner-width:3rem;--bs-spinner-height:3rem;">
        <span class="visually-hidden">Loading...</span>
    </div>
  </div>
  <div class="col-6 d-flex justify-content-around">
    <div class="spinner-grow text-info" role="status">
        <span class="visually-hidden">Loading...</span>
    </div>
    <div class="spinner-grow spinner-grow-sm text-danger-emphasis "
role="status">
        <span class="visually-hidden">Loading...</span>
    </div>
    <div class="spinner-grow text-success" role="status" style="width:
2.5rem;height: 2.5rem;">
        <span class="visually-hidden">Loading...</span>
    </div>
    <div class="spinner-grow text-warning" role="status" style="--bs-
spinner-width:3rem;--bs-spinner-height:3rem;">
        <span class="visually-hidden">Loading...</span>
    </div>
  </div>
</div>
```

以上代码在 Chrome 浏览器中的运行效果如图 6-52 所示。

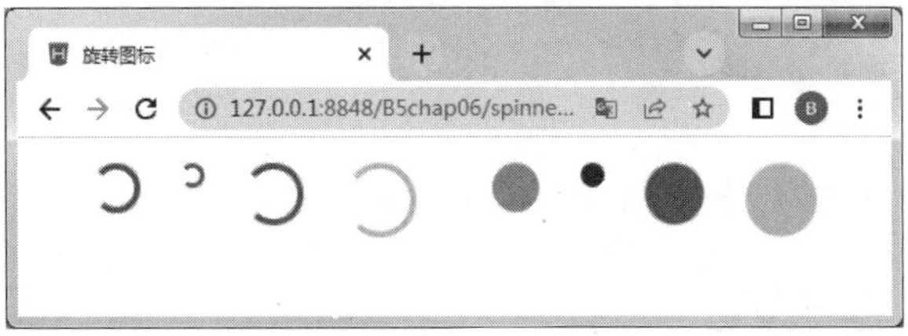

图 6-52　旋转图标的示例效果

6.10 图标

Bootstrap 拥有一个免费、高质量、开放源码的综合图标库，现在已更新到 2000 多个图标，如图 6-53 所示。这些图标是 SVG 格式的，可以随意添加在任何项目中，无论这个项目有没有用到 Bootstrap，均可使用 Bootstrap 图标。

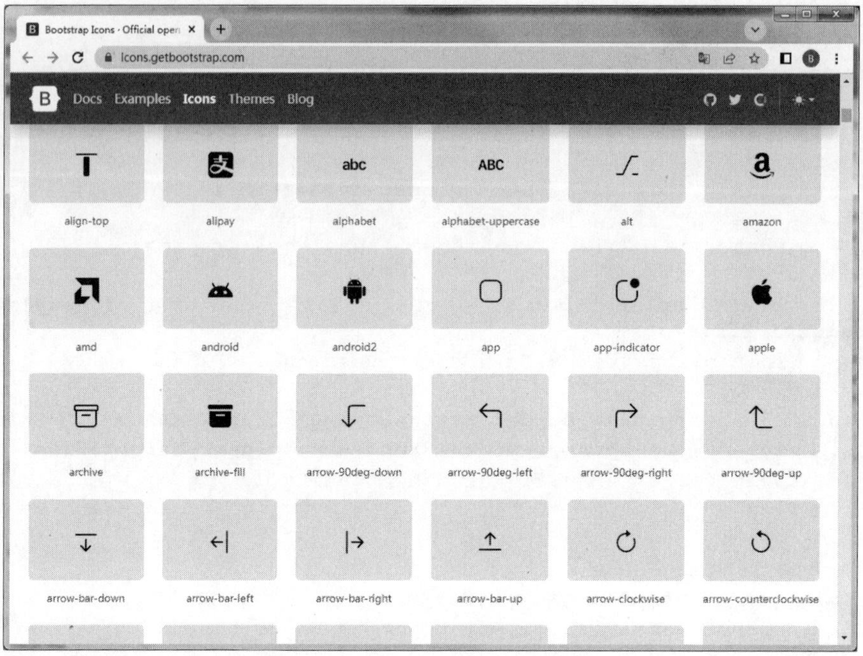

图 6-53　Bootstrap 图标库中的图标

6.10.1　图标的安装

Bootstrap 中图标的安装有 3 种方式，读者根据需要选取其一即可。

方法 1：使用 npm 安装。该方法会安装包括 SVG、图标 sprite 和图标字体的内容。

```
npm i bootstrap-icons
```

方法 2：下载 Bootstrap 图标文件。在 GitHub 官网下载源码 ZIP 文件，解压后可以看到图 6-54 所示的文件结构。

方法 3：通过 link 或@import 的方式引入 Bootstrap 提供的 CSS 文件。

```
<link rel="stylesheet" href="https://cdn.jsdelivr.
net/npm/bootstrap-icons@1.11.3/font/bootstrap-icons.min
.css">
```

或

```
@import url("https://cdn.jsdelivr.net/npm/bootstrap-
icons@1.11.3/font/bootstrap-icons.min.css");
```

6.10.2　什么是 SVG

图 6-54　Bootstrap 图标文件夹

SVG（Scalable Vector Graphics，可缩放的矢量图形）是一种图像文件格式。它是基于 XML（Extensible Markup Language，可扩展标记语言）由 W3C 联盟进行开发的。严格来说，它应该是一种开放标准的矢量图形语言，可帮助用户设计激动人心的、高分辨率的 Web 图形页面。用户可以直接用代码来描绘图像，也可用任何文字处理工具打开 SVG 文件，通过改变部分代码来使图

像具有交互功能，并随时插入 HTML 中，通过浏览器来查看设计效果。

6.10.3　图标的使用

Bootstrap 图标是 SVG 格式的。在网页中可以通过多种方式使用 SVG 文件，具体如下。

方法 1：嵌入式。

将图标直接嵌入页面的 HTML 中，而不是作为外部图像文件引入。打开对应的 SVG 文件，将下面代码复制到页面中。

```
<svgxmlns="http://www        /2000/svg" fill="currentColor"class="bi bi-
chevron-right" viewBox="0 0 16 16">
    <path fill-rule="evenodd" d="M4.646 1.646a.5.5 0 0 1 .708 0l6 6a.5.5 0
0 1 0 .708l-6 6a.5.5 0 0 1-.708-.708L10.293 8 4.646 2.354a.5.5 0 0 1 0-.708z" />
</svg>
```

方法 2：SVG Sprite。

使用 SVG Sprite 在 use 元素中插入任何想用的图标，并以图标的文件名作为片段标识符（例如 shop 就用#shop）。然后，将下载的文件夹中的 bootstrap-icons.svg 文件复制到项目目录下。再输入下列代码。

```
<svg class="bi" fill="currentColor">
  <use xlink:href="bootstrap-icons.svg#shop"/>
</svg>
```

但是，这种方法有局限性：在 Chrome 浏览器中使用 use 元素时，存在无法跨域工作的问题。所以该方法并不推荐。

方法 3：作为外部图像插入。

下载 Bootstrap 图标文件后，将其放入项目指定路径，像引用普通 img 元素一样，引入它们。

```
<img src="./img/cart-plus.svg">
```

方法 4：通过字体图标。

每一个图标都对应一个 class。Bootstrap 图标默认的大小为 1em，也可以使用.font-size、.text-color 这些类来更改图标的大小和颜色。

这一方法又有两种方式。

（1）先通过 link 或@import 的方式引入 CDN 上的 CSS 文件，然后在元素中使用相应的 class，以显示图标。

```
<link rel="stylesheet" href="https://cdn.jsdelivr.net/npm/bootstrap-icons
@1.4.1/font/bootstrap-icons.css">
```

（2）先将下载的图标文件夹中的 font 文件夹复制到网站根目录，然后以 link 或@import 的方式引入 CSS 文件。

```
<link rel="stylesheet" href="font/bootstrap-icons.css">
```

在【实例 6-50】中采用了不同的方式引用 SVG 图标。需要注意以下几点。

（1）在第 2 种方法中，需要复制文件 bootstrap-icons.svg 至 icons.html 同目录下。第 3 种方法需要复制文件 cart-plus.svg 至 img 目录下，第 4 种需要复制文件夹 font 至 icons.html 同目录下。

（2）使用.text-*可改变图标的颜色，使用.font-size 可改变字体图标的大小。

（3）设置 svg 或 img 元素的 width 和 height 属性可改变图标大小。如果未指定 svg 元素的 width 和 height 属性，图标将填满所有可用空间。

【实例 6-50】（文件 icons.html）

```
<head>
    <meta charset="UTF-8">
    <meta name="viewport" content="width=device-width,initial-scale=1.0">
```

```
        <link rel="stylesheet" type="text/css" href="css/bootstrap.css"/>
        <link rel="stylesheet" href="font/bootstrap-icons.css"/>
        <title>Bootstrap 图标</title>
    </head>
    <div class="container p-3">
        <div class="row">
            <div class="col-3">
                方法 1：
                <svg  xmlns="http://www.w3.org/2000/svg"    width="32"
height="32" fill="red" class="bi bi-chevron-right" viewBox="0 0 16 16">
                    <path fill-rule="evenodd" d="M4.646 1.646a.5.5 0 0 1 .708
0l6 6a.5.5 0 0 1 0 .708l-6 6a.5.5 0 0 1-.708-.708L10.293 8 4.646 2.354a.5.5 0
0 1 0-.708z" />
                </svg>
            </div>
            <div class="col-3">
                方法 2：
                <svg  class="bi   text-success"   width="32"  height="32"
fill="currentColor">
                    <use xlink:href="bootstrap-icons.svg#shop" />
                </svg>
            </div>
            <div class="col-3">
                方法 3：
                <img src="./img/cart-plus.svg" style="width: 32px; ">
            </div>
            <div class="col-3">
                方法 4：
                <span class="bi bi-alarm text-primary" style="font-size:
32px;"></span>
            </div>
        </div>
    </div>
```

以上代码在 Chrome 浏览器中的运行效果如图 6-55 所示。

图 6-55　Bootstrap 图标的使用效果

6.11　按钮组

按钮组是将多个按钮堆叠在同一行上。如果要把多个按钮对齐，这个组件将非常有用。通过与按钮插件联合使用，可以将按钮组设置为单选按钮、复选框及下拉菜单的样式和行为。

6.11.1　基本按钮组

使用一个 div 容器元素包裹多个按钮，并且应用.btn-group，即可创建一个按钮组。

【实例 6-51】（文件 btngroup_basic.html）

```
<div class="btn-group" role="group" aria-label="group">
    <button type="button" class="btn btn-secondary">系统设置</button>
    <button type="button" class="btn btn-secondary">界面设置</button>
    <button type="button" class="btn btn-secondary">帮助</button>
</div>
```

以上代码在 Chrome 浏览器中的运行效果如图 6-56 所示。

| 系统设置 | 界面设置 | 帮助 |

图 6-56　基本按钮组的示例效果

需要注意的是，为了向使用屏幕辅助技术（如屏幕阅读器）的用户正确传达按钮分组的内容，需要给按钮组 div 元素添加一个合适的 role 属性。对于按钮组合，role="group"；对于 toolbar（工具栏），role="toolbar"。如果按钮组合只包含一个单一的控制元素，则不需要添加。虽然设置了正确的 role 属性，但是大多数辅助技术并不能正确地识读它们，因此，应给按钮组和工具栏一个明确的 label 元素，所以本例中还添加了 aria-label="group"。

6.11.2　按钮工具栏

将一组<div class="btn-group">组合进一个<div class="btn-toolbar">，可以生成更复杂的组件，即按钮工具栏。

【实例 6-52】（文件 btngroup_toolbar.html）

```
<div class="btn-toolbar" role="toolbar" aria-label="工具栏">
    <div class="btn-group me-2" role="group" aria-label="1 组">
        <button type="button" class="btn btn-secondary">按钮 1</button>
        <button type="button" class="btn btn-secondary">按钮 2</button>
        <button type="button" class="btn btn-secondary">按钮 3</button>
    </div>
    <div class="btn-group me-2" role="group" aria-label="2 组">
        <button type="button" class="btn btn-secondary">按钮 4</button>
        <button type="button" class="btn btn-secondary">按钮 5</button>
    </div>
    <div class="btn-group" role="group" aria-label="3 组">
        <button type="button" class="btn btn-secondary">按钮 6</button>
    </div>
</div>
```

以上代码在 Chrome 浏览器中的运行效果如图 6-57 所示。

| 按钮1　按钮2　按钮3 | 按钮4　按钮5 | 按钮6 |

图 6-57　按钮工具栏的示例效果

一般地，在工具栏上可以随意地混合使用输入框组和按钮组，如【实例 6-53】所示。

【实例 6-53】（文件 btngroup_toolbar2.html）

```
<div class="row my-3">
    <div class="col-12">
```

```
          <div class="btn-toolbar" role="toolbar" aria-label="工具栏">
              <div class="btn-group me-2" role="group" aria-label="1 组">
                  <button type="button" class="btn btn-secondary">按钮 1</button>
                  <button type="button" class="btn btn-secondary">按钮 2</button>
                  <button type="button" class="btn btn-secondary">按钮 3</button>
              </div>
              <div class="input-group">
                  <div class="input-group-text" id="btnGroupAddon">@</div>
                  <input type="text" class="form-control" placeholder="输入"
aria-label="输入框" aria-describedby="btnGroupAddon">
              </div>
          </div>
      </div>
  </div>
  <div class="row my-3">
      <div class="col-12">
          <div class="btn-toolbar justify-content-between" role="toolbar"
aria-label="工具栏">
              …（省略代码与上行一样）
          </div>
      </div>
  </div>
```

以上代码在 Chrome 浏览器中的运行效果如图 6-58 所示。

图 6-58 含按钮组和输入框组的工具栏示例效果

6.11.3 按钮组尺寸

给按钮组的 div 元素应用类.btn-group-lg 或.btn-group-sm，即可定义按钮组的尺寸。

【实例 6-54】（文件 btngroup_size.html）

```
<div class="row my-3">
    <div class="col">
        <div class="btn-group btn-group-lg" role="group" aria-label="group">
            <button type="button" class="btn btn-outline-primary">Left
            </button>
            <button type="button" class="btn btn-outline-primary">Middle
            </button>
            <button type="button" class="btn btn-outline-primary">Right
            </button>
        </div>
```

```
            </div>
        </div>
    <div class="row my-3">
        <div class="col">
            <div class="btn-group " role="group" aria-label="group">
                …（省略代码与第 1 行一样）
            </div>
        </div>
    </div>
    <div class="row my-3">
        <div class="col">
            <div class="btn-group btn-group-sm" role="group" aria-label=
"group">
                …（省略代码与第 1 行一样）
            </div>
        </div>
    </div>
</div>
```

以上代码在 Chrome 浏览器中的运行效果如图 6-59 所示。

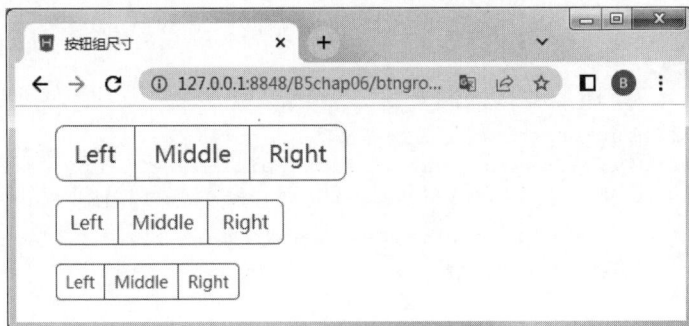

图 6-59　按钮组尺寸的示例效果

6.11.4　按钮组嵌套

在下拉菜单中，经常有一个按钮组嵌套另一个按钮组的情况。如【实例 6-55】在按钮组中嵌套了下拉菜单。在添加下拉菜单时，注意需要引入 bootstrap.bundle.js 文件。

【实例 6-55】（文件 btngroup_menu.html）

```
<div class="btn-group" role="group" aria-label="带下拉菜单的按钮组">
    <button type="button" class="btn btn-outline-primary">1</button>
    <button type="button" class="btn btn-outline-primary">2</button>
    <div class="btn-group" role="group">
        <button id="btnGroupDrop1" type="button" class="btn btn-secondary
dropdown-toggle" data-bs-toggle="dropdown" aria-haspopup="true" aria-expanded=
"false"> 下拉菜单
        </button>
        <div class="dropdown-menu" aria-labelledby="btnGroupDrop1">
            <a class="dropdown-item" href="#">链接 1</a>
            <a class="dropdown-item" href="#">链接 2</a>
        </div>
    </div>
</div>
```

以上代码在 Chrome 浏览器中的运行效果如图 6-60 所示。

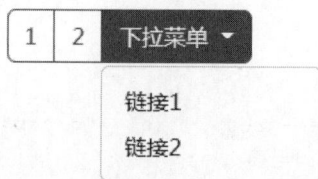

图 6-60　按钮组嵌套的示例效果

6.11.5　垂直的按钮组

如果将按钮组 div 元素的.btn-group 替换为.btn-group-vertical，即可让一组按钮垂直堆叠排列显示而不是水平排列。另外，还可以在菜单外层容器上添加.dropend，让下拉菜单向右弹出。

【实例 6-56】（文件 btngroup_vertical.html）

```html
<div class="btn-group-vertical" role="group" aria-label="带下拉菜单的按钮组">
    <button type="button" class="btn btn-outline-primary">1</button>
    <button type="button" class="btn btn-outline-primary">2</button>
    <div class="btn-group dropend" role="group">
        <button id="btnGroupDrop1" type="button" class="btn btn-outline-primary dropdown-toggle" data-bs-toggle="dropdown" aria-haspopup="true" aria-expanded="false">
            下拉菜单
        </button>
        <div class="dropdown-menu " aria-labelledby="btnGroupDrop1">
            <a class="dropdown-item" href="#">链接 1</a>
            <a class="dropdown-item" href="#">链接 2</a>
        </div>
    </div>
</div>
```

以上代码在 Chrome 浏览器中的运行效果如图 6-61 所示。

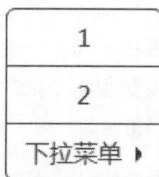

图 6-61　垂直的按钮组示例效果

6.11.6　单选按钮组和复选框组

Bootstrap5 中单选按钮组和复选框组不是采用 JavaScript 插件实现的，而是使用 CSS 样式实现的。实现方式为：在<input type="checkbox">或者<input type="radio">上应用样式类.btn-check，在 input 元素的后面加上 label 元素，并在 label 元素上设置 for 属性的值为 input 元素的 id 号。具体使用方法见【实例 6-57】。

【实例 6-57】（文件 btngroup_splitmenu.html）

```html
<div class="btn-group">
  <div class="col-6">
    你喜欢做的事情：
    <div class="btn-group" role="group" aria-label="复选框组">
```

```
        <input type="checkbox" class="btn-check" id="btncheck1" >
        <label class="btn btn-outline-primary" for="btncheck1">游泳</label>

        <input type="checkbox" class="btn-check" id="btncheck2" >
        <label class="btn btn-outline-primary" for="btncheck2">游戏</label>

        <input type="checkbox" class="btn-check" id="btncheck3" >
        <label class="btn btn-outline-primary" for="btncheck3">画画</label>
    </div>
</div>
<div class="col-6">
评价：
<div class="btn-group" role="group" aria-label="单选按钮组">
    <input type="radio" class="btn-check" name="btnradio" id="btnradio1"
checked>
    <label class="btn btn-outline-primary" for="btnradio1">不满意</label>

    <input type="radio" class="btn-check" name="btnradio" id="btnradio2">
    <label class="btn btn-outline-primary" for="btnradio2">满意</label>

    <input type="radio" class="btn-check" name="btnradio" id="btnradio3" >
    <label class="btn btn-outline-primary" for="btnradio3">非常满意</label>
    </div>
</div>
```

以上代码在 Chrome 浏览器中的运行效果如图 6-62 所示。

图 6-62　单选按钮组和复选框组的示例效果

6.12　关闭按钮

Booststrap5 提供了通用的关闭按钮，用于关闭模态框、警告框、轻量弹框等。关闭按钮通过设置 data-bs-dismiss 属性来关闭其他组件。通过对 button 元素应用样式类.btn-close 可以得到关闭按钮符号的样式，该类的使用说明如下。

（1）.btn-close：得到深色的关闭按钮。

（2）.btn-close 和.btn-close-white：两个类一起使用时，可以得到白色的关闭按钮。从 Bootstrap5.3.0 开始，推荐使用 data-bs-theme="dark"。在关闭按钮的父元素上添加 data-bs-theme="dark"，可以得到白色关闭按钮。

在使用关闭按钮时，要为屏幕阅读器添加说明性文字 aria-label="Close"。

【实例 6-58】中分别添加了基本的关闭按钮和被禁用的关闭按钮。然后添加了一个黑色模式的警告框，单击关闭按钮可以关闭警告框。在使用警告框插件时注意需要引入 bootstrap.bundle.js 文件。

【实例 6-58】（文件 btngroup-check.html）

```
<div class="container mt-3">
  <div class="alert alert-dark alert-dismissible fade show" role="alert"
data-bs-theme="dark">
    <strong>警告框</strong> 关闭警告框.
    <button type="button" class="btn-close" data-bs-dismiss="alert" aria-
label="Close"></button>
  </div>
  <button type="button" class="btn-close " aria-label="Close"></button>
  <button type="button" class="btn-close" aria-label="Close" disabled>
</button>
</div>
<script src="js/bootstrap.bundle.js" type="text/javascript"></script>
```

以上代码在 Chrome 浏览器中的运行效果如图 6-63 所示。

图 6-63 关闭按钮的示例效果

6.13 媒体对象（flex）

Bootstrap5 中没有专门提供媒体对象。这里使用 flex 工具类来实现媒体对象的效果。

【实例 6-59】（文件 flex-media-object.html）

```
<div class="d-flex border bg-light p-2">
  <div class="flex-shrink-0">
    <img src="img/cat.jpg" alt="图片">
  </div>
<div class="flex-grow-1 ms-3">
    猫咪与人类之间有着深厚的情感纽带。它们能够感知人类的情绪，给予适时的安慰和陪伴。
  </div>
</div>
```

以上代码在 Chrome 浏览器中的运行效果如图 6-64 所示。

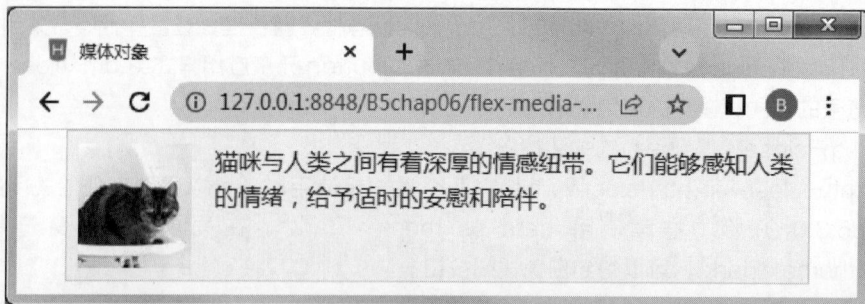

图 6-64 媒体对象的示例效果

6.14 案例：保护野生动物公益网站首页

本案例将制作一个保护野生动物的公益网站首页，效果如图 6-65 所示。这个案例综合应用了本章及前面章节的一些知识点，比如导航条、卡片、列表组、媒体对象、面包屑导航、图标、栅格系统和各种工具类。

具体操作步骤如下。

（1）在 HBuilderX 中新建一个 Web 项目，在 head 元素中引入 3 个 CSS 文件，分别是 Bootstrap5.3.3 的 CSS 文件 bootstrap.css，Bootstrap 图标的 CSS 文件 bootstrap-icons.css，以及自定义的样式表文件 main.css。

案例视频 6

具体代码如下。

```
<head>
    <meta charset="utf-8" />
    <link href="css/bootstrap.min.css" rel="stylesheet" />
    <link rel="stylesheet"
href="https://cdn.jsdelivr.net/npm/bootstrap-icons@1.11.3/font/bootstrap-
icons.css">
    <link href="css/main.css" rel="stylesheet" />
    <title>保护野生动物</title>
</head>
```

图 6-65　保护野生动物网站首页

（2）页面从上到下，分为导航条、巨幕背景、主体内容和页底 4 行。其中，导航条、巨幕背景、页底与浏览器同宽，不需要将它们装在 div.container 中，只有在主体内容约束了宽度时，才将它们放在 div.container 内，主体内容分为左侧展示区和右侧边栏两列。使用栅格系统搭建页面总体结构。

具体代码如下。

```
<body>
    <!--导航条-->
    <nav class="navbar"></nav>

    <!--巨幕背景-->
    <div class="jumbotron"></div>

    <!--主体内容-->
    <div class="container">
        <div class="row my-5">
            <!--左侧展示区-->
            <div class="col-lg-9"></div>
            <!--右侧边栏-->
            <div class="col-lg-3"></div>
        </div>
    </div>

    <!--页底-->
    <div></div>
</body>
```

（3）依次补全每个区域的内容。首先完成导航条。导航条的背景图片与浏览器同宽，因此，导航条 nav 元素没有放在 div.container 中。但是导航条中的内容约束了宽度，故在 nav 元素中添加 div.container，并将导航内容放入其中。

导航条中有两部分内容：品牌图标和表单。表单做成输入框的形式，其右侧按钮图标为 Bootstrap 图标。最后为导航条设置背景颜色、文本颜色与间距。

具体代码如下。

```
<!--导航条-->
<nav class="navbar navbar-expand-md navbar-dark bg-info py-4">
    <div class="container">
        <!-- 品牌图标 -->
        <a href="https://baike.baidu.com/item/国家重点保护野生动物名录"
class="navbar-brand ">国家重点保护野生动物名录</a>
        <!-- 响应式导航条(折叠后按钮) -->
        <button type="button" class="navbar-toggler" data-bs-toggle=
"collapse" data-bs-target="#sample">
            <span class="navbar-toggler-icon"></span>
        </button>
    <div class="collapse navbar-collapse" id="sample">
        <!-- 表单 -->
        <form class="d-flex ms-auto ">
            <input type="text" class="form-control form-control-sm border-0
rounded-0" />
            <button type="button" class="btn btn-sm btn-secondary rounded-0">
                <i class="bi-search"></i>
            </button>
        </form>
```

```
        </div>
    </div>
</nav>
```

（4）完成背景部分。背景部分与导航条类似，背景图片与浏览器同宽，因此 .jumbotron 没有放在 div.container 中。但是巨幕中的内容约束了宽度，同样，在 div.container 中添加 .jumbotron，并将巨幕内容放入其中（巨幕中只有 3 个 h2 标题）。

具体代码如下。

```
<div class="jumbotron text-white">
    <div class="container">
        <h2>保护动物</h2>
        <h2>人人有责</h2>
        <h2>请拒绝购买</h2>
    </div>
</div>
```

然后在 main.css 中为巨幕背景添加样式，具体代码如下。

```
/* 巨幕背景 */
.jumbotron {
background: url(../img/banner.png) ;
border-radius: 0;
height: 280px;
}


.jumbotron h2 {
font-weight: 900;
letter-spacing: 0.8rem;
margin-bottom: 1rem;
}
```

（5）主体内容区域分为左侧主展示区和右侧边栏，先完成左侧展示区的部分。左侧展示区中是 4 个卡片，每个卡片中有图像、标题、段落和超链接。

具体代码如下。

```
<!--左侧展示-->
<div class="col-lg-9">
    <!--卡片-->
    <div class="row g-3">
        <div class="col-md-6">
            <!--card 1-->
            <div class="card border-0">
                <img src="./img/穿山甲.jpg" class="card-img-top">
                <div class="card-body">
                    <h4 class="card-title text-info">穿山甲</h4>
                    <p class="card-text">屈原在《天问》里写下……</p>
                    <a href="#"class="btn btn-outline-secondary">了解
更多</a>
                </div>
            </div>
        </div>
        <div class="col-md-6">
            <!--card 2-->
            <div class="card border-0">
                <imgsrc="./img/豹猫.jpg" class="card-img-top">
```

```
                <div class="card-body">
                    <h4 class="card-title text-info">豹猫</h4>
                    <p class="card-text">当纪录片《BIG CATS》里……</p>
                    <a href="#"class="btn btn-outline-secondary">了解
更多</a>
                </div>
            </div>
        </div>
        <div class="col-md-6">
            <!--card 3-->
            <div class="card border-0">
                <img src="./img/朱鹮.jpg" class="card-img-top">
                <div class="card-body">
                    <h4 class="card-title text-info">朱鹮</h4>
                    <p class="card-text">朱鹮，又称朱鹭、红鹤、朱脸……</p>
                    <a href="#"class="btn btn-outline-secondary">了解更多
</a>
                </div>
            </div>
        </div>
        <div class="col-md-6">
            <!--card 4-->
            <div class="card border-0">
                <img src="./img/金丝猴.jpg" class="card-img-top">
                <div class="card-body">
                    <h4 class="card-title text-info">金丝猴</h4>
                    <p class="card-text">金丝猴，在动物分类学上属灵长
目……</p>
                    <a href="#"class="btn btn-outline-secondary">了解更多
</a>
                </div>
            </div>
        </div>
    </div>
</div>
```

在 main.css 中为卡片中的段落添加样式，使其只显示 5 行内容，多余的部分用省略号显示。具体代码如下。

```css
/*卡片*/
.card p {
display: -webkit-box;
-webkit-box-orient: vertical;
-webkit-line-clamp: 5;
overflow: hidden;
text-align: justify;
}
```

（6）右侧边栏中包含 3 部分内容："分类""热门文章"和"相关链接"。首先完成"分类"部分，"分类"中采用的是列表组和徽章，列表组中使用了移除外边框和圆角的类.list-group-flush。具体代码如下。

```html
<!-- 分类 -->
    <div class="category">
        <h3>分类</h3>
```

```
      <ul class="list-group list-group-flush mt-4">
          <a href="#" class="list-group-item list-group-item-action">兽纲
             <span class="badge bg-info  float-end">82</span>
          </a>
          <a href="#" class="list-group-item list-group-item-action">鸟纲
             <span class="badge bg-info float-end">111</span>
          </a>
          <a href="#" class="list-group-item list-group-item-action">爬行纲
             <span class="badge bg-info float-end">17</span>
          </a>
          <a href="#" class="list-group-item list-group-item-action">两栖纲
             <span class="badge bg-info end-0 position-absolute">7</span>
          </a>
          <a href="#" class="list-group-item list-group-item-action">鱼纲
             <span class="badge bg-info end-0 position-absolute">15</span>
          </a>
          <a href="#" class="list-group-item list-group-item-action">昆虫纲
             <span class="badge bg-info end-0 position-absolute">15</span>
          </a>
      </ul>
   </div>
```

（7）右侧边栏中的"热门文章"，使用了 flex 布局，使用.stretched-line 扩展链接至 flex 容器上。具体代码如下。

```
  <!-- 热门文章 -->
  <div class="post mt-5">
      <h3>热门文章</h3>
      <div class="d-flex mb-3 position-relative">
          <img src="./img/article01.jpg"  alt="孔雀">
           <div >
              <h5><a  href="#"  class="link-dark  link-underline-opacity-0
link-offset-2 link-underline-opacity-50-hover stretched-link">孔雀东南飞，五里一
徘徊</a></h5>
                 <p>by xxx</p>
             </div>
      </div>

      <div class="d-flex mb-3 position-relative">
          <img src="./img/article02.jpg">
            <div class="">
              <h5><a  href="#"  class=link-dark  link-underline-opacity-0
link-offset-2 link-underline-opacity-50-hover stretched-link">鲸落，深海中的温柔
孤岛</a></h5>
                 <p>by xxx</p>
             </div>
      </div>
      <div class="d-flex mb-3 position-relative">
          <img src="./img/article03.jpg">
            <div class="">
                <h5><a  href="#"  class="link-dark  link-underline-opacity-0
link-offset-2 link-underline-opacity-50-hover stretched-link">它们站在泪水小径的
起点上哭泣</a></h5>
                 <p>by xxx</p>
```

```
            </div>
        </div>
    </div>
```

在main.css中为右侧边栏及媒体对象中的图像、标题、段落设置样式。具体代码如下。

```
/* 热门文章 */
.post>.flex {
margin-bottom: 1.5rem;
}

.post h3 {
padding-bottom: 1.25rem;
}

.post h5 {
font-size: 1.1rem;
}

.post p {
margin: 0;
}

.post img {
width: 35%;
max-width: 85px;
margin-right: 0.9375rem;
}
```

（8）右侧边栏中的"相关链接"，使用的是面包屑导航。具体代码如下。

```
<!--相关链接-->
<div class="link mt-5">
    <h3>相关链接</h3>
    <nav>
        <ul class="breadcrumb bg-white ps-0">
            <li class="breadcrumb-item"><a href="#" class="link-info link-
offset-2">诞生背景</a></li>
            <li class="breadcrumb-item"><a href="#" class="link-info link-
offset-2">发展历程</a></li>
            <li class="breadcrumb-item"><a href="#" class="link-info link-
offset-2">名录内容</a></li>
            <li class="breadcrumb-item"><a href="#" class="link-info link-
offset-2">学者呼声</a></li>
            <li class="breadcrumb-item"><a href="#" class="link-info link-
offset-2">相关法规</a></li>
        </ul>
    </nav>
</div>
```

（9）最后是页底部分，其中只有一个段落，使用工具类设置其背景颜色、文字颜色、间距即可。具体代码如下。

```
<!--页底-->
<div class="bottom bg-dark py-3">
    <p class="text-center text-light mb-0">©2024 保护野生动物 拒绝非法交易</p>
</div>
```

本章小结

本章通过具体实例详细介绍了下拉菜单、导航、导航条、徽章、分页导航、列表组进度条、卡片、旋转图标、图标及媒体对象等常用组件。

实训项目

制作个人简历网页（二）

完成图 6-66 所示的网页页面制作。

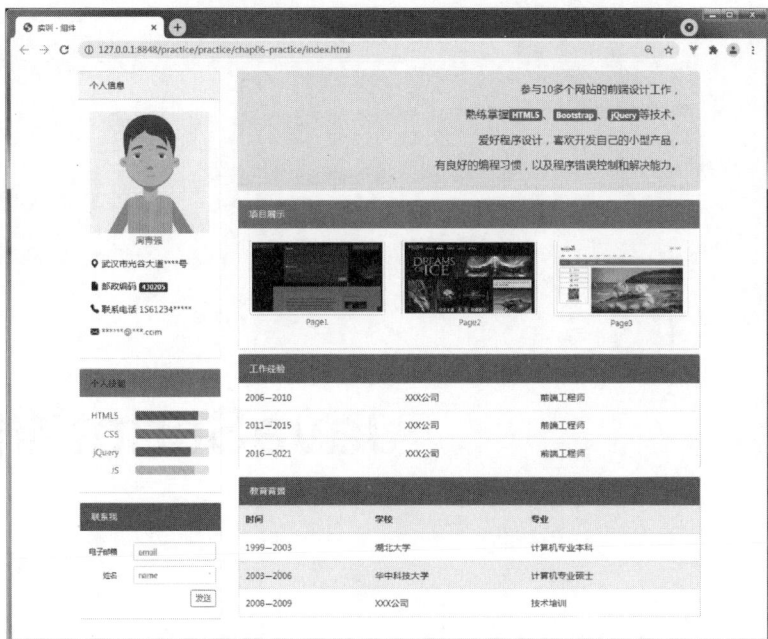

图 6-66　个人简历网页页面

实训拓展

党中央全面分析国际科技创新竞争态势，深入研判国内外发展形势，针对我国科技事业面临的突出问题和挑战，坚持把科技创新摆在国家发展全局的核心位置。请浏览"国家航天局"网站，运用本章知识仿写网站首页。

第 **7** 章

JavaScript插件

本章导读

本章将介绍Bootstrap中的JavaScript插件，介绍插件的基本用法、选项、JavaScript触发、方法和事件等内容，最后通过一个综合实例来展示JavaScript插件的应用。

7.1 插件库说明

Bootstrap 提供了丰富的 Web 组件和若干标准插件。Bootstrap 中的 JavaScript 插件扩展了功能，可以给站点添加更多的互动。Bootstrap5 提供了很多种插件使用方式，比如作为 ESmodule 使用。本书主要讲解最常用的使用方法：在 html 页面中通过设置 data-bs-*属性或者 JavaScript

代码来启用和配置插件。

在 Bootstrap5 中，这些插件包含在 bootstrap.js(bootstrap.min.js)、bootstrap.bundle.js（bootstrap.bundle.min.js）中。对于每一个插件也单独提供了对应的 JS 文件（源码版 js/dist/*.js）。有一些弹框性的插件比如模态框、下拉菜单等依赖于 popper.js，引入文件时需要注意引入 popper.js。bootstrap.bundle.js（bootstrap.bundle.min.js）已经包含了 popper。

Bootstrap 从 Bootstrap5 开始不依赖 jQuery，但是依然可以如 Bootstrap4 一样使用 jQuery。也就是说 Bootstrap4 的用法在 Bootstrap5 中是支持的。

引入 Bootstrap 中 JavaScript 插件的方式有以下两种。

① 单独引入：使用 Bootstrap 的个别 JavaScript 文件。一些插件和 CSS 组件依赖于其他插件。如果单独引入插件，请先弄清这些插件之间的依赖关系。

② 编译（同时）引入：使用 bootstrap.bundle.js 或压缩的 bootstrap.bundle.min.js。

触发 Bootstrap 中 JavaScript 插件的方法有以下两种。

① data 属性。利用 Bootstrap 数据 API，大部分的插件可以在不编写任何 JavaScript 代码的情况下被触发。也就是说，只要直接对目标元素定义 data-bs-*属性，就可以启用插件。

② JavaScript 触发。Bootstrap5 中不需要 jQuery，可以使用 JavaScript 原生代码对事件进行触发。但 Bootstrap5 仍然可以将 JavaScript 插件与 jQuery 一起使用。如果 Bootstrap 在 Window 对象中检测到 jQuery，它会将我们所有的插件添加到 jQuery 的插件系统中。

注意：Bootstrap 的 JavaScript 功能对 JavaScript 框架不完全兼容，例如 Vue、React 和 Angular，如果在这些框架中需要 Bootstrap 中的 JavaScript 功能，可以选择特定包，比如 Vue2 使用 BootstrapVue（Bootstrap4），Vue 3 使用 BootstrapVueNext（Bootstrap5）。

Bootstrap 为 Bootstrap 中的 JavaScript 插件提供了相关 API，大多数插件都有选项、方法和事件。

（1）选项

选项用来配置插件的特性，即通过在插件上添加"data-bs-选项名='选项值'"来配置插件。也可以将选项的设置用一个 JSON 对象来表示，然后将其作为插件方法或插件构造方法的参数。

（2）方法

所有的插件都有以下三个方法。

dispose()：用来销毁插件，将插件从 DOM 中删除。

getInstance()：为一个静态方法，得到与 DOM 元素关联的实例对象，如果没有则返回 null。

getOrCreateInstance()：为一个静态方法，得到与 DOM 元素关联的实例对象，如果没有则创建一个实例对象。

除此之外，每一种插件，都可以用构造方法来构造。使用方法（以模态框为例）如下。

```
const myModalEl = document.querySelector('#myModal')//通过 id 号得到 DOM 元素
const modal = new bootstrap.Modal(myModalEl) //创建模态框实例，选项配置为默认值
const configObject = { keyboard: false } //将配置项定义为一个 JSON 对象
const modal1 = new bootstrap.Modal(myModalEl, configObject) // 用配置项创建
一个模态框实例
```

（3）事件

Bootstrap 为大多数插件提供了相关事件，触发相关事件后执行相关函数。使用方法（以模态框的 show.bs.modal 事件为例）如下。

```
const myModal = document.querySelector('#myModal')//得到模态框
```

```
        //为 myModal 注册 show.bs.modal 时间
    myModal.addEventListener('show.bs.modal', event => {
        ......//事件触发后执行的代码
    })
```

7.2 模态框

模态框（modal）是覆盖在父窗体上的子窗体，以弹出的形式出现。通常，模态框用来显示来自一个单独源的内容，可以在不离开父窗体的情况下有一些互动。子窗体可提供信息、交互等。Bootstrap 优化了模态框插件，使其更加灵活、简洁。

7.2.1 模态框的基本用法

模态框在使用时，往往包括两部分：一是模态框触发器，往往为按钮或者链接，二是模态框本身。

通过设置 data 属性：在触发器元素（比如按钮或者链接）上设置属性 data-bs-toggle="modal"，同时设置 data-bs-target="#identifier"或 href="#identifier"来指定要切换的特定的模态框（带有 id="identifier"）。

Bootstrap 中的模态框可以分为以下几部分。

① class="modal"：模态框的最外层容器，可以用来控制模态框的显示与隐藏。

② class="modal- dialog"：第二层容器，用来设置模态框显示属性。

③ class="modal- content"：第三层容器，用来控制模态框的边框、边距、背景、阴影效果等。这个容器包含了以下 3 部分。

- class="modal-header"：模态框头部，包含标题、关闭按钮等。
- class="modal-body"：模态框主体，是模态框的主要内容。
- class="modal-footer"：模态框脚注，包含操作按钮等。

【实例 7-1】（文件 modal-btn.html）

```html
<!DOCTYPE html>
<html>
 <head>
    <meta charset="utf-8">
    <meta name="viewport" content="width=device-width, initial-scale=1"/>
    <link rel="stylesheet" type="text/css" href="css/bootstrap.css" />
 </head>
<body>
    <div class="container p-5">
        <!-单击按钮触发模态框-->
     <button class="btn btn-info " data-bs-toggle="modal" data-bs-target=
"#myModal"  >单击按钮弹出模态框</button>
    </div>
        <!--模态框的定义-->
    <div class="modal " id="myModal">
            <div class="modal-dialog">
                <div class="modal-content">
                    <div class="modal-header">
                        <h4 class="modal-title">模态框（Modal）标题</h4>
                        <button type="button" class="btn-close" data-bs-
dismiss="modal">
```

```
                    </button>
                </div>
                <div class="modal-body">
                    <p>模态框的主体(可以包含任何网页元素)</p>
                </div>
                <div class="modal-footer">
                    <button type="button" class="btn btn-info" data-bs-
dismiss="modal">关闭</button>
                    <button type="button" class="btn btn-secondary">取
消</button>
                </div>
            </div>
        </div>
    </div>

    <script src="js/bootstrap.bundle.js" type="text/javascript" charset=
"utf-8"></script>
    </body>
</html>
```

以上代码使用一个按钮单击事件触发模态框的显示，代码运行效果如图 7-1 所示。

说明:

（1）在按钮上设置两个 data-bs-*属性。

- data-bs-toggle="modal"用于显示弹出模态框，再次单击的时候模态框消失。

- data-bs-target="#myModal"用于指定弹出 id="myModal"的模态框。如果用 a 元素作为控制器元素,也可以用 href="#myModal"代替。

（2）模态框使用关闭按钮。关闭按钮上设置了 data-bs-dismiss="modal",表示单击✕按钮,则会关闭模态框。

（3）在 modal-footer 部分,同样定义了"关闭"按钮,在按钮上设置 data-bs-dismiss="modal",单击"关闭"按钮,会关闭模态框。

Bootstrap 中的模态框有以下特点。

- 模态框固定浮动在浏览器中。

- 模态框的宽度是自适应的,而且水平居中。

- 底部有一个灰色的蒙层效果,可以禁止单击底层元素。

- 模态框显示过程会有过渡效果。

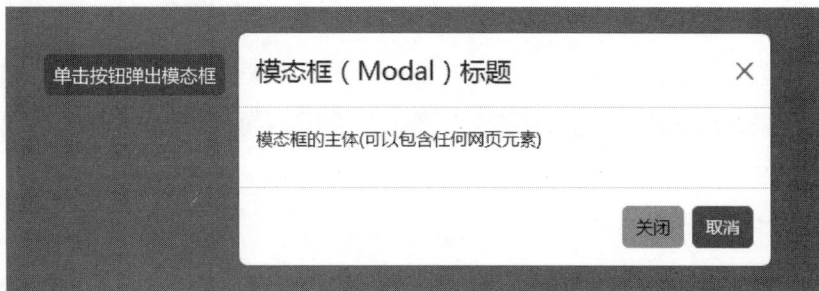

图 7-1　模态框

注意: Bootstrap 不支持同时打开多个模态框。如果需要同时打开多个模态框,需要用户自己重新修改代码。另外，模态框使用 position: fixed，为了防止其他插件对模态框的功能造成影响，建议把模态框作为 body 元素的直接子元素。

7.2.2　模态框尺寸

除默认尺寸以外，Bootstrap 还为模态框提供了其他不同尺寸的样式类.modal-*、.modal-fullscreen、.modal-fullscreen-*-down。具体类名和含义见表 7-1 和表 7-2。其中表 7-1 中列举的是模态框大小类表示的最大尺寸。当设备的屏幕宽度达到 sm、lg 或者 xl 时，会为最大尺寸。

表 7-1　模态框大小类

class 类名	模态框的最大尺寸
.modal-sm	300px
默认	500px
.modal-lg	800px
.modal-xl	1140px

表 7-2　全屏类

class 类名	含义
.modal-fullscreen	总是全屏
.modal-fullscreen-*-down	*的取值为 sm、md、lg、xl、xxl，在断点以下的屏幕宽度是全屏

模态框尺寸类应用在第二层<div class="modal-dialog">上。.modal-lg 在设备的屏幕宽度大于等于 992px 时为 800px，小于 992px 时，为默认大小 500px。.modal-xl 在设备的屏幕宽度小于 992px 时为 500px，在 992px 和 1200px 之间时为 800px。大于等于 1200px 时，为 1140px。

修改【实例 7-1】，为<div class="modal-dialog">添加.modal-xl。修改部分的代码如下。

```
<button class="btn btn-info " data-bs-toggle="modal" data-bs-target=
"#myModal"  >单击按钮弹出模态框</button>

<div class="modal " id="myModal">
 <div class="modal-dialog modal-xl">
    <div class="modal-content">
        ......省略模态框内容
    </div>
  </div>
</div>
```

以上代码在 Chrome 浏览器中的运行效果如图 7-2 和图 7-3 所示。

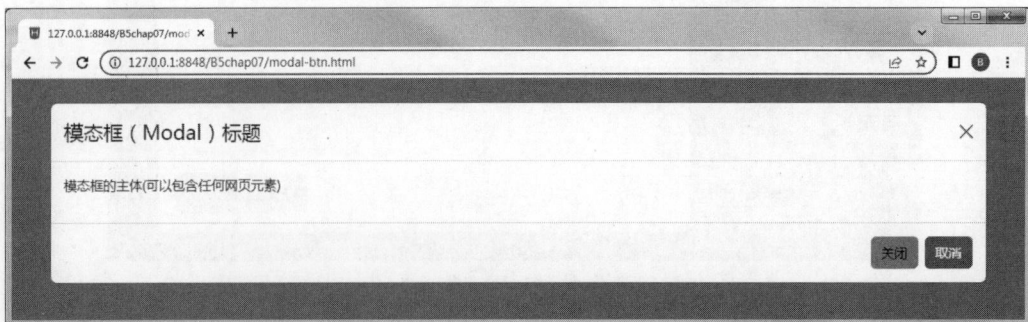

图 7-2　设备的屏幕宽度为 xl、xxl 时的模态框（1140px）弹出效果

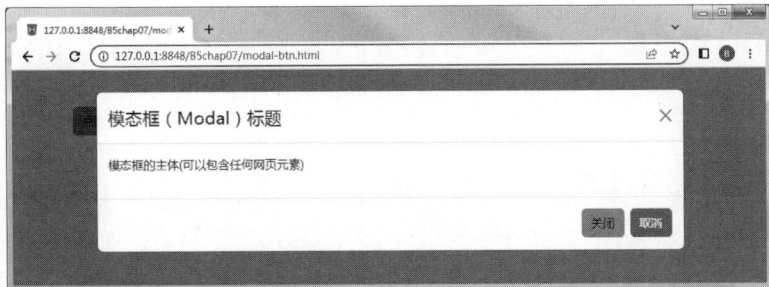

图 7-3　设备的屏幕宽度为 lg 时的模态框（800px）弹出效果

请读者自行将其他类应用在<div class="modal-dialog">上，查看效果。

7.2.3　模态框的其他样式

模态框中除了有定义模态框尺寸的类，还有涉及模态框位置、滚动条、过渡效果的类。具体类及其含义如表 7-3 所示。

表 7-3　模态框类名及含义

类名	含义
.fade	打开或关闭模态框时，有过渡效果
.modal-dialog-centered	将模态框垂直居中
.modal-dialog-scrollable	当模态框高度比较高时，呈现滚动条

.fade 添加在模态框的第一层 div：<div class="modal fade">上；而.modal-dialog-centered 和 .modal-dialog-scrollable 添加在模态框的第二层 div：<div class="modal-dialog modal-dialog-centered　modal-dialog-scrollable ">上。

【实例 7-2】（文件 modal-other.html）

```
<body>
    <div class="container p-5">
        <button class="btn btn-info " data-bs-toggle="modal" data-bs-target=
"#myModal" >演示模态框过渡、垂直居中、滚动条效果</button>
        <div class="modal fade" id="myModal"  >
            <div class="modal-dialog modal-dialog-centered modal-dialog-
scrollable ">
                <div class="modal-content">
                    <div class="modal-header">
                        <h4 class="modal-title">模态框过渡、垂直居中、滚动条效果</h4>
                        <button type="button" class="btn-close" data-bs-dismiss=
"modal">

                        </button>
                    </div>
                    <div class="modal-body">
                        <div  class="bg-info-subtle p-5" style="height: 1800px;">
                            <p>模态框高度，height: 1800px；模态框会有滚动条。</p>
                        </div>
                    </div>
                    <div class="modal-footer">
                        <button type="button" class="btn btn-info" data-bs-
dismiss="modal">关闭</button>
```

```
                    <button type="button" class="btn btn-secondary">取消
</button>
                 </div>
            </div> <!--modal-content -->
          </div><!--modal-dialog -->
       </div> <!--modal -->
    </div>
       <script src="js/bootstrap.bundle.js" type="text/javascript" charset=
"utf-8"></script>
   </body>
```

以上代码运行的效果如图 7-4 所示。

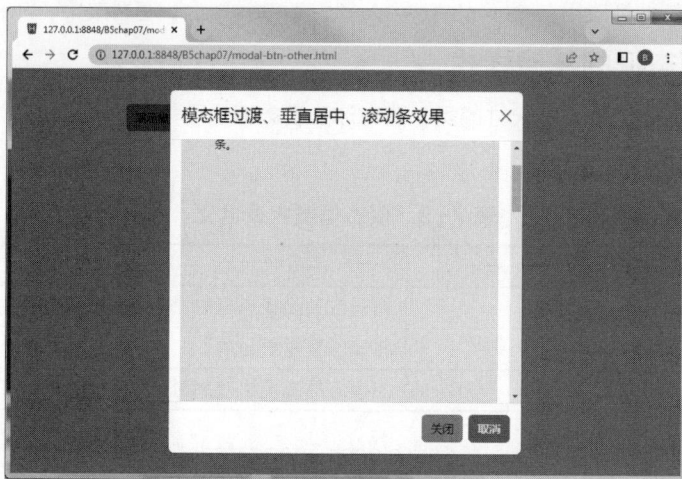

图 7-4　演示模态框过渡、垂直居中、滚动条效果

7.2.4　模态框的选项

使用模态框的时候，可以通过 data 属性或 JavaScript 脚本来设置模态框的选项值。表 7-4 列举了模态框的选项。

表 7-4　模态框的选项

选项	取值	含义
backdrop	boolean,false,static	表示是否显示遮罩层，默认值 true 表示显示；false 表示不显示；而 static 表示显示遮罩层，但是单击遮罩层区域不关闭模态框
keyboard	boolean	单击键盘 Esc 键时，是否关闭模态框，默认值 true 表示关闭模态框，false 表示单击 Esc 键时不关闭模态框
focus	boolean	初始化时模态框是否获取焦点。默认值为 true

使用 data-bs 属性来设置属性。这里因为是模态框的选项，所以，添加 data-bs 属性时，需要加在模态框上，而不是触发器上。

修改【实例 7-2】的代码，在第一层 div 上添加 data-bs-backdrop="false"。

```
<div class="modal " id="myModal" data-bs-backdrop="false">
......其他内容省略
</div>
```

修改后，查看效果如图 7-5 所示。模态框显示时没有遮罩层。依次类推，读者可以试一下其他选项和值。

图 7-5　无遮罩层模态框的效果

注意，如果想通过按 Esc 键来关闭弹出框，则在模态框上添加 data-bs-keyboard="true"，并在 class="modal"的 div 元素里添加 tabindex="–1"属性。

7.2.5　模态框的 JavaScript 触发

通过 JavaScript 可以触发模态框。首先创建模态框实例，然后调用模态框的 show()方法。

```
const myModal = new bootstrap.Modal(document.getElementById('myModal'), option)
//或者 const myModal = new bootstrap.Modal('#myModal', option)
myModal.show()
```

如果引用了 jQuery（需引用 jquery.js 文件），则可以使用 jQuery 语法的代码。

```
$('#identifier').modal(options)
```

【实例 7-3】（文件 modal-js.html）

```
<button class="btn btn-primary" id="btnModal">单击按钮</button>
<div class="modal fade" id="myModal">
    <div class="modal-dialog">
<!--此处省略了modal-content 的定义，与【实例 7-1】类似，仅修改了标题和内容的文本信息-->
    </div>
</div>
<script type="text/javascript">
    document.getElementById("btnModal").onclick = test;
    function test(){
        var mymodal =  new bootstrap.Modal("#myModal");
        mymodal.show();
    }
</script>
```

在以上代码中，button 元素没有了 data-bs-*属性。这时按钮无法通过 data-bs 属性来触发模态框，必须手动使用 JavaScript 来触发。<script></script>内的代码为 id="btnModal"按钮绑定了单击事件。单击按钮，会执行 test()方法。在 test()方法中，创建了一个模态框实例，并显示出来。运行以上代码后，单击按钮，则弹出模态框，效果如图 7-6 所示。

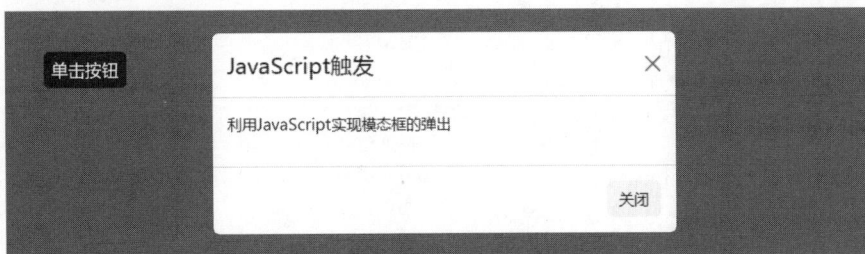

图 7-6　JavaScript 触发效果

在 JavaScript 代码中也可以给 Modal()方法传递表 7-4 中的选项。

```
var mymodal =new bootstrap.Modal('#myModal', {
            keyboard: false,
            backdrop: false
            })
```

7.2.6　模态框的方法

Bootstrap 的模态框提供了 7 个方法，如表 7-5 所示。

表 7-5　模态框的方法

方法	描述
dispose()	销毁模态框
getInstance()	静态方法，得到一个与 DOM 元素关联的模态框实例，如果没有则返回 null
getOrCreateInstance()	静态方法，得到一个与 DOM 元素关联的模态框实例，或者在 DOM 元素未初始化的情况下创建一个新的实例
handleupdate()	如果模态框在打开状态高度发生改变（比如出现滚动条），就需要重新调整模态框的位置
toggle()	切换模态框状态
show()	打开模态框
hide()	隐藏模态框

dispose()、getInstance()、getOrCreateInstance()方法是所有 JavaScript 插件都有的方法。其中 getInstance()、getOrCreateInstance()方法为静态方法。读者可以将【实例 7-3】中创建模态框实例的代码替换成下面的代码。

```
var mymodal= bootstrap.Modal.getOrCreateInstance('#myModal')
```
或者
```
var mymodal =bootstrap.Modal.getOrCreateInstance('#myModal', {
            keyboard: false,
            backdrop: false
            })
```

getInstance()方法，只有先创建了对应实例，才能得到实例对象，否则得到的就是 null。示例如下。

```
var mymodal =  new bootstrap.Modal("#myModal");          //创建实例
var mymodal3 = bootstrap.Modal.getInstance('#myModal');    //得到实例
mymodal3.show();
```

【实例 7-4】（文件 modal-method.html）

```
<button class="btn btn-primary" id="btnModal">单击按钮</button>
<div class="modal fade" id="myModal">
    <div class="modal-dialog">
      <div class="modal-content">
          <div class="modal-header">
              <h4 class="modal-title">JavaScript 触发</h4>
        <button type="button" class="btn-close" data-bs-dismiss="modal">
        </button>
          </div>
          <div class="modal-body">
```

```
                    <p>利用modal('toggle')切换模态框状态</p>
                </div>
                <div class="modal-footer">
                    <button type="button" class="btn btn-light" id="btnClose">
关闭</button>
                </div>
            </div>
        </div>
    </div>
    <script type="text/javascript">
        var mymodal = bootstrap.Modal.getOrCreateInstance("#myModal");
        document.getElementById("btnModal").onclick = opentest;
        document.getElementById("btnClose").onclick = closetest;
        function opentest(){
            mymodal.show();
        }
        function closetest(){
            mymodal.toggle();
        }
    </script>
```

以上代码的运行效果如图 7-7 所示。在默认情况下模态框是不显示的。单击外层按钮弹出模态框，单击模态框右下的"关闭"按钮时由于调用了 toggle()方法，所以模态框会消失。这里两个按钮的单击行为都是使用 JavaScript 来实现的。

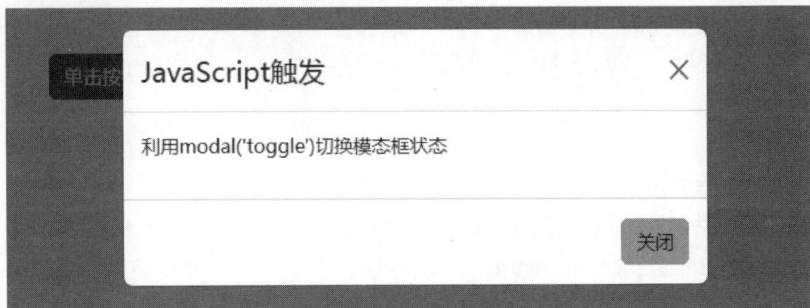

图 7-7　模态框的方法调用效果

7.2.7　模态框的事件

Bootstrap 的模态框提供了一些事件用于监听并执行相应动作。表 7-6 列出了模态框中要用到的事件，这些事件可在函数中当钩子（hook）使用。

表 7-6　模态框的事件

事件	描述
show.bs.modal	在调用 show()方法后触发
shown.bs.modal	当模态框对用户可见时触发（将等待 CSS 过渡效果完成）
hide.bs.modal	当调用 hide()方法时触发
hidden.bs.modal	当模态框完全对用户隐藏时触发

【实例 7-5】（文件 modal-event.html）

```
<button class="btn btn-primary" id="btnModal">单击按钮</button>
<div class="modal fade" id="myModal">
```

```
        <div class="modal-dialog">
<!--此处省略了modal-content 的定义，与【实例 7-4】类似，仅修改了标题和内容的文本信息-->
        </div>
</div>
<script type="text/javascript">
    var myModalEl = document.getElementById('myModal');
    myModalEl.addEventListener('hide.bs.modal', function (event) {
     alert("hide.bs.modal");
     });
    myModalEl.addEventListener('show.bs.modal', function (event) {
     alert("show.bs.modal");
     })
    myModalEl.addEventListener('shown.bs.modal', function (event) {
     alert("shown.bs.modal");
     })
    myModalEl.addEventListener('hidden.bs.modal', function (event) {
     alert("hidden.bs.modal");
     })
    //以下代码与【实例 7-4】相同
    var mymodal = bootstrap.Modal.getOrCreateInstance("#myModal");
     document.getElementById("btnModal").onclick = opentest;
     document.getElementById("btnClose").onclick = closetest;
     function opentest(){
         mymodal.show();
     }
     function closetest(){
         mymodal.toggle();
     }

</script>
```

以上代码为模态框绑定了 4 个事件。运行效果如图 7-8（a）～（d）所示。从单击触发按钮显示模态框到单击"关闭"按钮关闭模态框，分别弹出一个警告框，其顺序是 show.bs.modal、shown.bs.modal、hide.bs.modal、hidden.bs.modal。在 script 元素中使用 addEventListener() 方法给模态框注册了 4 个事件。当事件触发之后会回调一个函数，弹出一个警告框。

（a）单击"单击按钮"后的效果

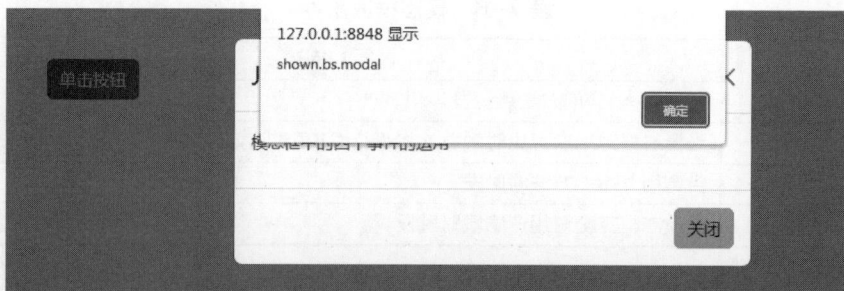

（b）单击警告框"确定"按钮后的效果

图 7-8 模态框事件示例效果

（c）单击模态框右下方"关闭"按钮后的效果

（d）单击警告框"确定"按钮后的效果

图 7-8 模态框事件示例效果（续）

7.3 工具提示框

在 Web 页面的制作过程中经常遇到这样一种情况：当用户将鼠标指针移动到某元素上时，要求页面出现提示用户的一些消息或者功能说明。这些功能我们之前习惯用元素的 title 属性来实现，但是样式比较单调。Bootstrap 提供了一个工具提示框（tooltips）插件，该插件同样可以实现 title 属性的效果，但是比 title 属性要方便，效果更好。

7.3.1 工具提示框的基本用法

用户在使用工具提示框的时候需要注意，工具提示框依赖于 popper.js，因此，在页面引入 bootstrap.js 或压缩的 bootstrap.min.js 之前需要引入 popper.min.js，或者直接引入 bootstrap.bundle.js 或压缩的 bootstrap.bundle.min.js。

我们可以在 button、a 元素或者需要提示效果的元素上实现 tooltips 提示效果。在元素上使用 data-bs-toggle="tooltip"，代码如下所示。

```
<button type="button" class="btn btn-default" data-bs-toggle="tooltip"
  data-bs-placement="right" title="这是一个无效的 tooltip">
悬停在我上面
</button>
```

data-bs-toggle：声明为按钮添加的触发类型为"tooltip"。data-bs-placement：设置工具提示的方向。title：工具提示框中显示的文字内容。

出于性能方面的考虑，工具提示框不能通过 data-bs-*声明方式来触发，用户必须使用 JavaScript 手动触发。用户可以使用下面的脚本来启用页面中的所有的提示工具。

```
document.querySelectorAll('[data-bs-toggle="tooltip"])  .forEach(tooltip
=> {  new bootstrap.Tooltip(tooltip) //激活工具提示组件
  })
```

【实例 7-6】（文件 tooltips.html）

```
<!--data-bs-placement 有 4 个值 "top" "right" "bottom" "left"，分别代表提示框出现
```

的位置在顶部、右边、底部、左边。提示框的默认位置在顶部-->

```html
<div class="container" style="padding-top:100px;">
    <button type="button" class="btn btn-dark" data-bs-toggle="tooltip"
data-bs-placement="left" title="左侧的 tooltip">左侧的 tooltip</button>
    <button type="button" class="btn btn-dark" data-bs-toggle="tooltip"
data-bs-placement="top" title="顶部的 tooltip">顶部的 tooltip</button>
    <button type="button" class="btn btn-dark" data-bs-toggle="tooltip"
data-bs-placement="bottom" title="底部的 tooltip">底部的 tooltip</button>
    <button type="button" class="btn btn-dark" data-bs-toggle="tooltip"
data-bs-placement="right" title="右侧的 tooltip">右侧的 tooltip</button>
</div>
<script type="text/javascript">
  document.querySelectorAll('[data-bs-toggle="tooltip"]') .forEach(tooltip
=> {
    new bootstrap.Tooltip(tooltip) //激活工具提示组件
  })
</script>
```

以上代码的运行效果如图 7-9 所示。

图 7-9　工具提示框的效果

7.3.2　工具提示框的选项

工具提示框除了提供 placement 位置选项，还提供了其他一些选项。表 7-7 列举了工具提示框的常用选项。

表 7-7　工具提示框的常用选项

选项	取值	含义
animation	boolean	是否显示工具提示框显示和隐藏时的动画，默认值为 true
delay	number, object	显示和隐藏工具提示框的延迟时间，若分别设置显示和隐藏的延迟时间，可以设置{"show":500,"hide":200}，默认值为 0
html	boolean	是否可以在工具提示框中插入 HTML 代码，默认值为 false
placement	String, function	工具提示框的方向，默认值为"top"
title	String, element, function	如果 title 选项不存在，则提供原来 title 属性的提示文本，默认值为""
trigger	hover, focus, click, manual	如何触发提示，默认值为"hover focus"
offset	array, string, function	提示框对其目标的偏移，默认值[0,6]
customClass	string, function	显示工具提示框内容时，将类添加到工具提示框内容中。如要添加多个类，请用空格分隔："class 1 class 2"。还可以传递一个函数，该函数应返回一个包含其他类名的字符串。默认值为""

从 Bootstrap 5.2.0 开始，所有插件都支持一个实验性的保留属性 data-bs-config，它可以将插件选项配置并保存为 JSON 字符串。例如 data-bs-config='{"delay":0,"title":123}'。如果

同时还单独设置了 data-bs 属性，单独的 data-bs 属性将覆盖 data-bs-config 上给出的值，如设置了 data-bs-title=“456”属性时，最终的 title 属性值将是 456。

【实例 7-7】中演示了 html 和 trigger 选项，在 title 属性中的文本包含了 HTML 代码。这里也可以将 title 改为 data-bs-title，当没有 data-bs-title 时，提示框内容为 title 属性值。将 trigger 选项的值设置为了 click，只有单击“Bootstrap”链接时，才会有提示。

【实例 7-7】(文件 tooltips-data-html.html)

```html
<div class="container" style="padding:100px">
        <a href="#" class="btn btn-light btn-lg" data-bs-toggle="tooltip"
data-bs-html="true"  title="基于<em class='text-danger'>HTML5</em><b>CSS3</b>
和<u>JavaScript</u>"  data-bs-trigger="click">Bootstrap</a>
    </div>
    <script type="text/javascript">
        document.querySelectorAll('[data-bs-toggle="tooltip"]') .forEach(
tooltip => {
        new bootstrap.Tooltip(tooltip)
    });
</script>
```

以上代码的运行效果如图 7-10 所示。

注意：

（1）对于多个单词的选项名，在用 data-bs 属性时，需分开写。例如，选项 customClass，其对应的 data-bs 属性名称为 data-bs-custom-class，而不是 data-bs-customClass。

图 7-10　data-bs-html 属性的效果

（2）在定义工具提示框时定义了很多 CSS 变量。可以通过自定义类来修改 CSS 变量的值，将其设置为 data-bs-custom-class 属性的值，进而来定制个性化的工具提示框。以下代码为.tooltip 的定义。

```css
.tooltip {
  --bs-tooltip-zindex: 1080;
  --bs-tooltip-max-width: 200px;
  --bs-tooltip-padding-x: 0.5rem;
  --bs-tooltip-padding-y: 0.25rem;
  --bs-tooltip-margin: ;
  --bs-tooltip-font-size: 0.875rem;
  --bs-tooltip-color: var(--bs-body-bg);
  --bs-tooltip-bg: var(--bs-emphasis-color);
  --bs-tooltip-border-radius: var(--bs-border-radius);
  --bs-tooltip-opacity: 0.9;
  --bs-tooltip-arrow-width: 0.8rem;
  --bs-tooltip-arrow-height: 0.4rem;
.....省略
}
```

（3）提示工具框对禁用元素的触发无效。

为禁用元素设置提示工具框时，禁用元素无法交互，因此需要将 data-bs-toggle="tooltip"放在禁用元素的父元素 div 或 span 中，可以在父元素中使用 tabindex="0"，让父元素可以通过键盘获得焦点。

【实例 7-8】(文件 tooltips-data-custom.html)

在<link href="css/bootstrap.css" type="text/css" rel="stylesheet" />后面添加以下代码。

```html
<style>
```

```
    .custom-tooltip{
        --bs-tooltip-bg: #712cf9;
        --bs-tooltip-color: #ffffff;
        --bs-tooltip-border-radius: 15px;
    }
</style>
```

在\<body\>\</body\>中添加以下代码。

```
<div class="container " style="padding: 100px;">
    <span data-bs-toggle="tooltip"
          data-bs-placement="bottom"
          data-bs-title="通过 CSS 变量修改提示框样式。"
          data-bs-custom-class="custom-tooltip">
    <button id="btnTest" type="button" class="btn btn-secondary" disabled>
        鼠标指针移动到此处查看效果
    </button>
    </span>
</div>
<script>
document.querySelectorAll('[data-bs-toggle="tooltip"]').forEach(tooltip=>{
        new bootstrap.Tooltip(tooltip);
    })
</script>
```

以上代码的运行效果如图 7-11 所示。

图 7-11　data-bs-custom-class 属性的效果

说明：

（1）button 元素被设置为禁用，所以将 data 属性设置到 span 元素上。

（2）.custom-tooltip 重设了三个 CSS 变量的值，用于改变工具提示框的背景色、前景色、边框圆角。

7.3.3　工具提示框的方法和事件

工具提示框的方法和事件与模态框类似。这里表 7-8 列出了工具提示框的事件，工具提示框同样有 dispose()、getInstance()、getOrCreateInstance()、hide()、show()、toggle()等方法，这里不再描述。

表 7-8　工具提示框中的事件

事件	描述
show.bs.tooltip	当调用 show()方法时立即触发该事件
shown.bs.tooltip	当工具提示框对用户可见时触发该事件（将等待 CSS 过渡效果完成）
hide.bs.tooltip	当调用 hide()方法时立即触发该事件
hidden.bs.tooltip	当工具提示框对用户隐藏时触发该事件（将等待 CSS 过渡效果完成）

226

【**实例 7-9**】（文件 tooltips-event.html）

```
其他部分与【实例 7-5】类似，这里省略
<script type="text/javascript">
   document.querySelectorAll('[data-bs-toggle="tooltip"]').forEach(tooltip => {
     tooltip.addEventListener('hide.bs.tooltip', function (event) {
         alert("hide.bs.tooltip");
     });
     tooltip.addEventListener('show.bs.tooltip', function (event) {
         alert("show.bs.tooltip");
     })
     tooltip.addEventListener('shown.bs.tooltip', function (event) {
         alert("shown.bs.tooltip");
     })
     tooltip.addEventListener('hidden.bs.tooltip', function (event) {
         alert("hidden.bs.tooltip");
     })
         new bootstrap.Tooltip(tooltip) //激活工具提示组件
   })
</script>
```

以上代码的运行效果与【实例 7-5】类似。

7.4 弹出框

弹出框（popovers）与工具提示框（tooltips）类似，提供了一个扩展的视图。弹出框除了有标题 title，还增加了内容部分 content。

7.4.1 弹出框的基本用法

弹出框依赖于 popper.js 进行定位，同时依赖于 popover.js 提供的状态提示。因此，在页面引入 bootstrap.js 或压缩的 bootstrap.min.js 之前需要引入 popper.min.js，或者直接引入 bootstrap.bundle.js 或压缩的 bootstrap.bundle.min.js。

弹出框与工具提示框的用法、方法、事件都非常类似。工具提示框有的选项、方法，弹出框同样的也有。

与工具提示框不同的几点如下。

（1）弹出框是向元素添加 data-bs-toggle="popover"。

（2）弹出框默认通过单击元素来触发自身显示或消失。工具提示框则默认为悬停或得到焦点。

（3）弹出框默认在右侧显示。工具提示框默认顶部显示。

【**实例 7-10**】（文件 popovers-base.html）

```
<body >
    <div class="container">
        <button type="button" class="btn btn-lg btn-danger"
            data-bs-toggle="popover"
            data-bs-title="弹出框标题"
            data-bs-content="这里为弹出框的内容区域" >
            单击按钮显示弹出框
        </button>
    </div>
    <script type="text/javascript">
        document.querySelectorAll('[data-bs-toggle="popover"]')
```

```
            .forEach(popover => {
                new bootstrap.Popover(popover)
            })
        </script>
    </body>
```

以上代码的运行效果如图 7-12 所示。

图 7-12　弹出框效果

其中，data-bs-title（也可以用 title 属性）指的是弹出框的标题，data-bs-content 指的是弹出框的内容。弹出框和工具提示框一样，必须使用 JavaScript 手动触发。

7.4.2　弹出框的选项

弹出框和工具提示框一样，定义了很多选项，与工具提示框的选项一致，可参见表 7-7。

【实例 7-11】（文件 popovers.html）

```
    <body>
        <div class="container" style="padding-top:100px;">
            <button type="button" class="btn btn-info" data-bs-toggle="popover"
data-bs-placement="top" data-bs-trigger="focus"    title="popover 标题" data-
bs-content="单击页面的其他地方关闭弹出框">
                得到焦点时弹出顶部 popovers
            </button>
            <button type="button" class="btn btn-primary" data-bs-toggle="popover"
data-bs-trigger="hover" data-bs-placement="bottom" title="popover 标题" data-bs-
content="鼠标悬停显示弹出框">
                悬停弹出底部 Popovers
            </button>
            <button type="button" class="btn btn-danger" data-bs-toggle="popover"
data-bs-trigger="hover"    data-bs-placement="bottom"  title=" 武 汉 黄 鹤 楼 "
data-bs-content="<img src='img/wh.jpg' class='img-fluid'>" data-bs-html=
"true">
                悬停弹出 popovers（内容有 HTML 代码）
            </button>
        </div>
        <script type="text/javascript">
            document.querySelectorAll('[data-bs-toggle="popover"]')
                .forEach(popover => {
                    new bootstrap.Popover(popover)
                })
        </script>
    </body>
```

以上代码的运行效果如图 7-13 所示。

在以上代码中，两个 button 元素都使用了 data-bs-trigger 属性。当 data-bs-trigger="focus" 时，如果想要关闭弹出框，单击该元素以外的地方即可（默认情况下，需要单击元素关闭弹出框）。当 data-bs-trigger="hover" 时，只需要将鼠标指针悬停在元素上就可以显示弹出框；移开鼠标指针，弹出框消失。

图 7-13　不同设置的弹出框效果

弹出框的选项中同样有 customClass，通过设置 customClass 可以个性化设置弹出框样式。弹出框的样式类.popover 中定义了大量的 CSS 变量，通过修改这些 CSS 变量，可以改变弹出框的默认样式。以下代码为.popover 定义的部分代码。

```
.popover {
  --bs-popover-zindex: 1070;
  --bs-popover-max-width: 276px;
  --bs-popover-font-size: 0.875rem;
  --bs-popover-bg: var(--bs-body-bg);
  --bs-popover-border-width: var(--bs-border-width);
  --bs-popover-border-color: var(--bs-border-color-translucent);
  --bs-popover-border-radius: var(--bs-border-radius-lg);
  --bs-popover-inner-border-radius:    calc(var(--bs-border-radius-lg)   -
var(--bs-border-width));
  --bs-popover-box-shadow: var(--bs-box-shadow);
  --bs-popover-header-padding-x: 1rem;
  --bs-popover-header-padding-y: 0.5rem;
  --bs-popover-header-font-size: 1rem;
  --bs-popover-header-color: inherit;
  --bs-popover-header-bg: var(--bs-secondary-bg);
  --bs-popover-body-padding-x: 1rem;
  --bs-popover-body-padding-y: 1rem;
  --bs-popover-body-color: var(--bs-body-color);
  --bs-popover-arrow-width: 1rem;
  --bs-popover-arrow-height: 0.5rem;
  --bs-popover-arrow-border: var(--bs-popover-border-color);
  ......省略后面的属性设置
}
```

【实例 7-12】（文件 popover-custom.html）

```
<style>
    .custom-popover {
        --bs-popover-max-width: 200px;
        --bs-popover-border-color: #712cf9;
        --bs-popover-header-bg: #712cf9;
        --bs-popover-header-color: #ffffff;
        --bs-popover-body-padding-x: 0.3rem;
        --bs-popover-body-padding-y: 0.3rem;
    }
</style>

<button type="button" class="btn btn-outline-secondary " title="武汉黄鹤楼"
```

```
        data-bs-content="<img src='img/wh.jpg' class='img-fluid'>" data-bs-placement=
"bottom"    data-bs-trigger="hover" data-bs-html="true" data-bs-custom-class=
"custom-popover"    data-bs-toggle="popover">
              弹出框示例
    </button>
```

在以上代码的.custom-popover 中，修改了弹出框的最大宽度、边框颜色、标题背景、弹出框主体的内边距。运行效果如图 7-14 所示。

图 7-14　个性化弹出框的效果

7.4.3　弹出框的方法和事件

工具提示框、弹出框的方法和事件都与模态框类似。表 7-9 列出了弹出框的事件，弹出框同样有 dispose()、getInstance()、getOrCreateInstance()、hide()、show()、toggle()等方法，这里不再描述，具体参考 7.2.6 节。

表 7-9　弹出框中的事件

事件	描述
show.bs.popover	当调用 show()方法时立即触发该事件
shown.bs.popover	当弹出框对用户可见时触发该事件（将等待 CSS 过渡效果完成）
hide.bs.popover	当调用 hide()方法时立即触发该事件
hidden.bs.popover	当弹出框对用户隐藏时触发该事件（将等待 CSS 过渡效果完成）

【实例 7-13】（文件 popovers-event.html）

```
    <body>
        <div class="container p-5">
            <button type="button" class="btn btn-secondary" data-bs-toggle=
"popover" title="弹出框标题" data-bs-placement="top"
                data-bs-content="顶部的 popover 中的一些内容">
                Popovers
            </button>
        </div>
        <script type="text/javascript">
            document.querySelectorAll('[data-bs-toggle="popover"]') .forEach
(popover => {
                popover.addEventListener('hide.bs.popover', function (event) {
                 alert("hide.bs.popover");
                });
                popover.addEventListener('show.bs.popover', function (event) {
                 alert("show.bs.popover");
                })
```

```
            popover.addEventListener('shown.bs.popover', function (event) {
             alert("shown.bs.popover");
            })
            popover.addEventListener('hidden.bs.popover', function (event) {
             alert("hidden.bs.popover");
            })
            new bootstrap.Popover(popover)
        })
    </script>
</body>
```

以上代码的运行效果与【实例7-5】类似。

7.5 警告框

警告框在网站中并不少见，它用于显示一些提示或警告信息。在页面中，可以使用 JavaScript 中的 alert()方法来得到一个警告框，也可以使用 Bootstrap 的插件——警告框（alerts）。警告框里的内容可以是任意长度的文本。同时，警告框可以向所有的警告框消息添加可取消（dismiss）功能。

7.5.1 警告框的基本用法

创建一个带有.alert 样式的 div 元素即可添加一个基本的警告框。默认样式的警告框没有多少实际意义。除了基本样式.alert，Bootstrap 还为警告框提供了 8 种有特殊意义的情景类来代表不同的警告消息。这 8 种情景类分别是.alert-primary、.alert-secondary、.alert-success、.alert-danger、.alert-warning、.alert-info、.alert-light、.alert-dark。

创建一个警告框只需要在 div 元素上应用.alert 和.alert-{color}。

【实例 7-14】（文件 alerts.html）

```html
<div class="alert alert-primary" role="alert">.alert-primary 警告框</div>
<div class="alert alert-secondary" role="alert">.alert-secondary 警告框</div>
<div class="alert alert-success" role="alert">.alert-success 警告框</div>
<div class="alert alert-danger" role="alert">.alert-danger 警告框</div>
<div class="alert alert-warning" role="alert">.alert-warning 警告框</div>
<div class="alert alert-info" role="alert">.alert-info 警告框</div>
<div class="alert alert-light" role="alert">.alert-light 警告框</div>
<div class="alert alert-dark" role="alert">.alert-dark 警告框</div>
```

以上代码的运行效果如图 7-15 所示。

图 7-15 警告框的效果

当然，警告框里还可以包含其他的网页元素，如标题、段落等。

（1）警告框上的链接

如果在警告框内创建链接，需要对 a 元素应用类.alert-link。这样，可以快速得到与警告框风格一致的链接样式。示例如下。

```
<div class="alert alert-primary" role="alert">
    .alert-primary警告框<a href="#" class="alert-link">单击链接</a>
</div>
```

以上代码可以得到图 7-16 所示的警告框。

.alert-primary警告框**单击链接**

图 7-16　有链接的警告框

（2）警告框上的图标

可以利用 flex 工具和 Bootstrap 图标为警告框添加相应的图标。请读者下载 Bootstrap 图标的 ZIP 文件，然后将其中的 font 文件拷贝到项目根目录。

```
<div class="alert alert-primary d-flex  align-items-center" role="alert">
    <i class="bi bi-info-circle-fill  me-2"></i>
    <div> 带图标的警告框  </div>
</div>
```

以上代码可以得到图 7-17 所示的警告框。

ⓘ 带图标的警告框

图 7-17　带图标的警告框

（3）警告框的过渡效果

如果需要过渡效果，则在警告框容器上添加.fade 和.show。

（4）警告框上的关闭按钮

警告框支持声明式触发关闭。我们只需要向"关闭"按钮添加 data-bs-dismiss="alert"，就会自动为警告框添加关闭功能。"关闭"按钮可以放在警告框内部，也可以放在警告框外部。如果"关闭"按钮放在警告框外部，我们需要使用 data-bs-target 属性。

"关闭"按钮如果为<button class="btn-close">，而非普通按钮，则需要警告框上应用样式类.alert-dismissible。

【**实例 7-15**】（文件 alert-data-dismiss.html）

```
<div class="container p-3">
    <div id="myAlert" class="alert alert-warning alert-dismissible fade
show">
        <button  class="btn-close" data-bs-dismiss="alert"></button>
        <h3>Bootstrap 学习</h3>
        <p> Bootstrap5 中不需要<a href="#" class=" alert-link">jQuery</a>,
但仍然可以将 Bootstrap 的组件与 jQuery 一起使用。如果......</p>
    </div>
```

```
         <button class="btn btn-info" data-bs-dismiss="alert" data-bs-target=
"#myAlert">关闭</button>
      </div>
```

以上代码的运行效果如图 7-18 所示。

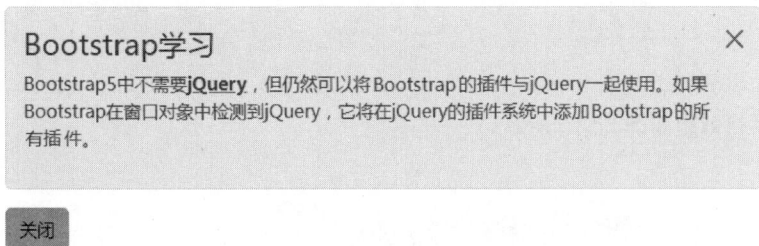

Bootstrap学习

Bootstrap5中不需要**jQuery**，但仍然可以将Bootstrap的插件与jQuery一起使用。如果
Bootstrap在窗口对象中检测到jQuery，它将在jQuery的插件系统中添加Bootstrap的所
有插件。

[关闭]

图 7-18　按钮在警告框的不同位置

7.5.2　警告框的 JavaScript 触发

警告框往往是因为用户的操作（比如单击按钮）而弹出，而不是一开始就出现。Bootstrap 中
的警告框不能像模态框一样通过直接在触发器上设置 data-bs 属性就可以直接触发，需要用户自己
编写 JavaScript 代码来实现。

在【实例 7-16】中，单击"分期还款"按钮，会弹出警告框。警告框上有"关闭"按钮，在
警告框上单击"关闭"按钮，会关闭警告框。实现方式为，先将警告框的 display 属性设置为 none，
进行隐藏。单击"分期还款"按钮时，会将其 display 属性改为 block，从而显示警告框。

【实例 7-16】（ alert-live.html ）

```
<body>
  <div class="container p-3">
    <div class="row">
        <div class="col-8 offset-2 position-relative p-0">
            <div class="position-absolute w-100" style="top:0">
              <div class="alert alert-danger alert-dismissible fade  show"
id="alert1" style="display: none;">
                  <h4 class="alert-heading">您选择了分期还款</h4>
                  <p class="small text-secondary">分期还款会将您下月账单进行
分期，其具体产生的利息与所分的期数有关</p>
                  <button type="button" class="btn-close" data-bs-dismiss=
"alert"></button>
              </div>
            </div>
            <div class="bg-info-subtle p-3">
                <p class="small text-secondary py-2">待还金额（元）</p>
                <h4 class="py-2">2500</h4>
                <p class="small text-secondary py-2">最后还款日：下月 3 日</p>
                <div class="d-flex justify-content-around py-2">
                    <button type="button" class="btn btn-outline-primary">
提前还款</button>
  <button type="button" class="btn btn-primary" onclick="show()">分 期 还 款
</button>
                </div>
            </div>
        </div> <!-- col-->
```

```
        </div> <!-- row-->
    </div> <!-- container-->
    <script type="text/javascript" src="js/bootstrap.bundle.js"></script>
    <script>
        function show(){
            document.getElementById("alert1").style.display = 'block';
        }
    </script>
</body>
```

以上代码运行效果如图 7-19 所示。

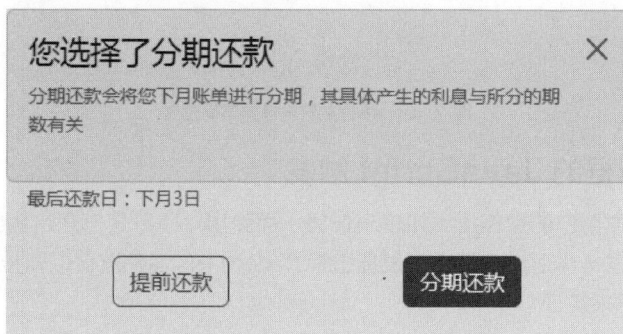

图 7-19 单击"分期还款"显示警告框

注意：警告框关闭后，警告框会从 DOM 中移除。在以上代码中，关闭警告框后，再次单击"分期还款"按钮，将不会显示警告框。如果需要每次单击"分期还款"按钮都会弹出警告框，则需要将警告框用 JavaScript 代码动态生成。

【实例 7-17】（alert-live1.html）

```
<body>
    <div class="container p-3">
        <div class="row">
            <div class="col-8 offset-2 position-relative p-0">
                <div class="position-absolute w-100"id="alertdiv" style=
"top:0">    <!--此处的警告框的代码删除，通过 JavaScript 代码添加到这里-->
                </div>

                <div class="bg-info-subtle p-3">
                    ......省略部分的代码与【实例 7-16】完全一样
                    <div class="d-flex justify-content-around py-2">
                        <button type="button" class="btn btn-outline-
primary">提前还款</button>
                        <button type="button" class="btn btn-primary"
onclick="show()">分期还款</button>
                    </div>
                </div>
            </div>
        </div>
    </div>
    <script type="text/javascript" src="js/bootstrap.bundle.js"></script>
    <script>
        const alertPlaceholder = document.getElementById('alertdiv');
        constappendAlert = () => {
```

```
            const wrapper = document.createElement('div')
            wrapper.innerHTML = [
              '<div class="alert alert-danger alert-dismissible fade  show" >',
            '<h4>您选择了分期还款</h4>',
                '<p class="small text-secondary">分期还款会将您下月账单进行分期，其
具体产生的利息与所分的期数有关</p>',
                '<button type="button" class="btn-close" data-bs-dismiss="alert"
aria-label="Close"></button>',
                  '</div>'
            ].join('');

            alertPlaceholder.append(wrapper);
          }

          function show(){
              appendAlert();
          }
      </script>
</body>
```

以上代码运行效果图与【实例 7-16】一样，如图 7-19 所示。但是关闭警告框后再次单击对应按钮依然会弹出警告框。

警告框同样支持通过 JavaScript 触发和关闭，关闭过程需用到 7.5.3 节中的 getOrCreateInstance()、close()方法。

首先用下面语句创建实例。

```
const alert = bootstrap.Alert.getOrCreateInstance('#myAlert')
```

或者

```
const alert = new bootstrap.Alert('#myAlert')
```

然后调用 close()方法关闭警告框。

```
alert.close()
```

关闭警告框并将其从 DOM 中将其删除。如果警告框被赋予了.fade 和.in，那么警告框在淡出之后才会被删除。

【实例 7-18】（文件 alert-js.html）

```
<body>
    <div class="container p-4">
        <div id="myAlert" class="alert alert-info alert-dismissible">
            <button class="btn-close" id="btnClose"> </button> 提示信息
        </div>
    </div>
    <script>
        document.getElementById("btnClose").onclick = close
        function close() {
            const alert = bootstrap.Alert.getOrCreateInstance('#myAlert')
            alert.close()
        }
    </script>
</body>
```

【实例 7-18】的运行效果与【实例 7-15】类似，单击关闭按钮会关闭警告框。

7.5.3 警告框的方法和事件

表 7-10 和表 7-11 分别列出了警告框的方法和事件。

表 7-10　警告框的方法

方法	描述
dispose()	销毁警告框
getInstance()	静态方法，得到一个与 DOM 元素关联的警告框实例
getOrCreateInstance()	静态方法，得到一个与 DOM 元素关联的警告框实例，或者在 DOM 元素未初始化的情况下创建一个新的实例
close()	关闭警告框

表 7-11　警告框的事件

事件	描述
close.bs.alert	当调用 close()方法时立即触发该事件
closed.bs.alert	当警告框被关闭时触发该事件（将等待 CSS 过渡效果完成）

【实例 7-19】（文件 alerts-event.html）

```
      ......省略 html 部分的代码，同【实例 7-18】
<script>
    var myAlert = document.getElementById('myAlert');
    myAlert.addEventListener('closed.bs.alert', event => {
        alert("closed.bs.alert");
    })
    myAlert.addEventListener('close.bs.alert', event => {
        alert("close.bs.alert");
    })

    document.getElementById("btnClose").onclick = close
    function close() {
        const alert = new bootstrap.Alert('#myAlert')
        alert.close()
    }
</script>
```

以上代码的运行效果如图 7-20（a）～（c）所示。

（a）警告框

（b）单击警告框中"关闭"按钮后的效果

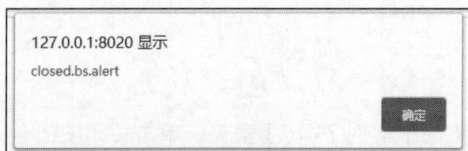

（c）单击弹出框中"确定"按钮后的效果

图 7-20　警告框中事件的示例效果

7.6　轻量弹框

Bootstrap 提供了一种轻量弹框（toasts）。它类似于一个警告框，在用户进行单击按钮或者提交表单等操作时短暂地出现几秒后就消失。它的主要作用是向用户推送通知。

7.6.1　轻量弹框的基本用法

轻量弹框的结构比较简单，主要内容如下。

- 外层容器 div 使用 class="toast"，并为其设置 id 值。

- 内层结构包含两部分：标题和主体内容，分别使用 class="toast-header"（被定义为 flex 布局）和 class="toast-body"样式。标题和主体部分都可以放置任何 HTML 元素。

【实例 7-20】（文件 toast.html）

```
<div class="toast show " id="newsToast">
    <div class="toast-header justify-content-between">
        <strong>奥运快讯</strong>
        <button type="button" class="btn-close " data-bs-dismiss="toast">
</button>
    </div>
    <div class="toast-body">中国乒乓球男团夺冠! </div>
</div>
```

以上代码的运行效果如图 7-21 所示。

说明：

（1）由于.toast 创建的轻量弹框在默认情况下是隐藏的，所以可以设置.show 显示轻量弹框。

图 7-21　轻量弹框

（2）标题部分中包括"关闭"按钮时，使用 flex 工具将按钮放置在右边。

（3）为"关闭"按钮添加 data-bs-dismiss="toast"可关闭轻量弹框。

（4）轻量弹框在关闭时，想要有过渡效果，需要加上.fade。

（5）轻量弹框是半透明的，读者可以将【实例 7-20】外层容器的背景设为黑色背景，查看效果。

7.6.2　轻量弹框的定位

轻量弹框往往用于通知推送，其位置往往在窗体的右上角或右下角。可以直接用第 4.7 节的定位工具调整其出现的方位。

当同时有多个轻量弹框出现，它们会从上向下叠加显示。为了得到合适的间距，可以将它们放在.toast-container 中。.toast-container 定义了 position 属性为 absolute。

【实例 7-21】的代码可以实现轻量弹框在右上角显示。

【实例 7-21】（文件 toast-position.html）

```
<div class="toast-container  top-0 end-0">
    <div class="toast show " id="newsToast">
        <div class="toast-header justify-content-between">
            <strong>奥运快讯</strong>
            <button type="button" class="btn-close " data-bs-dismiss=
"toast"> </button>
        </div>
```

```
                <div class="toast-body">中国乒乓球男团夺冠！</div>
        </div>
        <div class="toast show " id="newsToast2">
            ······省略部分与【实例 7-20】类似
        </div>
    </div>
```

以上代码在 Chrome 浏览器上运行效果如图 7-22 所示。

图 7-22　轻量弹框在右上角显示的效果

7.6.3　轻量弹框的 JavaScript 触发

前面实例中的轻量弹框都是通过.show 将其显示的，这样显示出来的弹框无法自动关闭。如要关闭弹框则单击右侧"关闭"按钮。如需弹框能够显示几秒后自动关闭，则需要通过 JavaScript 初始化轻量弹框，方法如下。

```
const toastLiveExample = document.getElementById('newsToast')
const toastBootstrap = bootstrap.Toast.getOrCreateInstance(toastLiveExample)
toastBootstrap.show()
```

创建实例时，可以传递参数。

```
const toastBootstrap = bootstrap.Toast.getOrCreateInstance(toastLiveExample,
{ animation:false, autohide:false,delay:2000
  })
```

【实例 7-22】（文件 toast-js.html）

```
<body>
    <div class="container p-3">
        <button type="button" class="btn btn-primary mb-5" id="liveToastBtn">
显示消息框</button>
        <div class="toast-container bottom-0 end-0">
            <div class="toast  " id="newsToast">
                <div class="toast-header ">
                    <strong class="me-auto">奥运快讯</strong>
                    <span>刚刚</span>
                    <button type="button" class="btn-close " data-bs-
dismiss="toast"> </button>
```

```
              </div>
                <div class="toast-body">中国乒乓球男团夺冠！</div>
            </div>
        </div>
    </div>
    <script type="text/javascript" src="js/bootstrap.bundle.js"></script>
    <script type="text/javascript">
        const btnToast = document.getElementById('liveToastBtn')
        const toastLiveExample = document.getElementById('newsToast')
        if (btnToast) {
            const toastBootstrap = bootstrap.Toast.getOrCreateInstance
(toastLiveExample)
            btnToast.addEventListener('click', () => {
                toastBootstrap.show()
            })
        }
    </script>
</body>
```

以上代码在 Chrome 浏览器中的运行效果如图 7-23 所示。

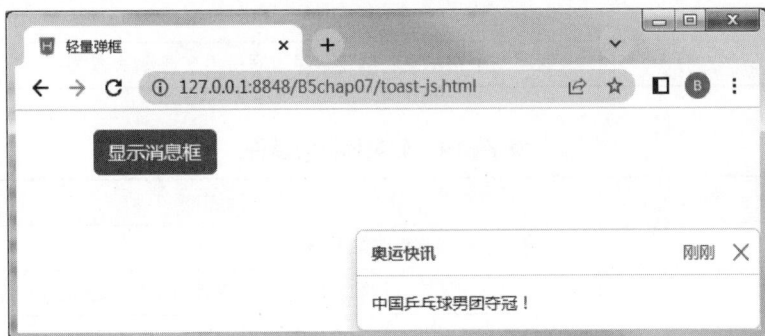

图 7-23　单击"显示消息框"按钮后的效果

上面的代码是通过单击"显示消息框"按钮后，弹出轻量弹框。轻量弹框会在 5 秒后自动消失。

7.6.4　轻量弹框的选项

表 7-12 列出了轻量弹框的选项。

表 7-12　轻量弹框的选项

选项	取值	含义
animation	boolean	显示和隐藏轻量弹框时是否添加 CSS 淡入/淡出过渡效果，默认值为 true
autohide	boolean	是否自动隐藏轻量弹框，默认值为 true
delay	number	轻量弹框显示多少毫秒后隐藏，默认为 5000

可以在 JavaScript 代码创建轻量弹框实例时配置选项；也可以在轻量弹框的 div 元素上设置 data-bs 属性，进而配置选项。

（1）JavaScript 代码方式

下列代码对页面中所有的轻量弹框都初始化，初始化时，将延迟时间调整为 3000 毫秒。

```
const toastElList = document.querySelectorAll('.toast')
const toastList = [...toastElList].map(toastEl => new bootstrap.Toast
(toastEl, {delay:3000}))
```

（2）设置 data-bs 属性方式

```
<div class="toast" id="newsToast" data-bs-delay="1000" data-bs-animation=
"false" >
    ......
</div>
```

7.6.5 轻量弹框的方法和事件

表 7-13 和表 7-14 分别列出了轻量弹框的方法和事件。

表 7-13 轻量弹框的方法

方法	描述
dispose()	销毁轻量弹框
getInstance()	静态方法，得到一个与 DOM 元素关联的轻量弹框实例
getOrCreateInstance()	静态方法，得到一个与 DOM 元素关联的轻量弹框实例，或者在 DOM 元素未初始化的情况下创建一个新的实例
show()	显示轻量弹框
hide()	隐藏轻量弹框
isShown()	返回一个布尔值，确定轻量弹框是否在显示状态

表 7-14 轻量弹框的事件

事件	描述
show.bs.toast	在即将显示轻量弹框时触发该事件
shown.bs.toast	在完全显示轻量弹框时触发该事件（将等待 CSS 过渡效果完成）
hide.bs.toast	在将隐藏轻量弹框时触发该事件
hidden.bs.toast	在完全隐藏轻量弹框时触发该事件（将等待 CSS 过渡效果完成）

7.7 下拉菜单

Bootstrap5 提供了.dropdown-menu、.dropdown-toggle 和.dropdown 等类来构建下拉菜单结构，并通过 CSS 实现基本的显示、隐藏效果。但它通常是通过添加相应的类和 data 属性来自动初始化的，而不需要手动编写 JavaScript 代码。然而，如果需要手动控制下拉菜单，或者需要在某些情况下动态地添加下拉菜单，可以使用 Bootstrap 的下拉菜单 API。下拉菜单同样依赖 popper.js。

下拉菜单在 6.1 节已经详细讲解过了，其基本结构和样式不再赘述。本节我们将重点介绍下拉菜单中的 JavaScript 支持。

7.7.1 下拉菜单的基本用法

声明式触发下拉菜单需要用到 data-bs-*属性，下拉菜单一般用在导航或者导航条上。下面以单个按钮的下拉菜单为例进行介绍。

【实例 7-23】（文件 dropdown-data.html）

```
<div class="container">
```

```
    <div class="dropdown">
        <button type="button" class="btn btn-info dropdown-toggle" data-
bs-toggle="dropdown">专业课程</button>
        <div class="dropdown-menu">
            <button class="dropdown-item" type="button">数据库原理</button>
            <button class="dropdown-item" type="button">Java 程序设计</button>
            <button class="dropdown-item" type="button">Bootstrap</button>
        </div>
    </div>
</div>
```

以上代码在第一个 button 元素中使用了 data-bs-toggle="dropdown"属性，这个属性可以控制下拉菜单的显示与隐藏。Bootstrap 允许按钮作为下拉菜单的子菜单项。运行以上代码，单击"专业课程"按钮后效果如图 7-24 所示。

7.7.2　下拉菜单的 JavaScript 触发

下拉菜单也支持用 JavaScript 来控制。在使用 JavaScript 触发下拉菜单的时候，下拉菜单触发元素中的 data-bs-toggle="dropdown"属性需要保留。否则，单击一次下拉菜单触发元素显示内容之后再无其他效果。

图 7-24　下拉菜单

【实例 7-24】（文件 dropdown-js.html）

```
......HTML 部分代码省略，同【实例 7-23】
<script type="text/javascript">
        //得到页面中所有的下列菜单触发器
        var dropdownElementList = [].slice.call(document.querySelectorAll
('.dropdown-toggle'))
        //对每一个触发器创建关联下拉菜单实例
        var dropdownList = dropdownElementList.map(function(toggleEl) {
            return new bootstrap.Dropdown(toggleEl)
        })
        dropdownList[0].show() //将第 1 个下拉菜单显示
</script>
```

上面代码在浏览器中打开时，下拉菜单就是展开的。

7.7.3　下拉菜单的选项

表 7-15 列出了下拉菜单的选项，在第 6.1 节中已有通过 data 属性对下列菜单进行配置的介绍，这里不再举例。

表 7-15　下拉菜单的选项

选项	取值	含义
autoClose	boolean，string	取值：true、false、'inside'、'outside'，默认值为 true
offset	array，string，function	默认值[0,2]，下拉菜单相对触发器的偏移
reference	string,element,object	下拉菜单参考的对象，取值为'toggle'、'parent'、html 元素或对象。默认值为'toggle'

7.7.4　下拉菜单的方法和事件

表 7-16 和表 7-17 分别列出了下拉菜单的方法和事件。

241

表 7-16　下拉菜单的方法

方法	描述
dispose()	销毁下拉菜单
getInstance()	静态方法，得到一个与 DOM 元素关联的下拉菜单实例
getOrCreateInstance()	静态方法，得到一个与 DOM 元素关联的下拉菜单实例，或者在 DOM 元素未初始化的情况下创建一个新的实例
show()	显示下拉菜单
hide()	隐藏下拉菜单
toggle()	切换下拉菜单
update()	更新下拉菜单的位置

表 7-17　下拉菜单的事件

事件	描述
show.bs.dropdown	在下拉菜单显示之前触发
shown.bs.dropdown	在下拉菜单显示完成之后触发
hide.bs.dropdown	在下拉菜单隐藏之前触发
hidden.bs.dropdown	在下拉菜单隐藏之后触发

这 4 个事件和模态框中的事件相似。通过【实例 7-25】，我们可以了解事件的调用方式，实例中列举了注册事件的代码。

【实例 7-25】（文件 dropdown-event.html）

```
......HTML 代码同【实例 7-24】
<script type="text/javascript">
        const myDropdown = document.querySelector('.dropdown-toggle')
        myDropdown.addEventListener('show.bs.dropdown', event => {
          alert("show.bs.dropdown")
        })
        myDropdown.addEventListener('shown.bs.dropdown', event => {
          alert("shown.bs.dropdown")
        })
        myDropdown.addEventListener('hide.bs.dropdown', event => {
          alert("hide.bs.dropdown")
        })
        myDropdown.addEventListener('hiden.bs.dropdown', event => {
          alert("hiden.bs.dropdown")
        })
    </script>
```

添加以上 JavaScript 代码后，下拉菜单显示或隐藏时会出现提示框。

7.8　折叠

折叠（collapse）是一种控制内容可见性的插件，我们可以通过单击按钮或者链接等方式让对应内容显示或隐藏。

7.8.1 折叠的基本用法

折叠基本用法的要点如下。

（1）在触发器（通常是 a 或者 button 元素）上添加 data-bs-toggle="collapse"和 data-bs-target="#折叠内容的 id"。如果触发器是 a 元素，则 data-bs-target 属性需要用 href 来替代。

（2）折叠内容上需要使用 class="collapse"，默认情况下，折叠的内容是隐藏的，可以在.collapse 后添加.show 让内容默认为显示状态。

【实例 7-26】（文件 collapse-data.html）

```
<div class="container p-5">
    <button class="btn btn-info mb-3" type="button" id="btnCollapse"
    data-bs-toggle="collapse" data-bs-target="#collapseDemo">
        影片：志愿军
    </button>
        <div class=" collapse border border-danger p-2" id="collapseDemo">
            <p>该片以志愿军群像为主线，全景式呈现了新中国成立一周年之际，在各个战线
上保卫祖国的英雄儿女，讲述抗美援朝战争三年的恢宏史诗。</p>
        </div>
</div>
```

以上代码的运行效果如图 7-25 所示。

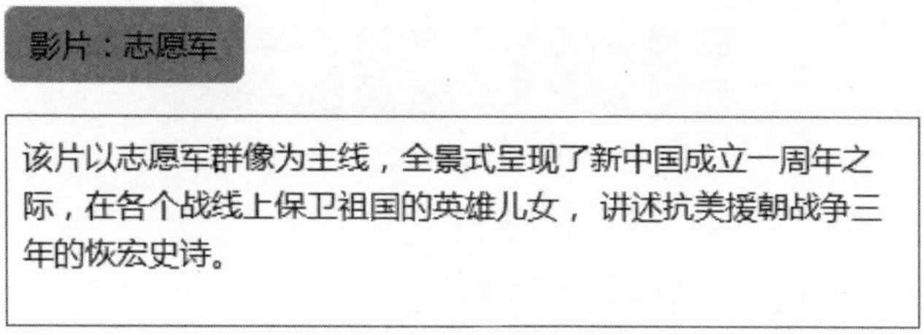

图 7-25　单击"影片:志愿军"按钮后的效果

单击触发器按钮，通过折叠内容的样式类的改变来改变折叠内容的显示和隐藏。

.collapse：隐藏内容。

.collapsing：在过渡效果时添加。

.collapse.show：显示内容。

在使用折叠时，多个触发器可以控制同一个折叠内容，而同一个触发器也可以控制多个折叠内容。

【实例 7-27】（文件 collapse-more.html）

```
<div class="container">
    <button class="btn btn-primary" type="button" data-bs-toggle="collapse"
data-bs-target="#collapseDemo1">触发器 1</button>
    <button class="btn btn-primary" type="button" data-bs-toggle="collapse"
data-bs-target="#collapseDemo2">触发器 2</button>
    <a class="btn btn-primary" data-bs-toggle="collapse" href=".multi-col
lapse">触发器 3</a>
    <div class="row">
        <div class="col-2">
            <div class="collapse multi-collapse" id="collapseDemo1">
                <div class="card card-body">
                    触发器 1 和触发器 3 都可以控制此部分。
```

```
                </div>
              </div>
          </div>
          <div class="col-2">
              <div class="collapse multi-collapse" id="collapseDemo2">
                  <div class="card card-body">
                      触发器 2 和触发器 3 都可以控制此部分。
                  </div>
              </div>
          </div>
      </div>
  </div>
```

以上代码的运行效果如图 7-26（a）～（c）所示。

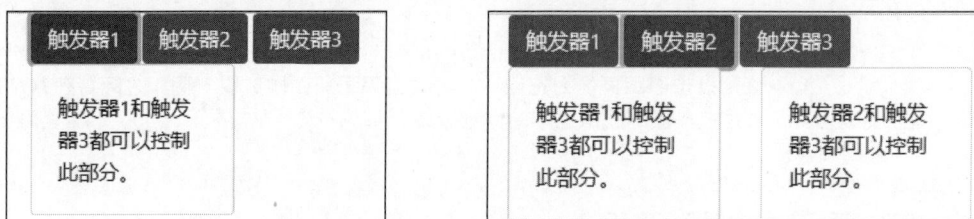

（a）单击"触发器 1"按钮的效果

（b）单击"触发器 2"按钮的效果

（c）单击"触发器 3"按钮的效果

图 7-26　触发器控制折叠内容的示例效果

7.8.2　折叠的 JavaScript 触发

像其他插件一样，折叠也可以通过 JavaScript 触发。

【实例 7-28】（文件 collapse-js.html）

```
<div class="container p-5">
      <button class="btn btn-info mb-3" type="button" id="btnCollapse"
onclick="toggle()">
          影片：志愿军
      </button>
      <div class=" collapse border border-danger p-2" id="collapseDemo">
          <p>该片以志愿军群像为主线，全景式呈现了……</p>
      </div>
  </div>
  <script>
      function toggle(){
          new bootstrap.Collapse('#collapseDemo');
      }
  </script>
```

以上代码的运行效果与【实例 7-26】相同，如图 7-25 所示。

7.8.3　折叠的选项

表 7-18 列出了折叠的选项。

表 7-18　折叠的选项

选项	取值	含义
parent	selector, DOM element	默认值为 null，如果提供了此项，则显示某个折叠内容时，指定父元素下的所有其他可折叠内容都将关闭
toggle	boolean	默认值为 true，调用单击触发器时，切换折叠内容

将折叠插件组合 card 组件使用时，呈现手风琴（accordion）效果。

【实例 7-29】（文件 collapse-parent.html）

```html
<div id="cardContainer">
  <div class="card mb-2">
    <div class="card-header" data-bs-toggle="collapse" data-bs-target=
"#collapseDemo1">
        影片：志愿军
    </div>
    <div class="collapse" id="collapseDemo1"
        data-bs-parent="#cardContainer">
      <div class="card-body ">
        <p>该片以志愿军群像为主线，全景式呈现了新中国成立一周年之际，在各个战线
上保卫祖国的英雄儿女，讲述抗美援朝战争三年的恢宏史诗。</p>
      </div>
    </div>
  </div>
  <div class="card mb-2">
    <div class="card-header" data-bs-toggle="collapse" data-bs-target=
"#collapseDemo2">
        影片：长津湖
    </div>
    <div class="collapse" id="collapseDemo2" data-bs-parent="#cardContainer">
      <div class="card-body ">
        <p>该片以抗美援朝战争第二次战役中的长津湖战役为背景，讲述了一段波澜壮阔
的历史，在极寒严酷环境下，中国人民志愿军东线作战部队凭着钢铁意志和英勇无畏的战斗精神，扭转
战场态势，为长津湖战役胜利作出重要贡献的故事。</p>
      </div>
    </div>
  </div>
  <div class="card mb-2">
    <div class="card-header" data-bs-toggle="collapse" data-bs-target=
"#collapseDemo3">
        影片：八佰
    </div>
    <div class="collapse" id="collapseDemo3" data-bs-parent="#cardContainer">
      <div class="card-body ">
        <p>该片取材于 1937 年淞沪会战，讲述了被称作"八百壮士"的中国国民革命军第
三战区 88 师 524 团的一个加强营，固守苏州河畔的四行仓库、阻击日军的故事。</p>
      </div>
    </div>
  </div>
</div>
```

以上代码在<div id="cardContainer">容器里面定义了 3 个 card 组件，每一个 card 组件都是
一个折叠区。为了实现单击一个 card 组件后只显示该 card 组件的内容，其他 card 组件的内容都

折叠关闭，我们需要使用 data-bs-parent 属性来确保所有折叠内容在指定的父元素里。以上代码运行效果如图 7-27 所示。

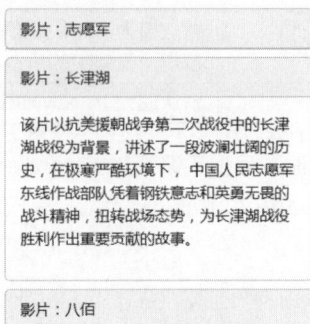

> 影片：志愿军

> 影片：长津湖
>
> 该片以抗美援朝战争第二次战役中的长津湖战役为背景，讲述了一段波澜壮阔的历史，在极寒严酷环境下，中国人民志愿军东线作战部队凭着钢铁意志和英勇无畏的战斗精神，扭转战场态势，为长津湖战役胜利作出重要贡献的故事。

> 影片：八佰

图 7-27　折叠面板

修改【实例 7-28】中<script></script>里面的代码。

```
<script>
        function toggle(){
            new bootstrap.Collapse('#collapseDemo',{toggle: false});
        }
</script>
```

单击触发按钮查看折叠是否可以切换，可以看到折叠无法切换。继续如下修改代码，调用 toggle() 方法，查看折叠效果。

```
new bootstrap.Collapse('#collapseDemo',{toggle: false}).toggle();
```

7.8.4　折叠的方法和事件

表 7-19 和表 7-20 分别列出了折叠的方法和事件。

表 7-19　折叠的方法

方法	描述
dispose()	销毁折叠内容
getInstance()	静态方法，得到一个与 DOM 元素关联的折叠实例
getOrCreateInstance()	静态方法，得到一个与 DOM 元素关联的折叠实例，或者在 DOM 元素未初始化的情况下创建一个新的实例
show()	显示折叠内容
hide()	隐藏折叠内容
toggle()	切换隐藏或显示状态

表 7-20 列出了折叠的事件。4 个事件的作用顺序和前面所介绍插件的事件类似，这里就不再举例说明。

表 7-20　折叠的事件

事件	描述
show.bs.collapse	在调用 show()方法后触发该事件
shown.bs.collapse	当折叠内容对用户可见时，触发该事件（将等待 CSS 过渡效果完成）
hide.bs.collapse	当调用 hide()方法时立即触发该事件
hidden.bs.collapse	当折叠内容对用户隐藏时触发该事件（将等待 CSS 过渡效果完成）

7.9　手风琴

手风琴（accordion）插件是 Bootstrap5 提供的新插件，在 Bootstrap 以前的版本中都是使用折叠加卡片实现的。

7.9.1　手风琴的基本用法

手风琴的结构包括如下两部分。

（1）class="accordion"：手风琴的外层容器，需设置 id 属性。

（2）class="accordion-item"：第二层容器，手风琴项，可以有多个。每个手风琴项包括两部分。

- class="accordion-header"：手风琴项头部，包含一个折叠触发器按钮。按钮上设置 class="accordion-button"、data-bs-toggle="collapse"、data-bs-target="折叠元素 id"。

- class="accordion-collapse collapse "：折叠元素，可添加.show 展开。设置 data-bs-parent="手风琴 id"属性，实现手风琴效果。折叠元素中包括折叠内容 class="accordion-body"。

【实例 7-30】（文件 accordion.html）

```
<div class="container p-5">
  <h3 class="text-primary text-center mb-3">杭州第 19 届亚运会</h3>
  <div class="accordion " id="accord1">
    <div class="accordion-item">
      <h2 class="accordion-header" id="headingOne">
        <button class="accordion-button" type="button" data-bs-toggle=
"collapse" data-bs-target="#collapseOne">
          会徽/潮涌
        </button>
      </h2>
      <div id="collapseOne" class="accordion-collapse collapse show"
data-bs-parent="#accord1" >
        <div class="accordion-body">    杭州第 19 届亚运会会徽......</div>
      </div>
    </div>
    <div class="accordion-item">
      <h2 class="accordion-header" id="headingTwo">
        <button class="accordion-button collapsed" type="button" data-
bs-toggle="collapse"    data-bs-target="#collapseTwo">
          吉祥物/江南忆
        </button>
      </h2>
      <div id="collapseTwo" class="accordion-collapse collapse" data-bs-
parent="#accord1">
        <div class="accordion-body">    杭州亚运会吉祥物......    </div>
      </div>
    </div>
    <div class="accordion-item">
      <h2 class="accordion-header" id="headingThree">
        <button   class="accordion-button   collapsed"   type="button"
data-bs-toggle="collapse"   data-bs-target="#collapseThree">
          火炬/薪火
```

```
                </button>
            </h2>
            <div id="collapseThree" class="accordion-collapse collapse" data-
bs-parent="#accord1">
                <div class="accordion-body">    杭州第19届亚.....</div>
            </div>
        </div>
    </div>
</div>
```

以上代码的运行效果如图 7-28 和图 7-29 所示。

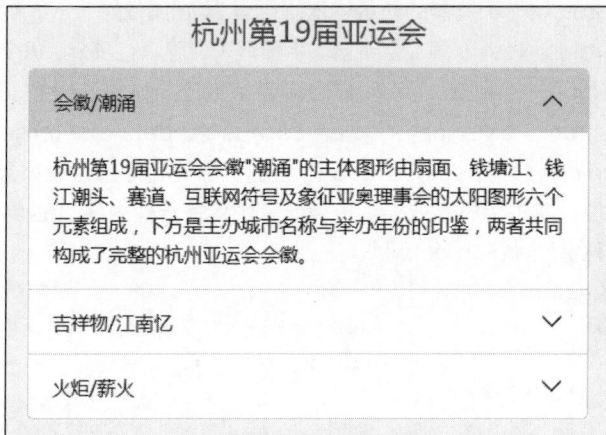

图 7-28   页面运行初始效果

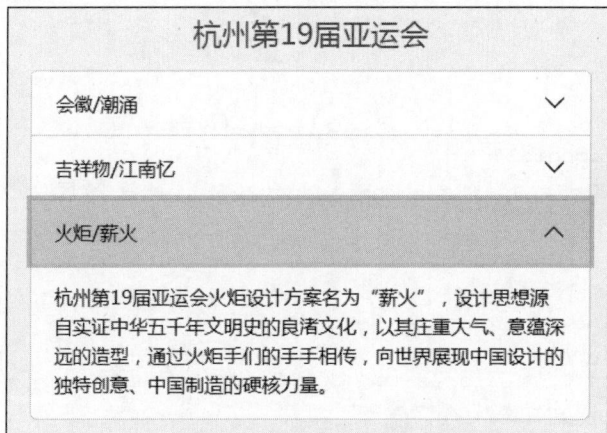

图 7-29   单击"火炬/薪火"后页面效果

单击手风琴项的头部展开该项时，该插件会做两项事情，从而达到展开效果。

（1）在.accordion-collapse 上添加.show。

（2）在.accordion-button 上去掉.collapsed。

修改【实例 7-30】可以得到其他外观的手风琴。

1. 无外边框手风琴

在 class="accordion"上添加.accordion-flush 可得到无外边框无圆角的手风琴。

```
<div class="accordion accordion-flush" id="accord1">
......
</div>
```

以上代码的运行效果如图 7-30 所示。

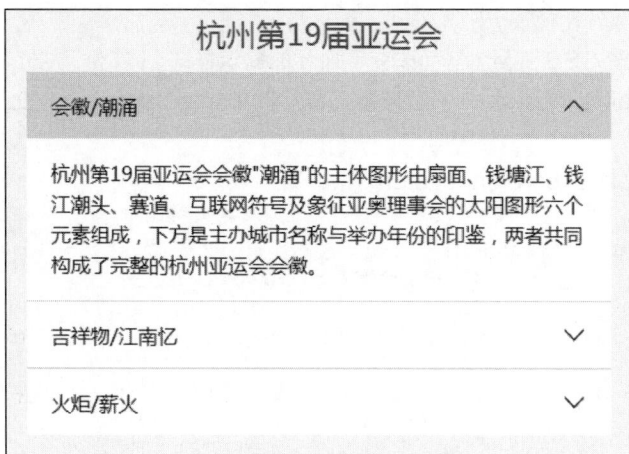

图 7-30　无边框和圆角手风琴效果

2．手风琴项可同时展开

删除每一个 .accordion-collapse 上的 data-bs-parent 属性，可以让各手风琴项的展开状态互不影响。

7.9.2　个性化手风琴

Bootstrap 在 .accordion 中定义大量的 CSS 变量，具体如下。

```
.accordion {
  --bs-accordion-color: var(--bs-body-color);
  --bs-accordion-bg: var(--bs-body-bg);
  --bs-accordion-transition: color 0.15s ease-in-out, background-color 0.15s
ease-in-out, border-color 0.15s ease-in-out, box-shadow 0.15s ease-in-out,
border-radius 0.15s ease;
  --bs-accordion-border-color: var(--bs-border-color);
  --bs-accordion-border-width: var(--bs-border-width);
  --bs-accordion-border-radius: var(--bs-border-radius);
  --bs-accordion-inner-border-radius: calc(var(--bs-border-radius) - (var
(--bs-border-width)));
  --bs-accordion-btn-padding-x: 1.25rem;
  --bs-accordion-btn-padding-y: 1rem;
  --bs-accordion-btn-color: var(--bs-body-color);
  --bs-accordion-btn-bg: var(--bs-accordion-bg);
  --bs-accordion-btn-icon: url("data:image/svg+xml,%3csvg xmlns='http:
//www.w3.org/2000/svg' viewBox='0 0 16 16' fill='none' stroke='%23212529'
stroke-linecap='round' stroke-linejoin='round'%3e%3cpath d='M2 5L8 11L14
5'/%3e%3c/svg%3e");
  --bs-accordion-btn-icon-width: 1.25rem;
  --bs-accordion-btn-icon-transform: rotate(-180deg);
  --bs-accordion-btn-icon-transition: transform 0.2s ease-in-out;
  --bs-accordion-btn-active-icon: url("data:image/svg+xml,%3csvg xmlns=
'http://www.w3.org/2000/svg' viewBox='0 0 16 16' fill='none' stroke='%23052c65'
stroke-linecap='round' stroke-linejoin='round'%3e%3cpath d='M2 5L8 11L14
5'/%3e%3c/svg%3e");
  --bs-accordion-btn-focus-box-shadow: 0 0 0 0.25rem rgba(13, 110, 253, 0.25);
  --bs-accordion-body-padding-x: 1.25rem;
  --bs-accordion-body-padding-y: 1rem;
```

```
    --bs-accordion-active-color: var(--bs-primary-text-emphasis);
    --bs-accordion-active-bg: var(--bs-primary-bg-subtle);
}
```

我们可以修改这些 CSS 变量，从而改变手风琴的默认样式。【实例 7-31】在【实例 7-30】的基础上添加了 .accordion-custom，然后在手风琴元素 class="accordion" 上应用该类。这里只列举了核心代码。

【实例 7-31】（文件 accordion-custom.html）

```
<style>
        .accordion-custom{
            --bs-accordion-active-bg: #f3ffd7;
            --bs-accordion-btn-focus-border-color: #ffecd3;
            --bs-accordion-btn-focus-box-shadow: 0 0 0 0.25rem rgba(255, 213,
164, 0.25);
            --bs-accordion-btn-active-icon:url('data:image/svg+xml;ba..');
            --bs-accordion-btn-icon: url('data:image....')
            }
</style>
......
<div class="accordion accordion-custom" id="accord1">
......
</div>
```

以上代码的运行效果如图 7-31 所示。

说明：上面代码中按钮图标的具体内容省略。更换一个 SVG 图标作为背景图像的步骤如下。

（1）在 Bootstrap 图标的官网中选中一个图标，然后下载其 SVG 文件。

（2）确保 SVG 图标适合需求，并对其进行必要的编辑（本例不用编辑）。

（3）将 SVG 内容转换为 Base64 编码的字符串。

（4）将新的 Base64 编码的 SVG 字符串放入 CSS 变量中。

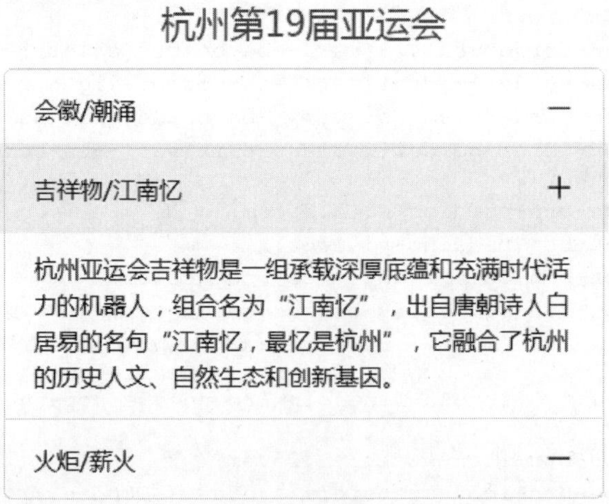

图 7-31　修改手风琴效果

7.10　Offcanvas

在 Bootstrap5 中，Offcanvas 是一个侧边栏（或弹出框），它可以从屏幕的左边、右边或底部滑出，其中还包含导航链接、表单等内容。这个插件非常适合用于响应式布局，特别是在 sm 设备上，可以提供额外的导航或内容而不占用页面的主要部分。

7.10.1 Offcanvas 的基本用法

Bootstrap 中的 Offcanvas 往往包括两部分，一是触发器元素，往往为按钮或者链接，二是 Offcanvas 本身。

在触发器元素上使用 data-bs-toggle="offcanvas"和 data-bs-target="#offcanvas 的 id"。如果触发器是 a 元素，则 data-bs-target 属性需要用 href 来替代。

Offcanvas 的结构如下。

（1）外层容器 div 使用 class="offcanvas offcanvas-*"。其中，*的取值为 start、end、top、bottom。

（2）内层结构主要包含以下两项内容。

- Offcanvas 头部：使用 class="offcanvas-header"，往往用于放置标题和关闭按钮。
- Offcanvas 主题：使用 class="offcanvas-body"，可以用于放置任何 HTML 元素。

【实例 7-32】（文件 offcanvas-data.html）

```
<div class="container p-5">
    <button  class="btn  btn-info  mb-3"  type="button"  id="btnOffcanvas"
data-bs-toggle="offcanvas" data-bs-target="#offcanvasDemo">
        影片：志愿军
    </button>
    <div class=" offcanvas offcanvas-start " id="offcanvasDemo">
        <div class="offcanvas-header">
            <h2>影评详情</h2>
            <button class="btn-close" data-bs-dismiss="offcanvas"></button>
        </div>
        <div class="offcanvas-body">
            <p>该片以志愿军群像为主线，全景式呈现了新中国成立一周年之际，在各个战线上保卫
祖国的英雄儿女，讲述抗美援朝战争三年的恢宏史诗。</p>
        </div>
    </div>
</div>
```

以上代码的运行效果如图 7-32 和图 7-33 所示。

图 7-32　初始页面中 Offcanvas 隐藏的效果

251

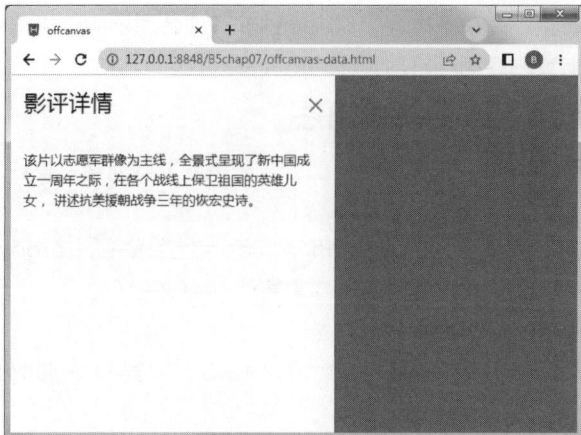

图 7-33 单击按钮后弹出 Offcanvas 的效果

说明：

（1）.offcanvas 默认隐藏侧边栏。当单击"影片：志愿军"按钮，显示 Offcanvas 时，会给.offcanvas 添加.show。

（2）Offcanvas 上的关闭按钮。设置 data-bs-dismiss="offcanvas"属性可关闭 Offcanvas。

（3）请读者自行修改 offcanvas-start 为 offcanvas-end、offcanvas-top、offcanvas-bottom，查看效果。

（4）Bootstrap 除提供了.offcanvas 外，还提供了响应式类.offcanvas-{sm|md|lg|xl|xxl}，表示当达到断点宽度时，Offcanvas 的主体部分直接显示。修改【实例 7-32】，将 class="offcanvas offcanvas-start"改为 class=" offcanvas-md offcanvas-start"。此外，关于关闭按钮，需要设置 data-bs-target="#offcanvasDemo"。

```
<button  class="btn  btn-info  mb-3"  type="button"  id="btnOffcanvas"
data-bs-toggle="offcanvas" data-bs-target="#offcanvasDemo">
    影片：志愿军
</button>
<div class=" offcanvas-md offcanvas-start " id="offcanvasDemo">
    ......省略

<button class="btn-close" data-bs-dismiss="offcanvas" data-bs-target=
"#offcanvasDemo" ></button>
    ......省略
</div>
```

以上代码的运行效果如图 7-34 所示。

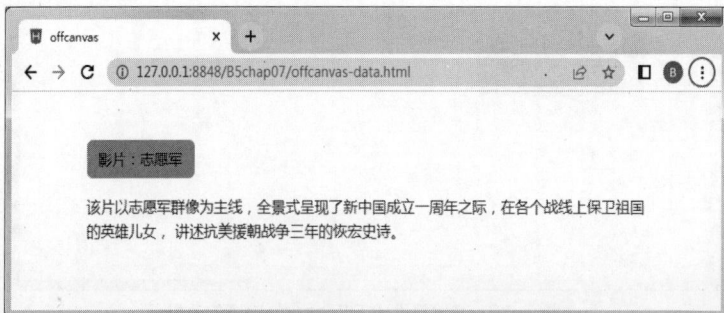

图 7-34 md 及其以上设备页面效果

7.10.2 Offcanvas 的 JavaScript 触发

像其他插件一样，Offcanvas 也可以通过 JavaScript 触发。

【实例 7-33】（文件 offcanvas-js.html）

```
<div class="container p-5">
        <button class="btn btn-info mb-3" type="button" id="btnOffcanvas" >
            影片：志愿军
        </button>
        <div class=" offcanvas  offcanvas-start text-bg-warning" id=
"offcanvasDemo">
            ......省略与【实例 7-32】相同
        </div>
    </div>
    <script>
        document.getElementById('btnOffcanvas').onclick=function(){
            new bootstrap.Offcanvas('#offcanvasDemo').show();
        }
    </script>
```

以上代码的运行效果与【实例 7-32】相同。

7.10.3 Offcanvas 的选项

使用 Offcanvas 的时候，可以通过 data 属性或 JavaScript 脚本来设置 Offcanvas 的选项值，从而实现不同样式的侧边栏。表 7-21 列举了 Offcanvas 的选项。

表 7-21　Offcanvas 的选项

选项	取值	含义
backdrop	boolean,static	表示是否显示遮罩层，默认值 true 表示显示；false 表示不显示；而 static 表示显示遮罩层，但是单击遮罩层区域不关闭 Offcanvas
keyboard	boolean	单击键盘 Esc 键时，是否关闭 Offcanvas，默认值 true 表示关闭 Offcanvas，false 表示单击 Esc 键时不关闭 Offcanvas
scroll	boolean	当 Offcanvas 显示时，允许页面滚动，默认值为 false

【实例 7-34】（文件 offcanvas-options.html）

```
<body style="height:1300px;">
    <div class="container p-5">
        <button class="btn btn-info mb-3" type="button" id="btnOffcanvas"
        data-bs-toggle="offcanvas"    data-bs-target="#offcanvasDemo" >
            影片:志愿军
        </button>
        <div    class="    offcanvas    offcanvas-end    text-bg-warning"
id="offcanvasDemo" data-bs-backdrop="false" data-bs-scroll="true" >
            <div class="offcanvas-header">
                <h2>影评详情</h2>
                <button type="button" class="btn-close" data-bs-dismiss=
"offcanvas" data-bs-target="#offcanvasDemo" aria-label="Close"></button>
            </div>
            <div class="offcanvas-body">
                <p>该片以志愿军群像为主线，全景式呈现了新中国成立一周年之际，在各个
战线上保卫祖国的英雄儿女，讲述抗美援朝战争三年的恢宏史诗。</p>
```

```
            </div>
         </div>
      </div>
   </body>
```

以上代码的运行效果如图 7-35 所示。

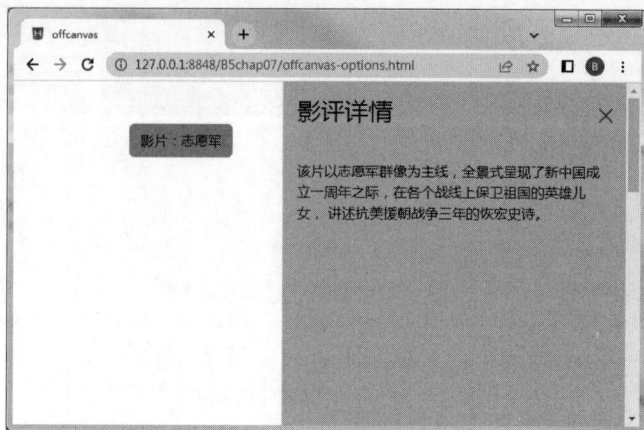

图 7-35　无遮罩层、body 可滚动的 Offcanvas 效果

说明：以上代码在.offcanvas 上设置 data-bs-backdrop="false"去掉侧边栏遮罩层；在 body 上设置 style="height:1300px;"，在.offcanvas 上设置 data-bs-scroll="true"，出现侧边栏时可滚动 body。使用.text-bg-warning 设置 Offcanvas 的背景和文本颜色。使用.offcanvas-end 将 Offcanvas 设置为右侧侧边栏。

7.10.4　Offcanvas 的方法和事件

表 7-22 和表 7-23 分别列出了 Offcanvas 的方法和事件。

表 7-22　Offcanvas 的方法

方法	描述
dispose()	销毁 Offcanvas
getInstance()	静态方法，得到一个与 DOM 元素关联的 Offcanvas 实例
getOrCreateInstance()	静态方法,得到一个与 DOM 元素关联的 Offcanvas 实例,或者在 DOM 元素未初始化的情况下创建一个新的实例
show()	显示 Offcanvas
hide()	隐藏 Offcanvas
toggle()	切换 Offcanvas 的隐藏或显示状态

表 7-23　Offcanvas 的事件

事件	描述
show.bs.offcanvas	在调用 show()方法后触发该事件
shown.bs.offcanvas	当折叠元素对用户可见时，触发该事件（将等待 CSS 过渡效果完成）
hide.bs.offcanvas	当调用 hide()方法时立即触发该事件
hidden.bs.offcanvas	当折叠元素对用户隐藏时触发该事件（将等待 CSS 过渡效果完成）
hidePrevented.bs.offcanvas	阻止隐藏，在下面两种情况下触发事件：当 backdrop 为 static 时，单击侧边栏外面；当 keyboard 为 false 时按 Esc 键

Offcanvas 的事件和模态框中的事件相似，通过模态框的案例和事件的名称可以知道其执行先后顺序。通过【实例 7-35】，我们可以了解事件的调用方式。

【实例 7-35】（文件 offcanvas-event.html）

```
......HTML 代码同【实例 7-32】
<script type="text/javascript">
        const myOffcanvas = document.getElementById('offcanvasDemo')
    myOffcanvas.addEventListener('hidden.bs.offcanvas', event => {
      alert('hidden.bs.offcanvas')
    })
    myOffcanvas.addEventListener('hide.bs.offcanvas', event => {
      alert('hide.bs.offcanvas')
    })
    myOffcanvas.addEventListener('show.bs.offcanvas', event => {
      alert('show.bs.offcanvas')
    })
    myOffcanvas.addEventListener('shown.bs.offcanvas', event => {
      alert('shown.bs.offcanvas')
    })
</script>
```

在【实例 7-32】的基础上添加以上 JavaScript 代码后，Offcanvas 显示或隐藏时会出现提示框。

7.11 轮播

轮播（carousel）插件可用于循环播放一系列内容。轮播的内容很灵活，可以是图像、内嵌框架、视频或者其他想要放置的任何类型的内容。网页中的轮播一般用于活动展示、产品展示及重点推荐等，方便用户快速了解这些信息。通过轮播可以在有限的页面空间里展现更多的内容。

7.11.1 轮播的基本用法

Bootstrap 中的轮播大致可以分为外层和内层两部分。

外层容器 div 使用 class="carousel slide"。其中，slide 指的是轮播滑动方式。同时，为此容器设置唯一的 id。

内层结构主要包含以下 3 项内容。

（1）指示器（可选项）：用于计算当前切换的轮播项索引。指示器容器使用 class="carousel-indicators"，指示器项通常使用 button 元素，并设置 data-bs-target="#轮播 id"和 data-bs-slide-to="数字"，指明该指示器项对应轮播的哪一页。

（2）轮播项目（必选项）：用于展示轮播的图片。在 div 元素上使用 class="carousel-inner"样式。轮播项目容器包括多个轮播项，每个轮播项容器使用<div class="carousel-item">。初始时，需要给其中一个设置为.active，从而显示轮播。轮播项的内容：①轮播图片：为了避免轮播项的大小不一致，往往需要事先将图片尺寸调为一样大小。在 img 元素上往往使用 class="d-block w-100"。②轮播字幕：如果需要在图片底部添加字幕，则使用 class="carousel-caption"样式。

（3）控制器（可选项）：用于左右切换轮播内容。对两个 a 元素分别使用 class="carousel-control-prev" 及 class="carousel-control-next"。并分别设置 data-bs-slide="prev"、data-bs-slide="next"及设置 data-bs-target="#轮播 id"。使用.carousel-control-prev-icon 或.carousel-control-next-icon，可以得到前后翻页的图标。

【**实例 7-36**】（文件 carousel.html）

```
<div class="carousel  slide " id="sample" data-bs-ride="carousel">
<!-- 1. 轮播的内容 -->
<div class="carousel-inner">
    <div class="carousel-item active">
        <img src="img/校园1.jpg" class="img-fluid w-100">
        <div class="carousel-caption d-none d-md-block">
            <h4>上学路上</h4>
            <p>上课时间到</p>
        </div>
    </div>
    <div class="carousel-item">
        <img src="img/校园2.jpg" class="img-fluid w-100">
        <div class="carousel-caption d-none d-md-block">
            <h4>综合楼前</h4>
            <p>一片生机</p>
        </div>
    </div>
    <div class="carousel-item">
        <img src="img/校园3.jpg" class="img-fluid w-100">
        <div class="carousel-caption d-none d-md-block">
            <h4>夕阳下的校园</h4>
            <p>美不胜收</p>
        </div>
    </div>
</div>
<!-- 2. 轮播下方指示器（可选项，一般都会使用） -->
<div class="carousel-indicators">
    <button type="button" data-bs-target="#sample" data-bs-slide-to="0"
class="active" aria-current="true"
        aria-label="Slide 1"></button>
    <button type="button" data-bs-target="#sample" data-bs-slide-to="1"
aria-label="Slide 2"></button>
    <button type="button" data-bs-target="#sample" data-bs-slide-to="2"
aria-label="Slide 3"></button>
</div>
<!-- 3. 前后切换控制项（可选项） -->
<button class="carousel-control-prev" type="button" data-bs-target=
"#sample" data-bs-slide="prev">
    <span class="carousel-control-prev-icon" aria-hidden="true"></span>
    <span class="visually-hidden">Previous</span>
</button>
<button class="carousel-control-next" type="button" data-bs-target="#sample"
data-bs-slide="next">
    <span class="carousel-control-next-icon" aria-hidden="true"></span>
    <span class="visually-hidden">Next</span>
</button>
</div>
```

以上代码的运行效果如图 7-36 所示。

图 7-36　轮播（md 以下设备字幕不显示）

说明：

（1）在.carousel 上添加了 data-bs-ride="carousel"属性，用于页面加载后，轮播直接启动。

（2）.carousel 上添加了.slide，设置轮播切换效果为滑动效果。也可以使用.carousel-fade 类设置为淡入/淡出效果。.slide 和.carousel-fade 也可以一起使用。

（3）轮播字幕<div class="carousel-caption d-none d-md-block">上添加 d-none、d-md-block，让字幕在 md 及其以上设备显示，md 以下设备不显示。

7.11.2　个性化轮播

有时候，我们想定制自己轮播中指示器和前后控制器的样式，以适应网站的整体风格。在 bootstrap.css 文件中定义轮播插件时用到了相关类。如果需要个性化这些内容，就需要重新设置其样式。在<link rel="stylesheet" type="text/css" href="css/bootstrap.css" />后面添加如下 CSS 样式。

```
<style>
    .carousel-control-prev-icon {
        background-image: url("data:image/svg+xml,%3csvg xmlns='http://
www.w3.org/2000/svg' viewBox='0 0 16 16' fill='%23f00'%3e%3cpath d='M11.354
1.646a.5.5 0 0 1 0 .708L5.707 815.647 5.646a.5.5 0 0 1-.708.708l-6-6a.5.5 0 0
1 0-.708l6-6a.5.5 0 0 1 .708 0z'/%3e%3c/svg%3e");
    }
    .carousel-control-next-icon {
        background-image: url("data:image/svg+xml,%3csvg xmlns='http://www.w3.
org/2000/svg' viewBox='0 0 16 16' fill='%23f00'%3e%3cpath d='M4.646 1.646a.5.5
0 0 1.708 016 6a.5.5 0 0 1 0 .708l-6 6a.5.5 0 0 1-.708-.708L10.293 8 4.646 2.354a.5.5
0 0 1 0-.708z'/%3e%3c/svg%3e");
    }
    .carousel-indicators [data-bs-target]{
            width: 15px;
            height: 15px;
            background-color: #ff6186;
            border: 2px solid #fff;
            border-radius: 10px;
    }
</style>
```

以上代码的运行效果如图 7-37 所示。

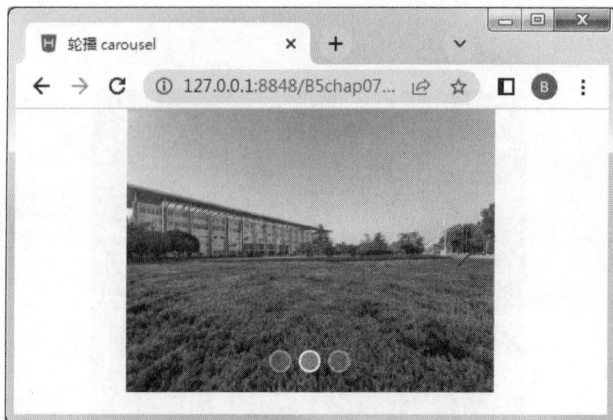

图 7-37　个性化轮播样式

7.11.3　轮播的 JavaScript 触发

轮播也支持用 JavaScript 方式来触发。首先创建轮播实例对象，然后调用 cycle()方法启动轮播。

【实例 7-37】（文件 carousel-js.html）

```
<div class="carousel  slide " id="sample" >
  ......省略轮播内容，同【实例 7-36】
</div>

<script type="text/javascript">
    const carousel = new bootstrap.Carousel('#sample')
    carousel.cycle()
   //或者使用下列语句，在创建实例对象时，将其设置为自动播放
   // const carousel = new bootstrap.Carousel('#sample',{ride:"carousel"})
</script>
```

7.11.4　轮播的选项

使用轮播的时候，可以通过 data 属性或 JavaScript 脚本来设置轮播的选项值，从而实现控制轮播的显示效果。表 7-24 列举了轮播的选项。

表 7-24　轮播的选项

选项	取值	含义
interval	number（数字）	默认值为 5000，自动轮播的间隔时间，单位：毫秒
keyboard	boolean	是否对键盘事件做出响应
pause	string, boolean	默认值为 hover，表示鼠标指针悬停时暂停轮播。设置为 false 时，鼠标指针悬停轮播不会暂停
ride	string, boolean	默认值为 false。如果设置为 true，则在用户手动循环第一个项目后自动播放转盘。如果设置为 "carousel"，则在加载时自动播放轮播
touch	boolean	是否应支持触摸屏设备上的左/右滑动交互
wrap	boolean	是否连续循环轮播，默认值为 true

data 属性使用方式：修改【实例 7-36】（文件 carousel.html），添加下列黑体的 data 属性。

```
<div class="carousel  slide " id="sample" data-bs-ride="carousel"
```

```
        data-bs-pause="false" data-bs-interval="2000" data-bs-wrap="false">
```

JavaScript 脚本配置选项：修改【实例 7-37】（文件 carousel-js.html）中的 JavaScript
代码。

```
const carousel = new bootstrap.Carousel('#sample',{
    ride:"carousel",
    pause:false,
    interval:2000
})
```

7.11.5　轮播的方法和事件

轮播除了有 dispose()、getInstance()、getOrCreateInstance()方法，还有很多其他方法，
部分方法如表 7-25 所示。

表 7-25　轮播的部分方法

方法	描述
cycle()	开始从左向右循环轮播
next()	静态方法，得到一个与 DOM 元素关联的轮播实例
prev()	静态方法，得到一个与 DOM 元素关联的轮播实例，或者在 DOM 元素未初始化的情况下创建一个新的实例
pause()	显示轮播
to()	隐藏轮播
nextWhenVisible()	当页面、轮播或轮播父元素不可见时，不循环到下一页

表 7-26 列出了轮播的事件。

表 7-26　轮播的事件

事件	描述
slide.bs.carousel	当调用 slide()方法时立即触发该事件
slid.bs.carousel	当轮播完成幻灯片滑动效果时触发该事件

这两个事件（event 对象）都具有以下附加属性。

- direction：轮播滚动的方向。
- relatedTarget：作为活动项目滑动到指定的 DOM 元素。
- from：当前项目的索引。
- to：下一个项目的索引。

【实例 7-38】（文件 carousel-event.html）这里只列举核心代码。

```
<script type="text/javascript">
        const myCarousel = document.getElementById('sample')
        myCarousel.addEventListener('slide.bs.carousel', event => {
          alert("slid 事件：轮播向" + event.direction +"滑动")
        })
        myCarousel.addEventListener('slid.bs.carousel', event => {
          alert("slid 事件：" + event.from + "切换到" + event.to)
        })
        const carousel = new bootstrap.Carousel('#sample',{ride:"carousel"})
</script>
```

以上代码的运行效果如图 7-38 和图 7-39 所示。

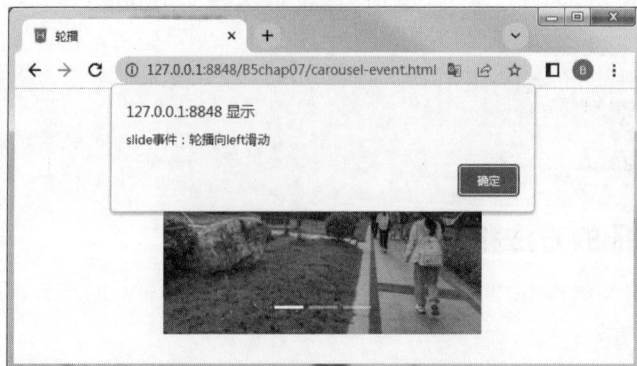

图 7-38　开始滑动时触发 slide.bs.carousel 事件

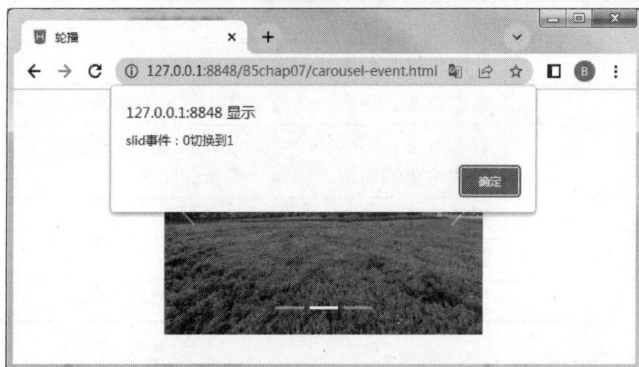

图 7-39　从 0 到 1 滑动结束触发 slid.bs.carousel 事件

7.12 滚动监听

滚动监听（scrollspy），即自动更新导航，它会根据滚动条的位置自动更新对应的导航条菜单，该菜单项处于激活状态。滚动监听在页面内容及板块较多的情况下特别有用，可以快速定位当前所处的页面位置。

图 7-40 是一个百度百科导航条示例，右侧的导航条随着滚动条的滚动而定位到不同的菜单项上面。

图 7-40　百度百科导航条示例

滚动监听依赖于 scrollspy.js，所以在使用滚动监听时要引入 scrollspy.js 文件包，或者直接引用 bootstrap.bundle.js 或压缩的 bootstrap.bundle.min.js。

7.12.1 滚动监听的基本用法

滚动监听使用声明式触发需要设置以下两条属性。

- data-bs-target="#导航条（或列表组）id"
- data-bs-spy="scroll"

实现滚动监听的具体步骤如下。

（1）制作一个导航条或者列表组，为每个导航项或列表项定义一个锚链接。

（2）在想要监听的元素（一般来说是 body 元素）上添加属性 data-bs-spy="scroll"及 data-bs-target="#导航条（或列表组）id"。如果被监听的元素不是 body，那么还需要对该元素的 height 和 overflow 属性进行设置以便让容器出现滚动条。

（3）被监听的容器里的多个子内容需要分别定义 id 值，且 id 值和导航条（或列表组）的导航项中的锚对应。

【**实例 7-39**】（文件 scrollspy-nav.html）

```
<body data-bs-spy="scroll" data-bs-target="#navbarDemo">
    <nav class="navbar navbar-expand-sm  bg-dark navbar-dark fixed-top"
id="navbarDemo">
        <div class="container">
            <ul class="navbar-nav">
                <li class="nav-item">
                    <a class="nav-link" href="#college">学院简介</a>
                </li>
                <li class="nav-item">
                    <a class="nav-link" href="#teacher">师资队伍</a>
                </li>

                <li class="nav-item dropdown">
                    <a class="nav-link dropdown-toggle" href="#" id=
"navbardrop" data-bs-toggle="dropdown">
                        专业设置
                    </a>
                    <div class="dropdown-menu">
                        <a class="dropdown-item" href="#software">软件技术</a>
                        <a class="dropdown-item" href="#ai">人工智能技术服务</a>
                        <a class="dropdown-item" href="#medium">数字媒体应用
技术</a>
                        <a class="dropdown-item" href="#bigdata">大数据技术
与应用</a>
                    </div>
                </li>
            </ul>
        </div>
    </nav>
<div class="container" style="padding-top: 80px;" >
        <h3 id="college">学院简介</h3>
            <p>……</p>
        <h3 id="teacher">师资队伍</h3>
```

```
        <p>……</p>
    <h3 id="software">软件技术</h3>
        <p>……</p>
    <h3 id="ai">人工智能技术服务</h3>
        <p>……</p>
    <h3 id="medium">数字媒体应用技术</h3>
        <p>……</p>
    <h3 id="bigdata">大数据技术与应用</h3>
        <p>……</p>
</div>
</body>
```

以上代码的运行效果如图 7-41 所示。

图 7-41　声明式滚动监听触发 1

在图 7-41 中，当滚动条滚动的时候导航项会随着高亮显示。由于被监听的元素是 body，导航条必须设置为顶部固定样式（fixed-top），否则在页面滚动的过程中导航条会和页面一起向上滚动而导致导航条看不到。另外，代码中添加了下拉菜单，并且添加了菜单项对应的锚点。因此，当滚动条滚动到"专业设置"的菜单项对应的内容时，该菜单项也会高亮显示。由于篇幅有限，页面中段落内容在代码中用省略号替代。

【实例 7-39】中的导航条可以替换成列表组，被监听的元素也可以是 body 里面的元素。

【实例 7-40】（文件 scrollspy-list-group.html）

```
<div class="container pt-3">
<div class="row">
    <div class="col-md-3">
        <div id="list-example" class="list-group">
            <a class="list-group-item list-group-item-action" href=
"#college">学院简介</a>
            <a class="list-group-item list-group-item-action" href=
"#teacher">师资队伍</a>
            <a class="list-group-item list-group-item-action" href=
```

262

```
"#professional">专业设置</a>

                </div>
            </div>
            <div class="col-md-9">
                <div class="border border-light-subtle p-3" data-bs-spy="scroll"
data-bs-target="#list-example" data-bs-smooth-scroll="true"
    style="height: 300px ;overflow: auto;">
                    <h4 id="college">学院简介</h4>
                    <p>……</p>
                    <h4 id="teacher">师资队伍</h4>
                    <p>……</p>
                    <h4 id="professional">专业设置</h4>
                    <p>……</p>
                </div>
            </div>
        </div>
    </div>
```

以上代码的运行效果如图 7-42 所示。

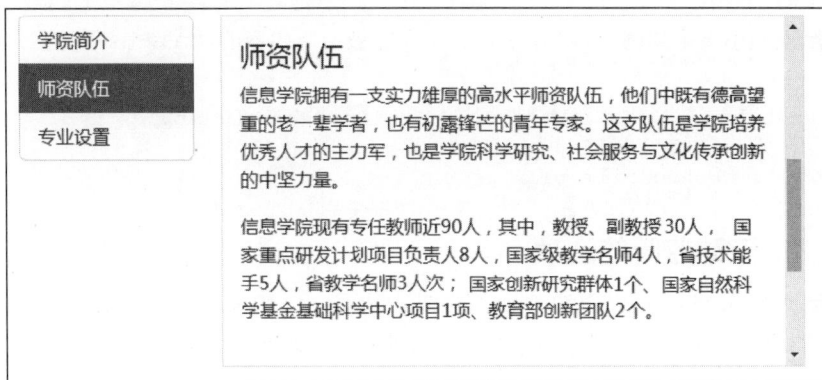

图 7-42　声明式滚动监听触发 2

说明：为了实现滑动效果，需要设置 data-bs-smooth-scroll="true"属性。

7.12.2　滚动监听的 JavaScript 触发

除了使用声明式触发滚动监听，还可以使用 JavaScript 触发滚动监听。在使用 JavaScript 触发时，我们要删除代码中的 data-bs-*属性，如【实例 7-41】所示。

【实例 7-41】（文件 scrollspy-list-group-js.html）

```
<div class="container pt-3">
        <div class="row">
            <div class="col-md-3">
                <div id="list-example" class="list-group">
                    <a    class="list-group-item    list-group-item-action"
href="#college">学院简介</a>
                    <a    class="list-group-item    list-group-item-action"
href="#teacher">师资队伍</a>
                    <a    class="list-group-item    list-group-item-action"
href="#professional">专业设置</a>

                </div>
```

```
            </div>
            <div class="col-md-9">
                <div class="border border-light-subtle p-3" id="scrollspyTest"
style="height: 300px;overflow: auto;">
                    <h4 id="college">学院简介</h4>
                        <p>……</p>
                    <h4 id="teacher">师资队伍</h4>
                        <p>……</p>
                    <h4 id="professional">专业设置</h4>
                        <p>……</p>
                </div>
            </div>
        </div>
    </div>
<script>
    const scrollSpy = new bootstrap.ScrollSpy("#scrollspyTest", {
        target: '#nlist-example',
        smoothScroll: true
    })
</script>
```

代码沿用上一小节【实例 7-40】的代码，删除被监听内容的 data-bs-*属性，而改用如下 JavaScript 代码。

```
const scrollSpy = new bootstrap.ScrollSpy("#scrollspyTest", {
        target: '#nlist-example',
        smoothScroll: true
    })
```

7.12.3　滚动监听的选项

使用滚动监听的时候，可以通过 data 属性或 JavaScript 脚本来设置滚动监听的选项值，从而实现控制滚动监听的显示效果。表 7-27 列举了滚动监听的选项。

表 7-27　滚动监听的选项

选项	取值	含义
offset	number, null	默认值为 null，计算滚动位置时的偏移量，从 Bootstrap5.1.3 开始推荐使用 rootMargin
rootMargin	string	默认值为 0px 0px -25%，计算滚动位置时，交叉点观察者 rootMargin 为有效单位
smoothScroll	boolean	默认值为 false，当用户单击指向滚动监听可观测值的链接时，判断是否启用平滑滚动。为 true 时，启动平滑滚动效果
threshold	array	默认值为[0.1, 0.5, 1]。计算滚动位置时，交叉点观察者阈值为有效输入

读者可以在【实例 7-40】上添加 data 属性：data-bs-smooth-scroll="true"、data-bs-offset=80 或者 data-bs-root-margin="0px 0px -60%"，然后查看滚动监听的效果。

7.12.4　滚动监听的方法和事件

滚动监听除了有 dispose()、getInstance()、getOrCreateInstance()方法，还有一个 refresh() 方法，当在 DOM 中增加或删除元素，需要调用 refresh()方法。

滚动监听只有一个事件：activate.bs.scrollspy。每当 scrollspy 激活锚点时，就会在 scroll 元素上触发 activate.bs.scrollspy 事件，示例如下。

```
const firstScrollSpyEl = document.querySelector('[data-bs-spy="scroll"]')
firstScrollSpyEl.addEventListener('activate.bs.scrollspy', () => {
  alert('activate.bs.scrollspy')
})
```

7.13 选项卡

在 Web 页面中，我们经常会发现，单击导航的导航项时，底部的内容会随之切换。在本节中，我们将介绍如何通过选项卡实现这个功能。

7.13.1 选项卡的基本用法

选项卡由以下两部分组成。

- 导航：使用前面的导航组件来实现。
- 内容面板：外层容器<div>使用 class="tab-content"，内层的每个内容区域都需要使用 class="tab-pane"样式。

选项卡和滚动监听结构比较相似，也是依赖锚点来实现的。每一个导航项对应一个内容面板中的锚点，当有一个面板显示时其他锚点都隐藏。

选项卡可以通过声明方式来触发内容的显示和隐藏，只需把 data-bs-toggle="tab"（选项卡式导航）或 data-bs-toggle="pill"（胶囊式导航）添加到锚文本链接中即可。

【实例 7-42】（文件 nav-tab.html）

```html
<ul class="nav nav-tabs mb-2" id="myTab">
    <li class="nav-item">
        <a class="nav-link active" data-bs-toggle="tab" href="#tabs-department" role="tab">学院简介</a>
    </li>
    <li class="nav-item">
        <a class="nav-link" data-bs-toggle="tab" href="#tabs-course" role="tab">课程设置</a>
    </li>
    <li class="nav-item">
        <a class="nav-link" data-bs-toggle="tab" href="#tabs-major" role="tab">专业设置</a>
    </li>
</ul>
<div class="tab-content" id="tabs-tabContent">
    <div class="tab-pane fade active" id="tabs-department">
        <p>……</p>
    </div>
    <div class="tab-pane fade" id="tabs-course">
        <p>……</p>
    </div>
    <div class="tab-pane fade" id="tabs-major">
        <p>……</p>
    </div>
</div>
```

以上代码的运行效果如图 7-43 所示，这是在不同的 Tab 导航项上切换的效果。为了使代码结构清晰，面板上的内容信息用省略号替代（本例是基于<ul>容器的选项卡，我们也可以基于<nav>标签设计）。

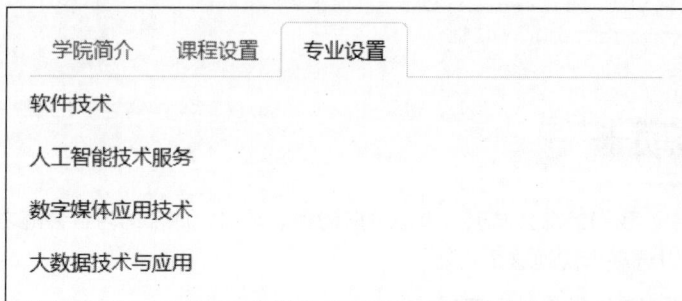

图 7-43 "专业设置"选项卡

将【实例 7-42】中的 class="nav nav-tabs"换成 class="nav nav-pills"，将 data-bs-toggle="tab"换成 data-bs-toggle="pill"，即可得到胶囊式选项卡，如图 7-44 所示。

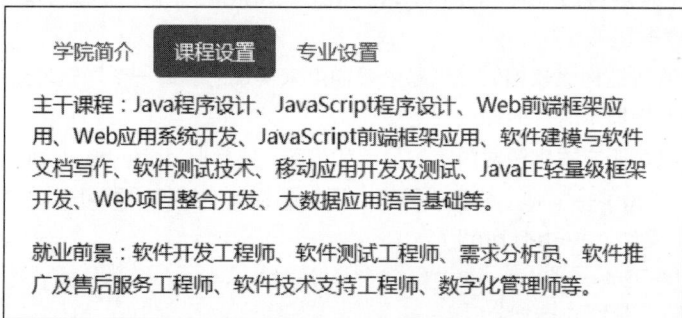

图 7-44 .nav-pills 导航的"课程设置"选项卡

【实例 7-42】中导航也可以用列表组来实现。在列表项中添加 data-bs-toggle="list"即可。代码如下。

【实例 7-43】（文件 nav-list-tab.html）

```html
<div class="row">
  <div class="col-3">
    <div class="list-group" id="list-tab" role="tablist">
        <a class="list-group-item list-group-item-action active" data-bs-toggle="list"  href="#tabs-department">学院简介</a>
        <a class="list-group-item list-group-item-action" data-bs-toggle="list" href="#tabs-course">课程设置</a>
        <a class="list-group-item list-group-item-action" data-bs-toggle="list" href="#tabs-major">专业设置</a>
    </div>
  </div>
  <div class="col-9">
    <div class="tab-content border border-primary-subtle p-3" id="tabs-tabContent" style="height: 300px;">
        <div class="tab-pane  active" id="tabs-department">
                <p>......</p>
        </div>
        <div class="tab-pane fade" id="tabs-course">
            <p>......</p>
```

```
        </div>
        <div class="tab-pane fade" id="tabs-major">
            <p>......</p>
        </div>
    </div>
  </div>
</div>
```

以上代码运行的效果如图 7-45 所示。

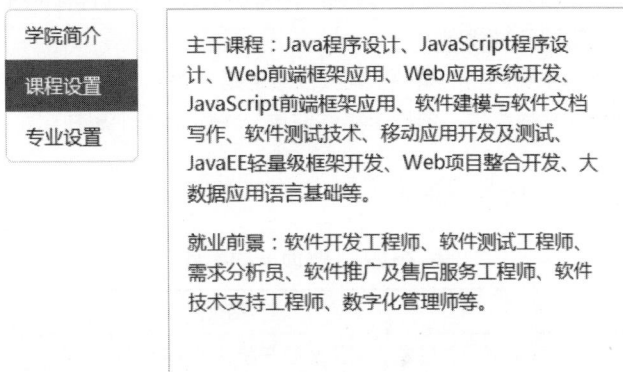

图 7-45　列表组的"课程设置"选项卡

7.13.2　选项卡的 JavaScript 触发

选项卡也可以通过 JavaScript 触发显示相应的面板内容，我们只需要删除选项卡的 data-bs-toggle 属性，然后使用下面的代码即可。

```
<script>
    const triggerTabList = document.querySelectorAll('#myTab a')
    triggerTabList.forEach(triggerEl => {
      const tabTrigger = new bootstrap.Tab(triggerEl)
      triggerEl.addEventListener('click', event => {
        event.preventDefault()
        tabTrigger.show()
      })
    })
</script>
```

代码中的 myTab 是导航的 id 值。由于每个选项卡都需要激活，所以，我们可以直接使用这段代码一次性给每个导航菜单项添加一个单击事件，也可以为每个选项卡分别写 JavaScript 代码以实现单独激活。

7.13.3　选项卡的过渡效果

如果需要为选项卡设置淡入/淡出效果，则需添加 class="fade"到每个.tab-pane 上。与.active 导航项对应的选项卡必须添加.show，以便淡入显示初始内容。代码如下。

```
<div class="tab-content">
    <div class="tab-pane active fade show" id="tabs-department">
      <p>……</p>
    </div>
    <div class="tab-pane fade" id="tabs-course">
      <p>……</p>
```

```
    </div>
    <div class="tab-pane fade" id="tabs-major">
      <p>……</p>
    </div>
  </div>
</div>
```

7.13.4　选项卡的方法和事件

选项卡除了有 dispose()、getInstance()、getOrCreateInstance()方法，还有一个 show()方法，其含义为：选择给定的选项卡并显示其关联内容面板项。之前选择的任何其他选项卡都将变为未选中，其关联的内容面板项将隐藏。

表 7-28 列出了选项卡中要用到的事件。需要注意的是，如果没有已启动的选项卡，就不会触发 hide.bs.tab 和 hidden.bs.tab 事件。选项卡事件对象 event 有两个属性。

target：激活的选项卡。

relatedTarget：前一个激活的选项卡。

表 7-28　选项卡的事件

事件	描述
show.bs.tab	该事件在选项卡显示时触发，但是必须在新选项卡被显示之前
shown.bs.tab	该事件在选项卡显示时触发，但是必须在某个选项卡已经显示之后
hide.bs.tab	该事件在显示一个新选项卡时触发（因此前一个活动选项卡将被隐藏）
hidden.bs.tab	该事件在显示一个新选项卡后触发（因此前一个活动选项卡被隐藏）

【实例 7-44】（文件 nav-event.html）

```
<p class="active-tab"><strong>激活的标签页</strong>: <span></span></p>
<p class="previous-tab"><strong>前一个激活的标签页</strong>: <span></span></p>
<hr>
<!--此处省略选项卡的具体定义，代码与【实例 7-42】相同-->
  <script type="text/javascript">
        const triggerTabList = document.querySelectorAll('#myTab a')
        triggerTabList.forEach(triggerEl => {
          const tabTrigger = new bootstrap.Tab(triggerEl)
          triggerEl.addEventListener('click', event => {
            event.preventDefault()
            tabTrigger.show()
          })
          triggerEl.addEventListener('shown.bs.tab', event => {
              document.querySelector('.active-tab span').innerHTML =event.
target.text
              document.querySelector('.previous-tab      span').innerHTML
=event.relatedTarget.text
          })
        })
  </script>
```

以上代码是在【实例 7-42】的基础上添加了两个 span 元素用以显示当前激活的标签页和前一个激活的标签页；在 script 元素中为选项卡注册 shown.bs.tab 事件，事件发生时，将 event.target 和 event.relatedTarget 的 text 属性的内容放入 span 元素中。运行效果如图 7-46 所示。

激活的标签页：学院简介

前一个激活的标签页：课程设置

| 学院简介 | 课程设置 | 专业设置 |

信息学院致力于打造国内一流专业群，专业全面对应战略新兴产业，服务新一代信息技术产业链，底蕴深厚、成果丰硕。本学院已成为技术技能人才培养、先进技术创造与积累、优秀传统文化传承与发展的职业教育战略高地。

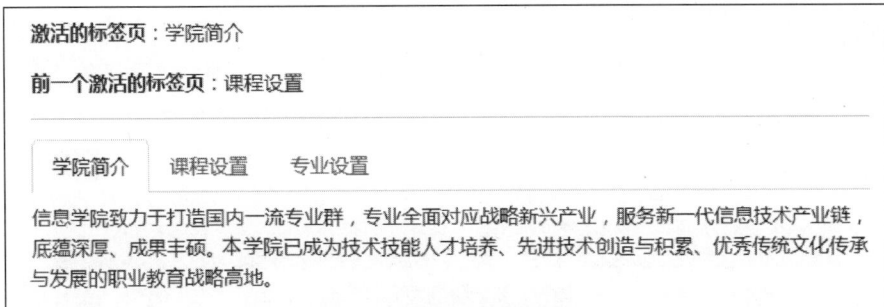

图 7-46　选项卡的事件

7.14　按钮

通过按钮，我们可以实现一些交互功能，比如控制按钮状态，实现简单的开关切换按钮等。

Bootstrap 提供了设置按钮属性功能，用于激活按钮的状态切换。例如：在 button 元素上添加 data-bs-toggle="button"属性，可以将单个按钮从正常状态切换成按压状态（底色更深、边框色更深、向内投射阴影）。

【实例 7-45】（文件 button.html）

```
<button type="button" class="btn btn-outline-primary" data-bs-toggle="button" autocomplete="off">按钮插件</button>
```

以上代码在 Chrome 浏览器的开发者工具中的运行效果如图 7-47 所示。

我们打开页面的查看器可以看到，在单击按钮后，class="btn btn-outline-secondary active" 且 aria-pressed= "true"；再次单击按钮后，.active 消失且 aria-pressed="false"。

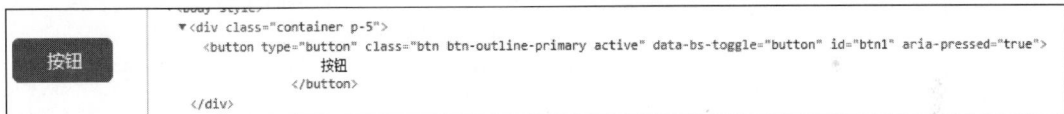

```
              ▼<div class="container p-5">
                  <button type="button" class="btn btn-outline-primary active" data-bs-toggle="button" id="btn1" aria-pressed="true">
                          按钮
                  </button>
              </div>
```

图 7-47　按压状态

7.15　案例：学院网站首页

本案例将制作一个学院网站首页，效果如图 7-48 所示。本案例综合应用了本章及前面各章的一些知识点，比如本章中的滚动监听、模态框、选项卡、折叠、轮播及前面章节中的导航条、列表组、表单和卡片等。

具体操作步骤如下。

（1）在 HBuilderX 中新建一个 Web 项目，将 Bootstrap 的 CSS 文件复制到项目的 CSS 目录中，然后在 head 元素中引用 CSS 文件。页面中要应用滚动监听、列表组及导航条等内容，因此，我们需要另外对它们的样式进行设计。具体代码如下。

案例视频 7

```
<head>
    <meta charset="utf-8">
    <meta name="viewport" content="width=device-width,initial-scale=1">
    <title>学院首页</title>
    <link rel="stylesheet" type="text/css" href="css/bootstrap.css"/>
```

```
        <script src="js/bootstrap.bundle.js" type="text/javascript" charset=
"utf-8"></script>
    </head>
```

图 7-48　学院网站首页

（2）创建页面头部。页面头部容器里分别是 logo 和导航条。该容器使用了.fixed-top。在 head 元素里重新定义了 body 元素的 padding 属性。另外，导航条还使用了响应式导航条。具体代码如下。

```
<body>
    <div class="container  fixed-top">
        <div class="row">
            <div class="col ">
                    <!-- 搜索按钮 -->
```

```
            <div class="py-5 bg-top">
                <form class=" row row-cols-auto g-2 justify-content-end">
                    <div class="col">
                        <input type="text" class="form-control" placeholder="
请输入关键字">
                    </div>
                    <div class="col">
                        <button type="button" class="btn btn-primary">搜 索
</button>
                    </div>
                </form>
            </div>
                    <!-- 导航条 -->
            <nav class="navbar navbar-expand-md bg-primary navbar-dark "
id="navbarDemo">
                <div class="container-fluid">
                    <a class="navbar-brand me-5" href="#college">学院概况</a>
                    <button class="navbar-toggler " type="button" data-bs-
toggle="collapse" data-bs-target="#myNavbar"><span class="navbar-toggler-
icon "></span>
                    </button>
                    <div class="collapse navbar-collapse" id="myNavbar">
                        <ul class="navbar-nav">
                          <li class="nav-item me-5">
                            <a class="nav-link" href="#news">热点新闻</a>
                          </li>
                          <li class="nav-item me-5">
                          <a class="nav-link" href="#PartyBuilding">党建工作</a>
                          </li>
                          <li class="nav-item me-5">
                            <a class="nav-link " href="#department">专业设置</a>
                        </li>
                        <li class="nav-item me-5" data-bs-toggle="modal"
data-bs-target="#myModal"> <a class="nav-link " href="#">联系我们</a>
                        </li>
                    </ul>
                </div>
            </div>
        </nav>
        </div>
        </div>
    </div>
</body>
```

设置 CSS 样式。

```
<style>
 body {
     position: relative;
     padding-top: 12rem;
 }
 .fixed-top {
     background-color: #fff;
 }
 .bg-top {
```

```
        background: url(img/logo.png) no-repeat;
    }
  </style>
```

（3）单击导航条中的"联系我们"会弹出一个模态框，模态框的内容是一个表单。

注意：模态框是body元素的直接子元素。具体代码如下。

```
<div class="modal fade" id="myModal">
  <div class="modal-dialog modal-dialog-centered">
    <div class="modal-content">
      <div class="modal-header">
        <h4 class="modal-title">联系我们</h4>
        <button type="button" class="btn-close" data-bs-dismiss=
"modal" aria-label="Close"></button>
      </div>
      <div class="modal-body">
        <form>
          <div class="row g-3">
            <div class="col-sm-6">
              <input class="form-control" id="name" name="name"
placeholder="姓名" type="text" required>
            </div>
            <div class="col-sm-6">
              <input class="form-control" id="email" name="email"
placeholder="邮箱" type="email" required>
            </div>
            <div class="col-12">
              <textarea class="form-control" id="comments" name=
"comments" placeholder="请输入内容"
                        rows="5"></textarea>
            </div>
            <div class="col-sm-12">
              <button class="btn btn-primary float-end" type=
"submit">发送</button>
            </div>
          </div>
        </form>
      </div>
    </div>
  </div>
</div>
```

（4）创建主体区域1——学院概况。主体页面可分为4部分：学院概况、热点新闻、党建工作和专业设置。主体区域1主要分两列，第1列显示文本内容，第2列是轮播，具体代码如下。

```
<div class="container mt-3" id="college">
  <div class="row ">
    <div class="col-sm-6 col-md-4">
      <p>    学院致力于打造国内一流专业群,专业全面对应战略
新兴产业，服务新一代信息技术产业链，底蕴深厚、成果丰硕。本学院已成为技术技能人才培养、先进
技术创造与积累、优秀传统文化传承与发展的职业教育战略高地。
      </p>
      <p class="d-block d-sm-none d-md-block">
            欢迎八方学子来此圆梦，我们将提供最好的教学资
源和服务，助力有志青年成长，着力培养厚德尚能、崇实敬业、产业急需、技艺高超的高素质技术技能
人才。
```

```
            </p>
        </div>
        <div class="col-sm-6 col-md-8">
            <div id="myCarousel" class="carousel slide carousel-fade " data-
bs-ride="carousel">
                <div class="carousel-indicators">
                    <button type="button" data-bs-target="#myCarousel" data-
bs-slide-to="0" class="active"></button>
                    <button type="button" data-bs-target="#myCarousel" data-
bs-slide-to="1"></button>
                </div>
                <div class="carousel-inner">
                    <div class="carousel-item active">
                        <img src="img/xiaoyuan1.png" class="d-block w-100 " alt=
"First slide">
                    </div>
                    <div class="carousel-item">
                        <img src="img/xiaoyuan2.png" class="d-block w-100 " alt=
"Second slide">
                    </div>
                </div>
            </div>
        </div>
    </div>
</div>
```

（5）创建主体区域 2——热点新闻。该区域分两列，每 1 列都由 1 个列表组来显示新闻标题和创建日期，具体代码如下。

```
<div class="container" id="news">
    <h3 class="text-body-secondary">热点新闻</h3>
    <hr class="text-primary ">
    <div class="row">
        <div class="col-sm-6">
            <div class="list-group  list-group-flush">
                <a href="#"
                    class="list-group-item list-group-item-action bg-listgroup-
blue d-flex justify-content-between align-items-center ">
                        学党史·筑信仰·担使命·庆百年<span>2024-04-26</span></a>
                <a href="#"
                    class="list-group-item  list-group-item-action  bg-listgroup-
blue d-flex justify-content-between align-items-center">
                        做好垃圾分类 推动绿色发展<span>2024-04-16</span></a>
                <a href="#"
                    class="list-group-item  list-group-item-action bg-listgroup-
blue  d-flex justify-content-between align-items-center">
                        全国职业教育大会在京落幕<span>2021-04-14</span></a>
            </div>
        </div>
        <div class="col-sm-6">
            <div class="list-group list-group-flush">
                <a href="#"
                    class="list-group-item  list-group-item-action bg-listgroup-
blue  d-flex justify-content-between align-items-center">
                        学院举办教师专业能力比赛选拔赛<span>2024-04-12</span></a>
```

```
            <a href="#"
                class="list-group-item list-group-item-action bg-listgroup-
blue d-flex justify-content-between align-items-center">
                学院联合后勤管理处召开学生座谈会<span>2024-04-08</span></a>
            <a href="#"
                class="list-group-item list-group-item-action bg-listgroup-
blue d-flex justify-content-between align-items-center">
                院团总支爱国主义教育实践活动圆满举行<span>2024-04-01</span></a>
        </div>
    </div>
  </div>
</div>
```

设置 CSS 样式。

```
<style>
.bg-listgroup-blue {
    --bs-list-group-action-hover-bg: rgba(158, 197, 254, 0.2);
    }
</style>
```

（6）创建主体区域 3——党建工作。使用选项卡显示其内容，具体代码如下。

```
<div class="container mt-3" id="PartyBuilding">
    <h3 class="text-muted">党建工作</h3>
    <hr class="text-danger" />
    <ul class="nav nav-tabs mb-2" id="myTab">
        <li class="nav-item">
            <a class="nav-link active  " data-bs-toggle="tab" href="#tabs1"
role="tab">二十大专题</a>
        </li>
        <li class="nav-item">
            <a class="nav-link " data-bs-toggle="tab" href="#tabs2" role="tab">
学习党史</a>
        </li>
        <li class="nav-item">
            <a class="nav-link " data-bs-toggle="tab" href="#tabs3" role="tab">
支部主题党日</a>
        </li>
    </ul>
    <div class="tab-content" id="tabs-tabContent">
        <div class="tab-pane  active" id="tabs1">
            <img src="img/ershida2.jpeg" class="img-fluid" />
            <div class="row">
                <div class="col-sm-6">
                    <ul class="list-unstyled">
                        <li class="m-3">
                            <a href="#"
                                class="link-danger link-offset-2 link-underline-
opacity-0 link-underline-opacity-50-hover">
                                二十大报告
                            </a>
                        </li>
                        <li class="m-3">
                            <a href="#"
                                class="link-danger link-offset-2 link-underline-
```

```
opacity-0 link-underline-opacity-50-hover">党的二十大报告双语热词</a>
                        </li>
                        <li class="m-3">
                            <a href="#"
                                class="link-danger link-offset-2 link-underline-
opacity-0 link-underline-opacity-50-hover">
                                二十大报告思维导图</a>
                        </li>
                        <li class="m-3">
                            <a href="#"
                                class="link-danger link-offset-2 link-underline-
opacity-0 link-underline-opacity-50-hover">"数"读二十大报告</a>
                        </li>
                    </ul>
                </div>
                <div class="col-sm-6">
                    <ul class="list-unstyled">
                        <li class="m-3">
                            <a href="#"
                                class="link-danger link-offset-2 link-underline-
opacity-0 link-underline-opacity-50-hover">二十大报告新表述新概括新论断</a>
                        </li>
                        <li class="m-3">
                            <a href="#"
                                class="link-danger link-offset-2 link-underline-
opacity-0 link-underline-opacity-50-hover">知识网络竞赛活动</a>
                        </li>
                        <li class="m-3">
                            <a href="#"
                                class="link-danger link-offset-2 link-underline-
opacity-0 link-underline-opacity-50-hover">市委宣讲团走进我校</a>
                        </li>
                        <li class="m-3">
                            <a href="#"
                                class="link-danger link-offset-2 link-underline-
opacity-0 link-underline-opacity-50-hover">我眼中的二十大</a>
                        </li>
                    </ul>
                </div>
            </div>
        </div>
        <div class="tab-pane fade" id="tabs2">
            <img src="img/xuexi.png">
            <ul class="list-unstyled">
                <li class="m-2">
                    <a href="#"
                        class="link-danger link-offset-2 link-underline-
opacity-0 link-underline-opacity-50-hover">党史知识</a>
                </li>
                <li class="m-2">
                    <a href="#"
                        class="link-danger link-offset-2 link-underline-
opacity-0 link-underline-opacity-50-hover">党史课堂</a>
                </li>
```

```
            </ul>
        </div>
        <div class="tab-pane fade" id="tabs3">
            <div class="list-group m-4 list-group-flush">
                <a  href="#"  class="list-group-item  list-group-item-action
bg-listgroup-red">
                    关于开展 2024 年 4 月"支部主题党日"活动的工作提示</a>
                <a  href="#"  class="list-group-item  list-group-item-action
bg-listgroup-red">
                    关于开展 2024 年 3 月"支部主题党日"活动的工作提示</a>
                <a  href="#"  class="list-group-item  list-group-item-action
bg-listgroup-red">
                    关于开展 2024 年 2 月"支部主题党日"活动的工作提示</a>
                <a  href="#"  class="list-group-item  list-group-item-action
bg-listgroup-red">
                    关于开展 2024 年 1 月"支部主题党日"活动的工作提示</a>
            </div>
        </div>
    </div>
</div>
```

设置 CSS 样式。

```
.bg-listgroup-red {
        --bs-list-group-action-hover-bg: rgba(241, 174, 181, 0.2);
    }
.nav-tabs .nav-link.active {
        --bs-nav-tabs-link-active-color: #b00000 !important;
        font-weight: 600;
    }
```

（7）创建主体区域 4——专业设置。该区域分为 4 列，每 1 列都以 1 个卡片来显示其内容，具体代码如下。

```
<div class="container" id="department">
        <h3 class="text-muted ">专业设置</h3>
        <hr class="text-primary">
        <div class="row row-cols-md-4 row-cols-sm-2 row-cols-1 g-2">
            <div class="col">
                <div class="card text-center h-100 border-primary border-
opacity-25">
                    <div class="card-header text-white bg-primary " style=
"--bs-bg-opacity: 0.9">
                        <h4>软件技术</h4>
                    </div>
                    <div class="card-body">
                        <p>国家骨干校重点专业，高等职业教育重点</p>
                    </div>
                </div>
            </div>
            <div class="col">
                <div class="card text-center h-100 border-primary border-
opacity-25">
                    <div class="card-header text-white bg-primary " style=
"--bs-bg-opacity: 0.9">
                        <h4>人工智能技术</h4>
```

```
            </div>
            <div class="card-body">
                <p>2020 年新增专业，全国首批招生</p>
            </div>
        </div>
    </div>
    <div class="col">
        <div class="card text-center h-100 border-primary border-
opacity-25">
            <div class="card-header text-white bg-primary " style=
"--bs-bg-opacity: 0.9">
                <h4>数字媒体应用</h4>
            </div>
            <div class="card-body">
                <p>省职业教育特色建设专业，省中高职衔接专业</p>
            </div>
        </div>
    </div>
    <div class="col">
        <div class="card text-center h-100 border-primary border-
opacity-25">
            <div class="card-header text-white bg-primary " style=
"--bs-bg-opacity: 0.9">
                <h4>大数据技术</h4>
            </div>
            <div class="card-body">
                <p>市"双一流"精神建设重点发展专业</p>
            </div>
        </div>
    </div>
</div>
    </div>
```

（8）页脚部分。

```
<div class="container    mt-3">
<div class="row">
    <div class="col">
        <div class=" bg-primary text-white p-3 text-center align-middle ">
            <p class="small mb-0">Copyright 2018 武汉软件工程职业学院 版权所有
All Rights Reserved</p>
            <p class="small mb-0">学院地址：武汉市东湖新技术开发区光谷大道 117 号
邮编：430205  </p>
        </div>
    </div>
</div>
</div>
```

🔍 本章小结

　　本章通过具体实例详细介绍了Bootstrap中的JavaScript插件的使用方法，最后用一个综合案例演示了JavaScript插件的实际应用。

实训项目
制作公司网站首页

创建一个公司网站首页。要求尽可能多且合理地运用本章介绍的插件，并灵活运用前面所学的 CSS 知识。参考效果如图 7-49 所示。具体组件如下。

（1）页面头部：响应式导航条、大屏。

（2）主体区域 1：字体图标和文本。

（3）主体区域 2：添加轮播和卡片。

（4）主体区域 3：表单。

（5）整个页面采用滚动监听。

实训展示

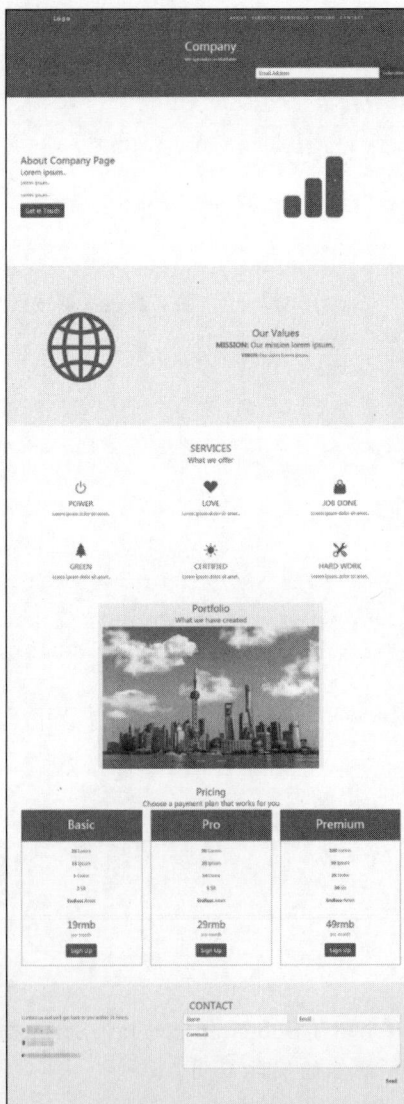

图 7-49　公司网站首页

实训拓展

　　大自然是人类赖以生存发展的基本条件。尊重自然、顺应自然、保护自然，是全面建设社会主义现代化国家的内在要求。必须牢固树立和践行绿水青山就是金山银山的理念，站在人与自然和谐共生的高度谋划发展。保护生态环境从垃圾分类做起，请收集垃圾分类的相关知识，使用 Bootstrap 开发一个相关页面。

第 **8** 章

综合案例

案例视频 8

本章导读

前面我们已经介绍了很多Bootstrap的重要技能，本章将通过一个综合案例的制作过程，讲解如何从零开始构建一个Bootstrap网站。

8.1 网站概述

这是一个音乐乐队主题的网站，采用的是单页多屏可垂直滚动的页面效果。该网站主要包括 4 屏。

第 1 屏：一个宽屏轮播，展示的是乐队的巡演宣传画面，如图 8-1 所示。

图 8-1　第 1 屏的效果

第 2 屏：展示乐队成员信息，采用了折叠，如图 8-2 所示。单击成员图像，即可打开或收起成员介绍。

图 8-2　第 2 屏的效果

第 3 屏：巡演日期和售票情况的展示，如图 8-3 所示。本部分采用了列表组合缩略图，单击"购票"按钮会弹出购票的对话框。

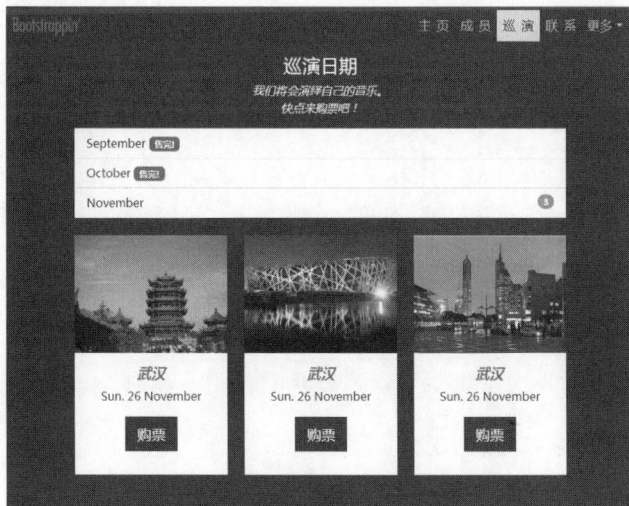

图 8-3　第 3 屏的效果

第 4 屏："联系我们"页面，包括一个表单和一个百度地图。

整个页面颜色搭配采用的是黑白搭配。单击导航条上的导航项，即可滚动到对应屏展示，导航栏固定在顶部。滚动到某一屏，则该对应导航项呈高亮显示。单击页脚返回主页。

8.2 开始页面

在 HBuliderX 中新建一个 Web 项目，在 index.html 文件中做如下修改。我们将从下面这个简单的 HTML5 页面开始。

```
<!DOCTYPE html>
<html>
    <head>
        <meta charset="UTF-8">
<meta name="viewport" content="width=device-width,initial-scale=1">
        <title>我们是××乐队</title>
    </head>
    <body>
        <h3>我们的成员</h3>
        <p>我们爱音乐!</p>
        <p>XX 乐队由一群热爱音乐的年轻人组成……</p>
    </body>
</html>
```

8.3 主要内容的制作

8.3.1 制作第 1 屏

下面制作第 1 屏的轮播。这里展示的轮播是一个满屏的轮播效果，所使用的图片尺寸为 1200px×700px。

（1）复制 bootstrap.min.css、bootstrap.bundle.js 文件及该案例所用图片、Bootstrap 图标的 font 文件夹到项目的对应目录。在 index.html 页面中导入这些文件，代码如下。

```
<head>
    <meta charset="UTF-8">
    <meta name="viewport" content="width=device-width,initial-scale=1,
shrink-to-fit=no">
    <title>XX 乐队</title>
    <link rel="stylesheet" href="css/bootstrap.min.css" />
    <link rel="stylesheet" href="font/bootstrap-icons.css" />
    <script src="js/bootstrap.bundle.min.js" type="text/javascript"></script>
</head>
```

（2）在 body 元素的 h3 元素前面添加轮播代码。轮播代码放在一个 id 号为 home 的 div 元素中（方便后面的导航使用）。

```
<div id="home">
  <div class="carousel slide carousel-fade" id="sample" data-bs-ride="carousel">
        <!-- 1. 轮播的内容 -->
        <div class="carousel-inner">
          <!-- 第 1 页 -->
            <div class="carousel-item active">
                <img src="img/ych1.jpg" class="w-100">
```

```
            <!-- 字幕 -->
            <div class="carousel-caption">
                <h4>北京</h4>
                <p>北京久等了</p>
            </div>
        </div>
        <!-- 第2页 -->
        <div class="carousel-item">
            <img src="img/ych2.jpg" class=" w-100">
            <!-- 字幕 -->
            <div class="carousel-caption">
                <h4>上海</h4>
                <p>一个难忘的夜晚</p>
            </div>
        </div>
        <!-- 第3页 -->
        <div class="carousel-item">
            <img src="img/ych3.jpg" class="w-100">
            <!-- 字幕 -->
            <div class="carousel-caption">
                <h4>武汉</h4>
                <p>越听越想走路回青春</p>
            </div>
        </div>
    </div>
        <!-- 2. 轮播下方指示器（可选项，一般都会使用）-->
        <div class="carousel-indicators ">
            <button type="button" data-bs-target="#sample" data-bs-slide-
to="0" class="active"></button>
            <button type="button" data-bs-target="#sample" data-bs-slide-
to="1"></button>
            <button type="button" data-bs-target="#sample" data-bs-slide-
to="2"></button>
        </div>
        <!-- 3. 前后切换控制项（可选项）-->
        <a href="#sample" class="carousel-control-prev" data-bs-slide="prev">
<span   class="carousel-control-prev-icon"></span></a>
            <a href="#sample" class="carousel-control-next" data-bs-slide=
"next"><span class="carousel-control-next-icon"></span></a>
    </div>
  </div>
```

（3）浏览页面，我们会发现轮播图片有彩色，这里需要调整图层灰度，让图片呈现黑白色。在
CSS 文件夹下，新建一个 CSS 文件 main.css，然后在 index.html 中引入该文件。

```
<link rel="stylesheet" href="css/bootstrap.min.css"/>
<link rel="stylesheet" href="css/main.css"/>
```

下面调整轮播的样式，设置图片的灰度和透明度。在 main.css 文件中添加样式。再浏览页面
查看效果。

```
.carousel-inner img{
    -webkit-filter:grayscale(90%);
    filter:grayscale(90%);  /*将图片设置为黑白色*/
}
```

8.3.2　制作第 2 屏

制作第 2 屏的具体操作如下。

（1）将之前的 HTML 元素放入一个 container 中，并为这些元素添加.text-center，让内容居中，设置其 id 属性为 band。用 em 元素使文字斜体，然后浏览页面，此时的页面效果并不理想。

```
<div class="container text-center"id="band">
    <h3>我们的成员</h3>
    <p><em>我们爱音乐!</em></p>
    <p>XX 乐队由一群热爱音乐的年轻人组成……</p>
</div>
```

（2）设置 p 元素的样式：.d-none、.d-md-block、.text-start。让这段文字介绍在设备的屏幕宽度处于 xs、ms 下时不可见，在 md 及其以上时可见，并且文本左对齐。

```
<p class="d-none d-md-block text-start">XX 乐队由一群热爱音乐的年轻人……</p>
```

（3）调整 container 的边距，使页面更美观。在 main.css 文件中添加如下代码。然后浏览页面，查看效果。

```
.container{
    Padding-top:80px;
    Padding-bottom:80px;
}
```

（4）添加栅格系统，设置一行三列的布局。准备放置乐队成员的信息，在 row 上设置.gy-4，这样可以保证在设备的屏幕宽度处于 sm 以下时，.col-sm-4 列垂直显示时有间距。这里实现单击乐队成员的头像打开其介绍，再次单击头像则收起介绍。

在每个列中添加 p、a 元素（折叠触发器）、div 元素（折叠元素）。在 a 元素内放置 img 元素，并对 img 元素应用.img-fluid(响应式图片)、.rounded-circle(外观为圆形)。在 a 元素上设置 data 属性和 href 属性，在 div 元素上设置 id 属性和 class="collapse"，从而实现折叠效果。代码如下。

```
<div class="row gy-4">
<div class="col-sm-4">
    <p><strong>Susan</strong></p>
    <a data-bs-toggle="collapse" href="#susan">
        <img src="img/member1.jpg" class="img-fluid rounded-circle " alt="">
    </a>
    <div id="susan" class="collapse">
        <p>主唱</p>
        <p>1987-10-23 ，湖北武汉人</p>
        <p>擅长动人的抒情歌曲，喜欢 R&B、POP 等风格。</p>
    </div>
</div>
<div class="col-sm-4">
    <p><strong>Tom</strong></p>
    <a data-bs-toggle="collapse" href="#tom">
        <img src="img/member2.jpg" class="img-fluid rounded-circle " alt="">
    </a>
    <div id="tom" class="collapse">
        <p>主唱</p>
        <p>1987-10-23 ，湖北武汉人</p>
        <p>擅长动人的抒情歌曲，喜欢 R&B、POP 等风格。</p>
    </div>
</div>
```

284

```
<div class="col-sm-4">
    <p><strong>Jack</strong></p>
    <a data-bs-toggle="collapse" href="#jack">
        <img src="img/member3.jpg" class="img-fluid rounded-circle " alt="">
    </a>
    <div id="jack" class="collapse">
        <p>主唱</p>
        <p>1987-10-23，湖北武汉人</p>
        <p>擅长动人的抒情歌曲，喜欢 R&B、POP 等风格。</p>
    </div>
</div>
</div>
```

运行上述代码，效果如图 8-4 所示。

图 8-4 成员介绍折叠效果

（5）在 main.css 文件中设置样式。代码如下。

```
.person{
    border:10px solid transparent;
    opacity:0.7;
}
.person:hover{
    border-color:#f1f1f1;
}
```

对乐队成员头像 img 元素应用.person。然后浏览页面，将鼠标指针停在图片上，可以看到外面有个灰色的边框。

```
<img src="img/member1.jpg" class="img-fluid rounded-circle person" alt="Susan">
<img src="img/member2.jpg" class="img-fluid rounded-circle person" alt="Tom">
<img src="img/member3.jpg" class="img-fluid rounded-circle person" alt="Peter">
```

8.3.3 制作第 3 屏

第 3 屏展示的是巡演日期和售票情况，黑色背景，用了列表组、弹出框等内容。

具体操作如下。

（1）在 index.html 文件中添加容器和文本。这里因为黑色背景的宽度是 100%，故 container 在黑色背景的 div 元素里面。代码如下。

```
<div class="bg-dark  text-white">
    <div class="container " id="tour">
        <h3 class="text-center">巡演日期</h3>
        <p class="text-center fst-italic">我们将会演绎自己的音乐。<br /> 快点
来购票吧！</p>
    </div>
</div>
```

（2）添加列表组。这里前两个徽章为红色，第 3 个徽章会靠右显示，并设置列表组底部外边距。代码如下。

```
<div class="bg-1">
    <div class="container" id="tour">
......
    <ul class="list-group mb-4">
                <li class="list-group-item">September <span class="badge
bg-danger">售完!</span></li>
                <li class="list-group-item">October <span class="badge
bg-danger">售完!</span></li>
                <li class="list-group-item">November <span class="badge
rounded-pill bg-info float-end">3</span>
                </li>
            </ul>
    </div>
</div>
```

运行上述代码，效果如图 8-5 所示。

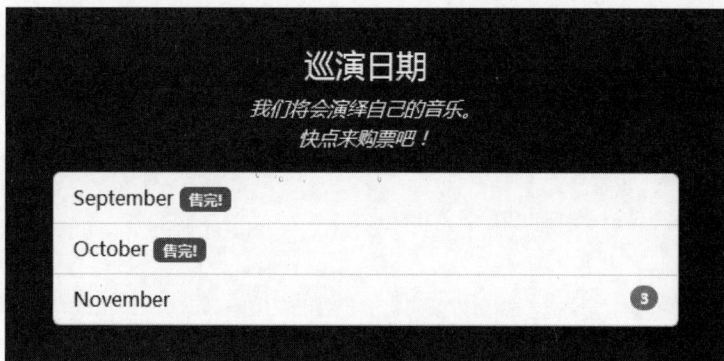

图 8-5　巡演日期列表组的效果

（3）去掉列表组的外框圆角。在 main.css 文件中添加以下代码。

```
/*移去列表组的边框圆角*/
.list-group-item:first-child{
    border-top-right-radius:0;
    border-top-left-radius:0;
}
.list-group-item:last-child{
    border-bottom-right-radius:0;
    border-bottom-left-radius:0;
}
```

（4）添加栅格系统和卡片，这里在 row 上加上.g-4，保证在设备的屏幕宽度处于 sm 及其以下，卡片垂直显示时，卡片之间有间距。代码如下，效果如图 8-6 所示。

```html
<div class="row g-4">
    <div class="col-md-4">
                <!-- 卡片 card -->
        <div class="card">
            <img src="img/wh.jpg" class="img-fluid">
            <div class="card-body">
                <h5 class="card-title">武汉</h5>
                <p class="card-text">Sun. 26 November</p>
                <button class="btn btn-dark">购票</button>
            </div>
        </div>
    </div>

    <div class="col-md-4">
        <div class="card">
            <img src="img/bj.jpg" class="img-fluid">
            <div class="card-body">
                <h5 class="card-title">北京</h5>
                <p class="card-text">Fri. 24 september </p>
                <button class="btn btn-dark">购票</button>
            </div>
        </div>
    </div>

    <div class="col-md-4">
        <div class="card">
            <img src="img/sh.jpg" class="img-fluid">
            <div class="card-body">
                <h5 class="card-title">上海</h5>
                <p class="card-text">Mon. 25 October </p>
                <button class="btn btn-dark">购票</button>
            </div>
        </div>
    </div>
</div>
```

图 8-6　卡片效果

（5）调整按钮、文本、图片的样式。如图 8-7 所示，中间卡片的按钮颜色为鼠标按下去时的颜色。

```
<div class="col-md-4">
  <div class="card border-0 rounded-0">
    <img src="img/wh.jpg" class="img-fluid">
    <div class="card-body text-center">
        <h5 class="card-title fst-italic fw-bold text-danger">武汉</h5>
        <p class="card-text">Sun. 26 November</p>
        <button class="btn btn-dark mb-3 btn-lg rounded-0">购票</button>
    </div>
  </div>
</div>
```

在 main.css 中添加样式。代码如下。

```
/*设置按钮鼠标指针悬停、得到焦点时的背景颜色、边框颜色*/
.btn-dark {
    --bs-btn-hover-color: #212529;
    --bs-btn-hover-bg: #fff;
    --bs-btn-hover-border-color: #373b3e;
    --bs-btn-active-color: #fff;
    --bs-btn-active-bg: #dc3545;
    --bs-btn-active-border-color: #373b3e;
}
```

图 8-7　添加工具类和 CSS 样式后的卡片效果

（6）为 3 个按钮都添加 data-bs-toggle="modal"和 data-bs-target="#myModal"属性。单击按钮将会弹出模态框。代码运行效果如图 8-8 所示。

```
<button class="btn btn-dark mb-3 btn-lg rounded-0" data-bs-toggle="modal"
data-bs-target="#myModal">购票</button>
```

下面是模态框的定义，该代码作为 body 部分的直接子元素。对话框会使用字体图标，这里为关闭按钮添加.btn-close-white。

```
<div class="modal fade" id="myModal" role="dialog">
  <div class="modal-dialog">
    <div class="modal-content">
      <div class="modal-header bg-dark p-5 text-white">
          <h4 class="mx-auto"><i class="bi bi-bag-fill"></i> Tickets</h4>
          <button type="button" class="btn-close btn-close-white" data-
bs-dismiss="modal"></button>
      </div>
      <div class="modal-body p-5">
```

```
                <form role="form">
                    <div class="mb-3">
                        <label for="count" class="form-label"> <i class="bi
bi-wallet"></i> Tickets, 每人23元
                        </label>
                        <input type="number" class="form-control" id="count"
placeholder="How many?">
                    </div>
                    <div class="mb-3">
                        <label for="email" class="form-label"><i class="bi
bi-envelope"></i> 发送</label>
                        <input type="text" class="form-control" id="email"
placeholder="Enter email">
                    </div>
                    <button type="submit" class="btn btn-dark w-100"><i class=
"bi bi-check2"></i> 支付</button>
                </form>
            </div>
            <div class="modal-footer">
                <button type="submit" class="btn btn-danger " data-bs-dismiss=
"modal">
                    <i class="bi bi-x"></i> 取消
                </button>
                <p>需要 <a href="#" class="link-danger link-offset-2 link-
underline-opacity-0 link-underline-opacity-50-hover">帮助?</a>
                </p>
            </div>
        </div>
    </div>
</div>
```

这里表单控件得到焦点时，会默认显示蓝色的边框及阴影。需要将边框和阴影改为红色，则在 main.css 文件中添加下列代码。

```
.form-control:focus {
    border-color: #f1aeb5;
    box-shadow: 0 0 0 0.25rem rgba(241, 17, 18, 0.25);
}
```

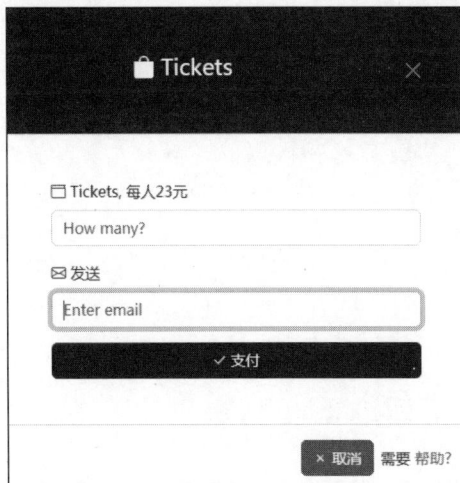

图 8-8　购票对话框

8.3.4　制作第 4 屏

制作第 4 屏的具体操作：添加 container，其 id 为 contact，内容为地址和表单，这里用到了 Bootstrap 图标。表单布局方法：所有的表单控件放在.col-*中，在外层的.row 上使用 g 类.g-2。代码如下。

```
<div class="container" id="contact">
  <div class="row">
    <div class="col-12">
        <!-- 标题 -->
        <h3 class="text-center">Contact</h3>
        <p class="text-center fst-italic">We love our fans!</p>
    </div>
  </div>
  <div class="row">
    <!-- 信息 -->
    <div class="col-md-4">
        <p>Fan? Drop a note.</p>
        <p><i class="bi bi-geo-alt-fill"></i> Chicago, US</p>
        <p><i class="bi bi-telephone-fill"></i> Phone: +00 1515151515</p>
        <p><i class="bi bi-envelope-fill"></i> Email: mail@mail.com</p>
    </div>

    <!-- 表单 -->
    <div class="col-md-8">
        <form class="row g-2">
            <div class="col-6">
                <input class="form-control" id="name" name="name" placeholder=
"Name" type="text" required>
            </div>
            <!-- Email -->
            <div class="col-6">
                <input   class="form-control"  id="email"  name="email"
placeholder="Email" type="email" required>
            </div>
            <!-- Comment -->
            <div class="col-12">
                <textarea class="form-control" id="comments" name="comments"
placeholder="Comment"
                    rows="5"></textarea>
            </div>
            <!-- Button -->
            <div class="col-12 text-end">
                <button class="btn btn-dark " type="submit">Send</button>
            </div>
        </form>
    </div>
  </div>
</div>
```

8.4　完善网站功能

在网页中添加地图、导航条，设置页脚、滚动监听等，完善网站功能。

8.4.1　添加地图

具体操作步骤如下。

（1）获得百度地图 API 的密钥。

打开百度地图开放平台首页，用百度账号登录，如图 8-9 所示。

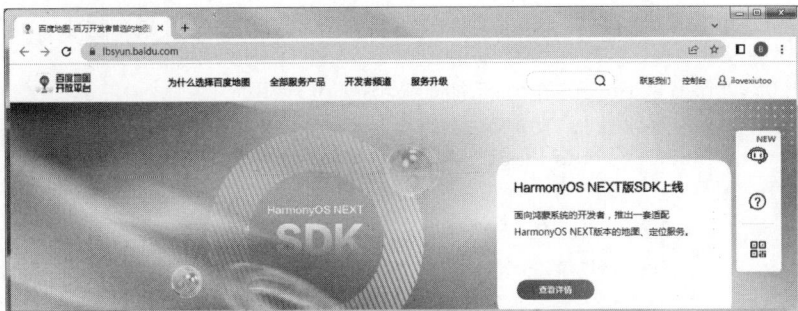

图 8-9　百度地图开放平台首页

单击"控制台"按钮，打开"控制台看板"页面，然后单击"应用管理"选项，进入"我的应用"页面，如图 8-10 所示。

图 8-10　"我的应用"页面

单击"创建应用"按钮，进入"创建应用"页面。选择"应用类型"为"浏览器端"，如图 8-11 所示。

图 8-11　"创建应用"页面

单击"提交"按钮，生成密钥。

（2）在 contact 容器下面添加一个 div 元素。

```
<div id="allmap"></div>
```

（3）在 head 部分添加对百度地图 API 的引用。将第（1）步中得到的密钥复制到"ak=你的密钥"中，替换"你的密钥"。

```
<script type="text/javascript" src="http://api.map.baidu.com/api?v=2.0&ak=
你的密钥"></script>
```

（4）在 id 为 allmap 的 div 元素后面添加 JavaScript 代码。

```
<div id="allmap"></div>
<script type="text/javascript">
    // 百度地图 API 功能
    var map=new BMap.Map("allmap");       // 创建 Map 实例
    var point = new BMap.Point(114.3053, 30.5928);// 设置地图中心点坐标
    map.centerAndZoom(point, 15);      // 初始化地图，设置中心点坐标和地图级别
    map.enableDragging(); // 启用地图拖曳功能
    map.enableScrollWheelZoom(true);//启用地图缩放功能
</script>
```

（5）设置 id 为 allmap 的 div 元素的样式。

```
#baiduMap{
    width:100%;
    height:400px;
    -webkit-filter:grayscale(100%);
    filter:grayscale(100%);/*设置地图为黑白色*/
}
```

填入正确的密钥，浏览页面可以查看地图效果。

8.4.2　添加导航条

添加导航条的具体操作步骤如下。

（1）在 id 为 home 的 div 元素前面添加导航条的代码。其中，在 Logo 部分设置 img 元素为.img-fluid 图片，宽度为 100px。为导航条设置.bg-dark，同时设置 data-bs-theme="dark"。导航条中的菜单也变成了深色主题的菜单。代码如下。

```
<nav class="navbar navbar-expand-sm bg-dark  fixed-top" data-bs-theme=
"dark">
    <div class="container-fluid">
        <a class="navbar-brand" href="#"><img class="img-fluid" src="img/logo.
png" width="100px" /></a>
        <button type="button" class="navbar-toggler" data-bs-toggle="collapse"
data-bs-target="#myNavbar">
            <span class="navbar-toggler-icon"></span>
        </button>

        <div class="collapse navbar-collapse " id="myNavbar">
            <ul class=" navbar-nav ms-auto">
                <li class=" nav-item "><a class="nav-link " href="#home">主页
</a></li>
                <li class="nav-item"> <a class="nav-link" href="#band">成员
</a></li>
                <li class="nav-item"><a class="nav-link" href="#tour">巡演
</a></li>
```

```
                   <li class="nav-item"><a class="nav-link" href="#contact">联系
</a></li>
                   <li class="nav-item dropdown">
                       <a class="nav-link dropdown-toggle" data-bs-toggle=
"dropdown" href="#">更多
                       </a>
                       <div class="dropdown-menu dropdown-menu-end menuitem-hover">
                           <a href="#" class="dropdown-item">单曲</a>
                           <a href="#" class="dropdown-item">专辑</a>
                       </div>
                   </li>
            </ul>
        </div>
    </div>
</nav>
```

读者可以自行浏览一下，但默认的导航条样式并不美观和醒目。

（2）设置导航条样式（具体看代码中的注释）如下。

- 调整导航条的文字大小、字的间距。
- 导航条有一点点透视的效果。
- 鼠标指针经过导航项时，导航项白底黑字显示。
- 下拉菜单风格与导航条风格一致，黑底白字。
- 鼠标指针经过子菜单项时为红色背景。

```css
.navbar{
    margin-bottom:0;
    border:0;
    font-size:18px;
    letter-spacing:0.5rem !important;
    opacity:0.85;
}
/*添加文字间距后，文字离右边边距多了0.5rem*/
.navbar .navbar-nav .nav-item .nav-link,
.navbar .navbar-brand{
  color:#d5d5d5 !important;
}
.navbar .navbar-nav .nav-item .nav-link{
  padding-right:0px;
}
/*鼠标指针经过导航条时白底黑字，a标签为active时白底黑字*/
.navbar .navbar-nav .nav-item .nav-link:hover,
.navbar .navbar-nav .nav-item .nav-link.active{
    color:#000 !important;
    background-color:#fff !important;
}
/*鼠标指针经过菜单项时，背景变红，需要在菜单中应用该样式*/
.menuitem-hover {
    --bs-dropdown-link-active-color: #fff;
    --bs-dropdown-link-hover-color: #fff;
    --bs-dropdown-link-hover-bg: #dc3545;
    --bs-dropdown-link-active-color: #fff;
    --bs-dropdown-link-active-bg: #831f29;
}
```

因为设置了导航条的letter-spacing属性，所以导航条中的下拉菜单触发器上的小三角与文本
隔得太远，如图8-12所示。

图 8-12　导航条效果

在 main.css 页面中添加样式类.nav-link.dropdown-toggle，去掉下拉菜单触发器上的文字间距和小三角的左侧外边距。

```
.navbar .navbar-nav .nav-item .nav-link.dropdown-toggle {
    letter-spacing: 0rem !important;
    padding-right: 0.5rem;    //此处需添加右侧内边距
}
.dropdown-toggle::after {
    margin-left: 0 !important;
}
```

8.4.3　设置页脚

在 body 上设置 id="myPage"，页脚中放置了一个向上的箭头，单击箭头可以回到第 1 屏。具体操作如下。

（1）在 index.html 文件中放置地图的 div 元素下添加页脚。

```
<footer class="text-center p-4 bg-dark">
  <a href="#myPage" data-bs-toggle="tooltip" title="TO TOP"
     class="link-light link-opacity-75 link-opacity-100-hover">
     <span class="bi bi-chevron-up"></span>
  </a>
  <br>
  <p><img src="img/logo.png" class="img-fluid" style="width: 120px;" /></p>
</footer>
```

（2）工具提示框的 JavaScript 代码。

```
<script>
    document.querySelectorAll('[data-bs-toggle="tooltip"]').forEach(
        tooltip => {new bootstrap.Tooltip(tooltip)
    })
</script>
```

8.4.4　设置滚动监听

在 body 部分上添加属性 data-bs-spy="scroll"、data-bs-target=".navbar"和 data-bs-root-margin="0px 0px -35%"，实现滚动监听。在 body 部分上设置滚动监听时，默认情况下具有滑动效果。

```
<body id="myPage" data-bs-spy="scroll" data-bs-target=".navbar" data-bs-root-margin="0px 0px -35%">
<div id="band" class="container">…</div>
<div id="tour" class="container">…</div>
<div id="contact" class="container">…</div>
```

📖 本章小结

本章通过一个音乐乐队主题网站讲解了Bootstrap的应用。

实训项目

制作一个商业网站

结合本章案例，完成图 8-13 所示页面效果的网站。

实训展示

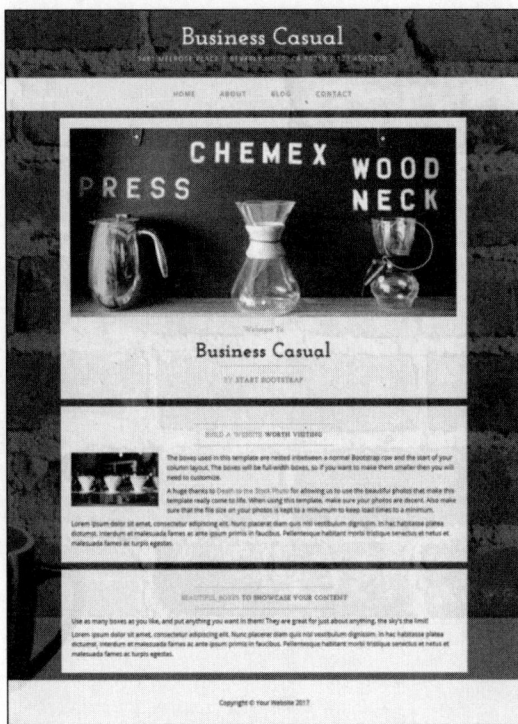

图 8-13　页面效果

实训拓展

　　党的二十大报告指出："加强全媒体传播体系建设，塑造主流舆论新格局。健全网络综合治理体系，推动形成良好网络生态。"网络空间是亿万民众共同的精神家园，网络空间天朗气清、生态良好，符合人民利益。强化网络空间治理，营造风清气正的网络版权生态。在开发网站时，要注意不得随意使用他人的图片、肖像、视频等，对于开源软件的使用需遵守相关协议。请收集相关知识，使用 Bootstrap 框架开发一个"共同维护网络清朗空间"的网页。

附录 A

定制Bootstrap

在前面我们都是直接使用bootstrap.css或bootstrap.min.css文件。如果用户下载的是Bootstrap5源码版，其中就包含了Sass、JavaScript的源码文件，并且带有文档。Bootstrap3是基于Less的，Bootstrap4和Bootstrap5是基于Sass的。在Bootstrap文件中有大量的Sass文件，用户可以修改或新增Sass文件，然后重新编译，对Bootstrap进行定制。

A.1 个性化页面

第 1～8 章的实例均使用的是 Bootstrap 预编译版的 bootstrap.css，该 CSS 文件中包含了

Bootstrap 完整 CSS 内容。用户可以通过定义 CSS 样式覆盖 Bootstrap 原有的样式，来对各组件进行个性化设置。这种使用方式，在前面的实例中比较零散地使用，本小节以背景颜色为例，再进行讲解。

在 bootstrap.css 文件中定义了很多 CSS 变量。CSS 变量(也被称为自定义属性)是 CSS3 新增的一项功能，CSS3 允许开发者定义自己的变量，这些变量用于存储一些重复使用的样式值。CSS 变量使用两个短横线（ -- ）作为前缀，可以在任何 CSS 选择器中使用。如果将 CSS 变量定义在:root 中，则表示在整个文档中可用。下面我们以背景类.bg-primary 为例，查看其中用到的变量。

```css
:root {
 //......其他代码省略
  --bs-primary-rgb: 13, 110, 253;
  //......其他代码省略
 }
 .bg-primary {
  --bs-bg-opacity: 1;
  background-color: rgba(var(--bs-primary-rgb), var(--bs-bg-opacity))
!important;
 }
 .text-primary {
  --bs-text-opacity: 1;
  color: rgba(var(--bs-primary-rgb), var(--bs-text-opacity)) !important;
 }
 .border-primary {
  --bs-border-opacity: 1;
  border-color: rgba(var(--bs-primary-rgb), var(--bs-border-opacity))
!important;
 }
```

使用预编译版时，如果要修改 Bootstrap 的原有样式，一定不要去修改 bootstrap.css 文件。往往是在 "<link rel="stylesheet" href="css/bootstrap.css" />" 下面使用 style 元素，也可以直接在页面元素上使用 style 属性。下面我们以修改.bg-primary 的背景颜色为例进行讲解。

（1）直接重新设置样式类

```html
<style>
    .bg-primary{
        background-color: azure !important;
        }
</style>
```

（2）修改 CSS 变量
也可以在直接修改变量--bs-primary-rgb、--bs-bg-opacity 的值。

```html
<style>
        :root{
            --bs-primary-rgb: 100, 100, 255; //紫色
        }
        .bg-primary{
            --bs-bg-opacity: 0.7;
        }
</style>
```

如果是在:root 中修改--bs-primary-rgb 变量，则.text-primary、.border-primary 的颜色值都会改变。如果只需要修改.bg-primary 的颜色值，则将 "--bs-primary-rgb: 100, 100, 255;"

放在.bg-primary 中。也可以直接在页面元素的 style 属性中修改 CSS 变量的值。

```
<div class="bg-primary p-5" style=" --bs-primary-rgb: 100, 100, 255; --bs-bg-opacity: 0.7;"></div>
```

注意：如果修改的是深色主题的样式，请在 CSS 样式类的前面添加 "[data-bs-theme=dark]"。

附录 A 讲解的定制 Bootstrap，是通过修改 Bootstrap 源码，重新编译生成新的 Bootstrap 的 CSS 文件来实现的。

A.2 Sass 概述

CSS（Cascading Style Sheet，层叠样式表）是一门历史悠久的标记性语言，它同 HTML 一起，被广泛应用于万维网（World Wide Web，WWW）。HTML 主要负责文档结构的定义，CSS 负责文档表现形式或样式的定义。

作为一门标记性语言，CSS 的语法相对简单，对使用者的要求较低，但同时也带来一些问题：CSS 需要书写大量看似没有逻辑的代码，不方便维护及扩展，不利于复用，尤其对非前端开发工程师来讲，往往会因为缺少 CSS 编写经验而很难写出组织良好且易于维护的 CSS 代码。造成这些困难的很大原因，在于 CSS 是一门非程序式语言，没有变量、函数、scope（作用域）等概念。

Sass（Syntactically Awesome Style Sheets）是一款强化 CSS 的辅助工具，它在 CSS 语法的基础上增加了变量(variables)、嵌套规则(nested rules)、混合(mixins)、导入(inline imports)等高级功能，这些功能使 CSS 更加强大与优雅。使用 Sass 及 Sass 的样式库（如 Compass）有助于更好地组织管理样式文件，更高效地开发项目。

Sass 的语法格式有两种。

（1）Scss（Sassy CSS）。这种格式仅在 CSS3 语法的基础上进行拓展，所有 CSS3 语法在 Scss 中都是通用的，同时加入 Sass 的特色功能。此外，Scss 也支持大多数 CSS hacks 写法、浏览器前缀写法（vendor-specific syntax），以及早期的 IE 滤镜写法。这种格式以.scss 作为后缀名。Bootstrap5 中的源码采用这种格式，本书将基于 Scss 格式进行讲解。

（2）缩进格式（Indented Sass）。这种格式是最早的 Sass 语法格式，被称为缩进格式，通常简称 Sass，它是一种简化格式。它使用"缩进"代替"花括号"，表示属性属于某个选择器，用"换行"代替"分号"分隔属性。缩进格式也可以使用 Sass 的全部功能，只是与 Scss 相比，个别地方采取了不同的表达方式。这种格式以.sass 作为后缀名。

Sass 目前有 3 个版本：RubySass、LibSass、DartSass。

Rubysass 是 Sass 的最初实现，但是自 2019 年 3 月 26 日起，供应商不再对它提供任何支持了。

LibSass 是用 C/C++实现的 Sass 引擎。核心点在于其简单、快速、易于集成。LibSass 只是一个工具库。如需在本地运行（即编译 Sass 代码），则需要一个 LibSass 的封装。目前已经有很多针对 LibSass 的封装了，比如 Node-Sass、SassC 等。

DartSass 是 Sass 的主要实现版本。DartSass 速度快、易于安装，并且可以被编译成纯 JavaScript 代码，这使得它很容易被集成到现代 Web 的开发流程中。Sass 官方团队于 2020 年 10 月正式宣布弃用 LibSass，以及基于它的 Node-Sass 和 SassC，并且建议用户使用 DartSass。

A.3 Sass 插件安装

Sass 插件有两种安装方式：一种是命令行模式；另一种是应用程序模式。这里主要介绍应用程序模式。目前有很多应用程序可以启动并运行 Sass，同时还支持 Mac、Windows 和 Linux 平台。Sass 有很多种编译方式，如使用 sublime 插件 Sass-Build、编译软件 koala、前端自动化软件 codekit 等。这里使用 HBuilderX 的插件。

打开 HBuilderX，选择菜单"工具"→"插件安装"命令，然后选择"前往插件市场"，选择 Sass 插件。如图 A-1 所示，单击"使用 HBuilderX 导入插件"按钮。

图 A-1 Sass 插件安装

安装后，在 HBuilderX 里面，可以在.scss 文件上单击鼠标右键选择菜单"外部命令"→"scss/sass 编译"命令，来对.scss 文件进行编译，如图 A-2 所示。

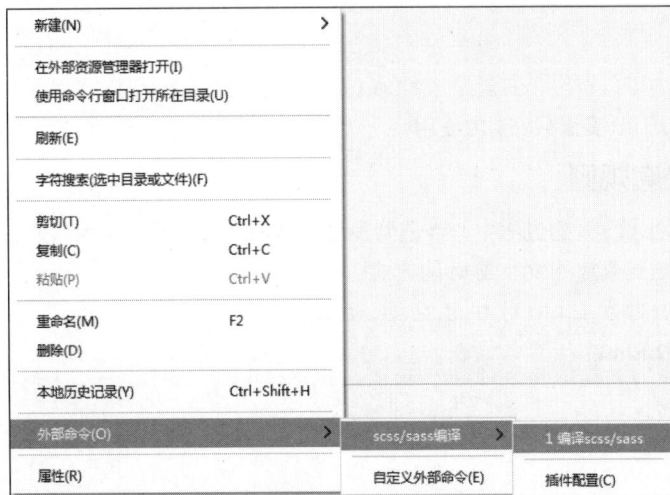

图 A-2 编译文件

新建一个项目。在 CSS 文件下，新建一个 test.scss 文件，编写如下代码。

```
$highlight-color:#F90;
.selected{
  border:1px solid $highlight-color;
}
```

选中 test.scss 文件，单击鼠标右键，选择"外部命令"→"scss/sass 编译"→"编译 scss/sass"命令。可以看到，在 CSS 文件夹下生成了一个 test.css 文件。该文件里面的内容如下。

```
.selected{
  border:1px solid #F90;
}
```

A.4 Sass 的基本语法

A.4.1 变量

Sass 允许开发者自定义变量，变量可以在全局样式中使用，变量使得样式修改起来更加简单。用户只设定或修改一次，就能自动影响（更新）整个样式表中该值的属性。

与 CSS 属性不同，变量可以在 CSS 规则块定义之外存在。如果变量定义在 CSS 规则块内，那么该变量只能在此规则块内使用。如果它们出现在任何形式的{…}块中（如@media 或者@font-face 块），情况也是如此。

【实例 A-1】（文件 a_1.scss、a_1.css）

Sass 文件（a_1.scss）

```
$nav-color:#F90;
nav{
  $width:100px;
  width:$width;
  color:$nav-color;
}
```

经过编译生成的 CSS 文件如下。

CSS 文件（a_1.css）

```
nav{
  width:100px;
  color:#F90;
}
```

从上面的代码中可以看出，变量是 value（值）级别的复用，可以将相同的值定义成变量统一管理起来。其中，width 变量只在{}内使用。

A.4.2 嵌套规则

我们在书写标准 CSS 的过程中，当遇到多层元素嵌套时，要么采用从外到内的选择器嵌套定义，要么采用给特定元素加 class 或 id 的方式。

【实例 A-2】（文件 a_2.html、a_2.scss、a_2.css）

html 片段（a_2.html）

```
<div id="home">
    <div id="top">top</div>
    <div id="center">
      <div id="left">left</div>
      <div id="right">right</div>
```

```
        </div>
</div>
```

Sass 文件（a_2.scss）

```
#home{
  color:blue;
  width:600px;
  height:500px;
  border:outset;
  #top{
      border:outset;
      width:90%;
  }
  #center{
      border:outset;
      height:300px;
      width:90%;
      #left{
        border:outset;
        float:left;
        width:40%;
      }
      #right{
        border:outset;
        float:left;
        width:40%;
      }
  }
}
```

经过编译生成的 CSS 文件如下。

CSS 文件（a_2.css）

```
#home{
  color:blue;
  width:600px;
  height:500px;
  border:outset;
}
#home #top{
  border:outset;
  width:90%;
}
#home #center{
  border:outset;
  height:300px;
  width:90%;
}
#home #center #left{
  border:outset;
  float:left;
  width:40%;
}
#home #center #right{
  border:outset;
  float:left;
```

```
    width:40%;
}
```

从上面的代码中可以看出，Sass 的嵌套规则是与 HTML 中的 DOM 结构相对应的，这样可使我们的样式表书写更加简洁，具有更好的可读性。

A.4.3 混合（mixins）

mixins 功能对软件开发者来说并不陌生，很多动态语言都支持 mixins 特性，它是多重继承的一种实现。在 Sass 中，混入是指在一个 class 中引入另外一个已经定义的 class，就像在当前 class 中增加一个属性一样。

我们先来看 mixins 在 Sass 中的使用。

【实例 A-3】（文件 a_3.scss、a_3.css）

Sass 文件（a_3.scss）

```
//定义一个样式选择器
@mixin roundedCorners($radius: 5px){
    -moz-border-radius:$radius;
    -webkit-border-radius:$radius;
    border-radius:$radius;
}
//在另外的样式选择器中使用
#header{
 @include roundedCorners;
}
#footer{
 @include roundedCorners(10px);
}
```

说明：在定义 mixins 时，使用@mixin，引用的地方用@include。在上面的实例中，给混合器 roundedCorners 传递参数 radius（半径），并且设置默认值为 5px。

经过编译生成的 CSS 文件如下。

CSS 文件（a_3.css）

```
#header{
    -moz-border-radius:5px;
    -webkit-border-radius:5px;
    border-radius:5px;
}
#footer{
    -moz-border-radius:10px;
    -webkit-border-radius:10px;
    border-radius:10px;
}
```

A.4.4 运算及函数

在 CSS 中有大量的数值型的 value，比如 color、padding、margin 等，这些数值之间在某些情况下是有着一定关系的，那么怎样利用 Sass 来组织这些数值之间的关系呢？可以通过【实例 A-4】中的代码来理解这种关系。

【实例 A-4】（文件 a_4.scss、a_4.css）

Sass 文件（a_4.scss）

```
$init:#111111;
$transition:$init*2;
```

302

```
.switchColor{
    color:$transition;
}
```

经过编译生成的 CSS 文件如下。

CSS 文件（a_4.css）

```
.switchColor{
    color:#222222;
}
```

A.4.5 导入文件

Sass 编译器支持导入并组合多个文件，最终生成一个统一的 CSS。我们可以指定导入的次序，按照需要的层叠关系精确组织样式表。

Bootstrap 文件夹下的 scss 文件夹中有很多的 Scss 文件。其中，Bootstrap 的主文件 bootstrap.scss 的内容如下（这里只列举了前面几行）。编译 bootstrap.scss 文件，将所导入的 Scss 文件组合得到一个统一的 CSS 文件。

```
@import "functions";
@import "variables";
@import "mixins";
@import "root";
@import "reboot";
@import "type";
@import "images";
......
```

下面我们新建一个 main.scss 文件，并将前面定义的 Scss 文件组织起来，生成一个新的 CSS 文件。

【实例 A-5】（文件 main.scss、main.css）

```
@import "a_1.scss";
@import "a_2.scss";
@import "a_3.scss";
@import "a_4.scss";
```

当文件名能够唯一定位到某个 Scss、Sass 或 CSS 文件时，后缀名可以省略。编译 main.scss 文件，生成 main.css 文件，其中的内容为前面 CSS 文件的汇总。

```
nav{
    width:100px;
    color:#F90;
}
#home{
    color:blue;
    width:600px;
    height:500px;
    border:outset;
}
#home #top{
    border:outset;
    width:90%;
}
#home #center{
    border:outset;
    height:300px;
    width:90%;
```

```
}
#home #center #left{
    border:outset;
    float:left;
    width:40%;
}
#home #center #right{
    border:outset;
    float:left;
    width:40%;
}
#header{
    -moz-border-radius:5px;
    -webkit-border-radius:5px;
    border-radius:5px;
}
#footer{
    -moz-border-radius:10px;
    -webkit-border-radius:10px;
    border-radius:10px;
}
.switchColor{
    color:#222222;
}
```

有关 Sass 的更多内容，有兴趣的读者请参考相关学习资料。

A.5　定制 Bootstrap 的前期准备

A.5.1　下载 Bootstrap 源码文件

（1）源码文件下载

在项目中应用 Bootstrap 源码文件，有两种方式可以下载源码文件：使用 npm 下载和手动下载源码文件。两种方式引用时，文件结构有所不同。本节讲解采用的是第一种方式。

① 使用 npm 下载。

```
your-project/
├── scss
│    └── custom.scss
└── node_modules/
     └── bootstrap
          ├── js
          └── scss
```

② 手动下载。

```
your-project/
├── scss/
│    └── custom.scss
├── bootstrap/
│    ├── js/
│    └── scss/
└── index.html
```

在定制 Bootstrap 时，尽可能避免修改 Bootstrap 的核心文件。这里，scss/custom.scss 文件是自己创建的，用于添加定制的 Sass 代码。将 custom.scss 文件，编译到 css/custom.css，再在页面文件中引用 custom.css 文件。

（2）源码文件概述

scss 文件夹中是 CSS 样式源码文件，该源码文件是后缀名为.scss 的文件。js/src 中是 JavaScript 插件的源码文件，该源码文件为后缀名为.js 的文件。Bootstrap 从 Bootstrap4 开始就由 Less 移至 Sass。Sass 都为 CSS 预处理程序，全面兼容 CSS 代码。.scss 文件经过编译生成.css 文件。其中，bootstrap.scss 文件包含了其他的.scss 文件，_variables.scss 文件为 bootstrap 中定义 Scss 变量，_funcionts.scss 文件定义了 Bootstrap 函数。请读者自行查看源码文件。

A.5.2　定制方式

在自定义的 custom.scss 文件中导入 Bootstrap 源码文件。这里有两种导入方式：导入全部 Bootstrap 源码文件，或者是按需导入部分 Bootstrap 源码文件。一般我们推荐使用第二种，根据项目需求导入 Bootstrap 文件，避免定制的 CSS 文件样式组件过多。注意：这里以使用 npm 下载的目录结构为例。

（1）导入全部 Bootstrap 源码文件

```
//这里放置你需要修改的变量
@import "../node_modules/bootstrap/scss/bootstrap";
//这里放置自己增加的 Scss 代码
```

（2）按需导入部分 Bootstrap 源码文件

```
@import "../node_modules/bootstrap/scss/functions";
//这里放置你需要修改的变量
@import "../node_modules/bootstrap/scss/variables";
//这里放置需要覆盖的 map
@import "../node_modules/bootstrap/scss/maps";
@import "../node_modules/bootstrap/scss/mixins";
@import "../node_modules/bootstrap/scss/root";
// 下面为根据需要导入组件
@import "../node_modules/bootstrap/scss/utilities";
@import "../node_modules/bootstrap/scss/reboot";
@import "../node_modules/bootstrap/scss/type";
@import "../node_modules/bootstrap/scss/images";
@import "../node_modules/bootstrap/scss/containers";
@import "../node_modules/bootstrap/scss/grid";
........根据需要导入组件对应的 Scss 文件
@import "../node_modules/bootstrap/scss/helpers";
@import "../node_modules/bootstrap/scss/utilities/api";// 根据需要导入 API 工具
//这里放置自己增加的 Scss 代码
```

在 Bootstrap 官网中每一种组件介绍的后面都会有 Sass 变量部分或其在源码文件中的生成方式。我们通过在 custom.scss 中修改这些 Sass 变量、map 的值或者添加自定义组件的 Sass 代码可以定制自己的 Bootstrap。

A.5.3　配置 Scss 编译环境

安装后，选择"工具"→"外部命令插件配置"→"complie-node-sass"→"package.json"，

打开配置文件。修改生成的文件路径"../css/${fileBasename}.css"和保存.scss 文件自动编译
""onDidSaveExecution": true。以下为 package.json 的部分内容。

```
    "commands": [
        {
            "id": "SASS_COMPILE",
            "name": "%SASS_COMPILE.name%",
            "command": [
                "${programPath}",
                "${file}",
                "../css/${fileBasename}.css"
            ],
            "extensions": "scss,sass",
            "key": "",
            "showInParentMenu": false,
            "onDidSaveExecution": true
        }
    ]
},
```

将 scss/custom.scss 编译生成 css/custom.css，当再次保存.scss 文件时，会自动更新.css
文件。

A.5.4　初始项目

新建项目 B5Custom，打开"视图"→"显示终端"，在项目当前目录下，执行下列命令。

（1）设置国内仓库镜像（如果已经设置过，请省略）。

```
npm config set registry=https://registry.npmmirror.com
```

（2）初始化项目(项目根目录下，生成 package.json）。

```
npm init -y
```

（3）安装 Bootstrap5.3.3。

```
npm install bootstrap@5.3.3
```

成功安装后，在项目根目录下出现 node_modules/bootstrap 文件夹。

（4）项目根目录下新建 scss/custom.scss，并编译，将会在 css 文件夹下生成 custom.css。
然后在 index.html 中引用 custom.css。

```
<link href="css/custom.css" rel="stylesheet"/>
```

修改 custom.scss 文件，然后保存。在 index.html 中就可以正常使用 Bootstrap 的内容了。
这里采用第二种方式——按需导入部分 Bootstrap 源码文件的方式进行定制。

```
// Option B: Include parts of Bootstrap

// 1. 首先包含函数，这样就可以操作颜色、SVG 文件等
@import "../node_modules/bootstrap/scss/functions";

// 2. 重新定义变量的默认值，覆盖原来的值

// 3. 包含需要的 Bootstrap 样式
@import "../node_modules/bootstrap/scss/variables";
@import "../node_modules/bootstrap/scss/variables-dark";

// 4. 定义 map 的默认值，覆盖原来的值
```

```
// 5. 包含需要的部分内容
@import "../node_modules/bootstrap/scss/maps";
@import "../node_modules/bootstrap/scss/mixins";
@import "../node_modules/bootstrap/scss/root";

// 6. 根据需要，可选择包括下列部分内容，这里全部列举了。
@import "../node_modules/bootstrap/scss/utilities";
@import "../node_modules/bootstrap/scss/reboot";
@import "../node_modules/bootstrap/scss/type";
@import "../node_modules/bootstrap/scss/images";
@import "../node_modules/bootstrap/scss/containers";
@import "../node_modules/bootstrap/scss/grid";
@import "../node_modules/bootstrap/scss/tables";
@import "../node_modules/bootstrap/scss/forms";
@import "../node_modules/bootstrap/scss/buttons";
@import "../node_modules/bootstrap/scss/transitions";
@import "../node_modules/bootstrap/scss/dropdown";
@import "../node_modules/bootstrap/scss/button-group";
@import "../node_modules/bootstrap/scss/nav";
@import "../node_modules/bootstrap/scss/navbar";
@import "../node_modules/bootstrap/scss/card";
@import "../node_modules/bootstrap/scss/accordion";
@import "../node_modules/bootstrap/scss/breadcrumb";
@import "../node_modules/bootstrap/scss/pagination";
@import "../node_modules/bootstrap/scss/badge";
@import "../node_modules/bootstrap/scss/alert";
@import "../node_modules/bootstrap/scss/progress";
@import "../node_modules/bootstrap/scss/list-group";
@import "../node_modules/bootstrap/scss/close";
@import "../node_modules/bootstrap/scss/toasts";
@import "../node_modules/bootstrap/scss/modal";
@import "../node_modules/bootstrap/scss/tooltip";
@import "../node_modules/bootstrap/scss/popover";
@import "../node_modules/bootstrap/scss/carousel";
@import "../node_modules/bootstrap/scss/spinners";
@import "../node_modules/bootstrap/scss/offcanvas";
@import "../node_modules/bootstrap/scss/placeholders";
@import "../node_modules/bootstrap/scss/helpers";

// 7. 可选地包括实用程序 API
@import "../node_modules/bootstrap/scss/utilities/api";
// 8. 添加其他自定义代码
```

如果 Bootstrap 原有的组件在网站中不需要用到的，可以注释掉对应的@import 语句。

（5）修改 index.html，添加按钮、div、输入框组等内容（读者可以添加更多元素查看效果），代码如下。

```
<div class="contianer p-3 ">
    <div class="row">
        <div class="col-4">
            <div class="border border-4 border-primary p-4 ">    </div>
        </div>
        <div class="col-2">
            <button class="btn btn-primary">开始定制之旅 </button>
```

```
        </div>
        <div class="col-6">
            <div class="input-group">
                <input type="text" class="form-control" placeholder="请输
入你的邮箱" />
                <button class="btn btn-primary">注册</button>
            </div>
        </div>
    </div>
</div>
```

以上代码主要呈现的是蓝色按钮、边框，具体效果如图 A-3 所示。

图 A-3　初始页面效果

A.6　定制 Bootstrap 的过程

A.6.1　变量默认值

Bootstrap 中的每个 Sass 变量都包含"!default"标志，允许在自己的 Sass 文件中覆盖 Sass 变量的默认值，而无需修改 Bootstrap 的源码。根据需要复制和粘贴变量，修改它们的值，然后删除"!default"。如果一个变量已经被赋值，那么它将不会被 Bootstrap 中的默认值重新赋值。

在 scss/_variables.scss 中可以找到 Bootstrap 变量的完整列表。某些变量被设置为 null，除非在配置中重写，否则这些变量不会输出属性。

变量重写必须在我们的 functions 导入之后，但在其他导入之前。

修改 B5Custom 中的 custom.scss 文件，添加"$primary:#ffc107;"，保存后重新编译。

```
@import "../node_modules/bootstrap/scss/functions";
$primary: #ffc107;
// 2. 重新定义变量的默认值，覆盖原来的值
```

修改后，查看页面效果如图 A-4 所示。

图 A-4　修改 $primary 后的页面效果

A.6.2　maps 和 loops

Bootstrap 包含一些 Sass maps（键值对），键值对使生成相关 CSS 变得更加容易。我们使用 Sass maps 来显示颜色、断点等。与 Sass 变量一样，所有 Sass maps 都包含"!default"标志，可以覆盖和扩展。

在默认情况下，我们的一些 Sass maps 会合并空的 map。这样做的目的是便于扩展 map，但代价是从 map 中删除项目会稍微困难一些。

下面以修改 $theme-colors 为例进行讲解。在 scss/_variables.scss 中可以看到"$theme-colors"的定义。

```
$theme-colors: (
  "primary":    $primary,
  "secondary":  $secondary,
  "success":    $success,
  "info":       $info,
  "warning":    $warning,
  "danger":     $danger,
  "light":      $light,
  "dark":       $dark
) !default;
```

在 A.6.1 节中修改了"$primary"变量的值,"$theme-colors"的值也就相应地变化了,故对应的边框颜色、按钮颜色、输入框焦点的颜色都会变化,如图 A-4 所示。

(1)增加新的主题色

修改 B5Custom 中的 custom.scss 文件,代码如下。

```
......
@import "../node_modules/bootstrap/scss/variables-dark";

// 4. 定义 map 的默认值,覆盖原来的值
//创建自己的 map
$custom-colors: (
  "custom-color": #900
);
// 合并 map
$theme-colors: map-merge($theme-colors, $custom-colors);

// 5. 包含需要的部分内容
@import "../node_modules/bootstrap/scss/maps";
......
```

修改 index.html 文件,将 border-priamry 改为 border-custom-color,将 btn-primary 改为 btn-custom-color。查看效果,如图 A-5 所示。

图 A-5　增加新的颜色主题的页面效果

(2)删除主题色

删除"$theme-colors" map 中的某些项目,使用下列代码。

```
......
@import "../node_modules/bootstrap/scss/variables-dark";

// 4. 定义 map 的默认值,覆盖原来的值
$theme-colors: map-remove($theme-colors, "info", "light", "dark");

@import "../node_modules/bootstrap/scss/maps";
......
```

A.6.3　utilities API

Bootstrap 中工具类是通过 utilities API 生成的,可用于通过 Sass 修改或扩展我们的默认工具类集。utilities API 基于一系列 Sass maps 和函数,在 scss/utilities/_api.scss 文件中定义,用

于生成具有各种选项的类。在 scss/_utilities.scss 文件中定义了$utilities，$utilities 中包括了 Bootstrap 中所有的工具。同时也定义了空的$utilities，便于扩展。scss/_utilities.scss 的部分代码如下。

```scss
$utilities: () !default;
// stylelint-disable-next-line scss/dollar-variable-default
$utilities: map-merge(
  (
    // scss-docs-start utils-vertical-align
    "align": (
      property: vertical-align,
      class: align,
      values: baseline top middle bottom text-bottom text-top
    ),

  "opacity": (
      property: opacity,
      values: (
        0: 0,
        25: .25,
        50: .5,
        75: .75,
        100: 1,
      )
    ),
......
  "z-index": (
      property: z-index,
      class: z,
      values: $zindex-levels,
    )
    // scss-docs-end utils-zindex
  ),
  $utilities
);
```

工具类集可以覆盖、增加或修改。下面以透明工具类.opacity-*来进行讲解。.opacity-*在 scss/_utilities.scss 中的定义如下。

```scss
"opacity": (
 property: opacity,
 values: (
    0: 0,
    25: .25,
    50: .5,
    75: .75,
    100: 1,  )
    ),
```

修改 B5Custom 中的 custom.scss 文件。

```scss
......
$utilities: (
"opacity": (
    property: opacity,
    values: (
      0: 0,
```

```
        10:.1,
        25: .25,
        60:.6,
        50: .5,
        75: .75,
        100: 1,
      )
   ));
```

```
// 5. 包含需要的部分内容
@import "../node_modules/bootstrap/scss/maps";
@import "../node_modules/bootstrap/scss/mixins";
@import "../node_modules/bootstrap/scss/root";
```

```
// 6. 根据需要，可选择包括下列部分内容，这里全部列举了
@import "../node_modules/bootstrap/scss/utilities";
```

在生成的 custom.css 文件中可以找到.opacity-10 和.opacity-60 的定义。在 index.html 文件中给 div 元素添加透明度。

```
<div class="border border-4 border-custom-color opacity-10 p-4 "> </div>
```

可以发现 div 的透明度发生改变，效果如图 A-6 所示。

图 A-6 .opcity-10 的效果

A.6.4 添加自定义组件

定制 Bootstrap 时，除了可以修改、扩展或删减 Bootstrap 原有的内容，还可以定义自己的组件。下面我们定义一个美化标题的组件 head-line。

修改 B5Custom 中的 custom.scss 文件，在文件最后添加下列代码。

```scss
.heading-line {
   &::before {
      content: "";
      width: 10rem;
      height: 0.1rem;
      display: block;
      margin: 0 auto;
      background-color: $primary;
   }

   &::after {
      content: "";
      width: 2rem;
      padding-top: 0.5rem;
      height: 0.2rem;
      display: block;
      margin: 0 auto;
      margin-bottom: 1rem;
      background-color: $primary;
   }
}
```

在 index.html 文件中添加标题和 head-line 组件。

```
<h3 class="mb-3  text-center  ">
        现在注册账号开始编程之旅
</h3>
<div class="heading-line"></div>
```

以上代码的运行效果如图 A-7 所示。

现在注册账号开始编程之旅

图 A-7　head-line 组件的效果

Bootstrap5 的定制非常方便，灵活运用这些定制方法，可以根据自己的项目需求，打造出既美观又实用的 Web 界面。更多内容，请读者参考 Bootstrap 的官网。

附录 B

CSS选择器

在CSS中，选择器是一种模式，用于选择需要添加样式的元素。表B-1中列出了常见的CSS选择器，其中最后一列指明了选择器是在哪个CSS版本（CSS1、CSS2、CSS3）中定义的。

表 B-1　常见的 CSS 选择器

选择器	例子	例子描述	CSS 版本
.class	.intro	选择 class="intro"的所有元素	CSS1
#id	#firstname	选择 id="firstname"的所有元素	CSS1
*	*	选择所有元素	CSS2

续表

选择器	例子	例子描述	CSS 版本
element	p	选择所有 p 元素	CSS1
element,element	div,p	选择所有 div 元素和所有 p 元素	CSS1
element element	div p	选择 div 元素内部的所有 p 元素	CSS1
element>element	div>p	选择父元素为 div 元素的所有 p 元素	CSS2
element+element	div+p	选择紧接在 div 元素之后的所有 p 元素	CSS2
[attribute]	[target]	选择带有 target 属性的所有元素	CSS2
[attribute=value]	[target=_blank]	选择 target="_blank"的所有元素	CSS2
[attribute~=value]	[title~=flower]	选择 title 属性值中包含单词"flower"的所有元素	CSS2
[attribute|=value]	[lang|=en]	选择 lang 属性值以"en"开头的所有元素	CSS2
:link	a:link	选择所有未被访问的链接	CSS1
:visited	a:visited	选择所有已被访问的链接	CSS1
:active	a:active	选择活动链接	CSS1
:hover	a:hover	选择鼠标指针位于其上的链接	CSS1
:focus	input:focus	选择获得焦点的 input 元素	CSS2
:first-letter	p:first-letter	选择每个 p 元素的首字母	CSS1
:first-line	p:first-line	选择每个 p 元素的首行	CSS1
:first-child	p:first-child	选择属于其父元素的第一个子元素的每个 p 元素	CSS2
:before	p:before	在每个 p 元素的内容之前插入内容	CSS2
:after	p:after	在每个 p 元素的内容之后插入内容	CSS2
:lang(language)	p:lang(it)	选择带有以"it"开头的 lang 属性值的每个 p 元素	CSS2
element1~element2	p~ul	选择前面有 p 元素的每个 ul 元素	CSS3
[attribute^=value]	a[src^="https"]	选择 src 属性值以"https"开头的每个 a 元素	CSS3
[attribute$=value]	a[src$=".pdf"]	选择 src 属性值以".pdf"结尾的所有 a 元素	CSS3
[attribute*=value]	a[src*="abc"]	选择 src 属性值中包含"abc"子串的每个 a 元素	CSS3
:first-of-type	p:first-of-type	选择属于其父元素的首个 p 元素的每个 p 元素	CSS3
:last-of-type	p:last-of-type	选择属于其父元素的最后一个 p 元素的每个 p 元素	CSS3
:only-of-type	p:only-of-type	选择属于其父元素唯一 p 元素的每个 p 元素	CSS3
:only-child	p:only-child	选择属于其父元素的唯一子元素的每个 p 元素	CSS3
:nth-child(n)	p:nth-child(2)	选择属于其父元素的第二个子元素的每个 p 元素	CSS3
:nth-last-child(n)	p:nth-last-child(2)	同上，从最后一个子元素开始计数	CSS3
:nth-of-type(n)	p:nth-of-type(2)	选择属于其父元素第二个 p 元素的每个 p 元素	CSS3
:nth-last-of-type(n)	p:nth-last-of-type(2)	同上，但是从最后一个子元素开始计数	CSS3
:last-child	p:last-child	选择属于其父元素最后一个子元素的每个 p 元素	CSS3
:root	:root	选择文档的根元素	CSS3

续表

选择器	例子	例子描述	CSS 版本
:empty	p:empty	选择没有子元素的每个 p 元素（包括文本节点）	CSS3
:target	#news:target	选择当前活动的#news 元素	CSS3
:enabled	input:enabled	选择每个启用的 input 元素	CSS3
:disabled	input:disabled	选择每个禁用的 input 元素	CSS3
:checked	input:checked	选择每个被选中的 input 元素	CSS3
:not(selector)	:not(p)	选择非 p 元素的每个元素	CSS3
::selection	::selection	选择被用户选取的元素部分	CSS3

参考文献

［1］David Cochran，Lan Whitley．Bootstrap 实战［M］．李松峰，译．北京：人民邮电出版社，2015．

［2］贺臣，陈鹏．Bootstrap 基础教程［M］．北京：电子工业出版社，2016．

［3］徐涛．深入理解 Bootstrap［M］．北京：机械工业出版社，2014．

［4］珍妮弗·凯瑞恩．Bootstrap 入门经典［M］．姚军，译．北京：人民邮电出版社，2016．

［5］黑马程序员．Bootstrap 响应式 Web 开发［M］．北京：人民邮电出版社，2021．

［6］肖睿，游学军．Bootstrap 与移动应用开发［M］．北京：人民邮电出版社，2018．

［7］王红，秦海玉，侯勇．Bootstrap 响应式 Web 前端开发［M］．北京：人民邮电出版社，2022．

［8］肖立莉，刘德山．Bootstrap Web 前端开发技术［M］．北京：人民邮电出版社，2023．